21世纪应用型高等院校示范性实验教材

光电信息实验教程

GUANGDIAN XINXI SHIYAN JIAOCHENG

主　编	胡友友	戴　俊	
副主编	窦健泰	赵明琳	
编　委	荆庆丽	汪园香	张明明
	刘　俊	厉淑贞	许正英
	马　驰	张云芳	葛兆云

扫码加入学习圈　轻松解决重难点

 南京大学出版社

图书在版编目(CIP)数据

光电信息实验教程 / 胡友友,戴俊主编. —南京:
南京大学出版社,2022.11
ISBN 978 - 7 - 305 - 25335 - 5

Ⅰ. ①光… Ⅱ. ①胡… ②戴… Ⅲ. ①光电子技术—
信息技术—实验—高等学校—教材 Ⅳ. ①TN2 - 33

中国版本图书馆 CIP 数据核字(2022)第 001912 号

出版发行　南京大学出版社
社　　址　南京市汉口路 22 号　　邮　编　210093
出 版 人　金鑫荣
书　　名　光电信息实验教程
主　　编　胡友友　戴　俊
责任编辑　吴　华　　　　　　编辑热线　025 - 83596997
照　　排　南京开卷文化传媒有限公司
印　　刷　江苏凤凰通达印刷有限公司
开　　本　787 mm×1092 mm　1/16　印张 16.5　字数 402 千
版　　次　2022 年 11 月第 1 版　2022 年 11 月第 1 次印刷
ISBN　978 - 7 - 305 - 25335 - 5
定　　价　49.80 元

网　　址:http://www.njupco.com
官方微博:http://weibo.com/njupco
微信服务号:njuyuexue
销售咨询热线:025 - 83594756

☞扫码可免费获取
教学资源

序

    2012年，教育部颁布的《普通高等学校本科专业目录》中，原光信息科学与技术、光电子技术科学、信息显示与光电技术、光电信息工程、光电子材料与器件专业合并调整为光电信息科学与工程专业，从而为进一步淡化专业、拓宽培养口径奠定了基础。现代信息技术的快速发展带动了光电信息产业的快速发展，社会急需大量的光电信息人才，因此，众多高校相继开办了光电信息科学与工程专业。为了满足我国经济和产业高质量发展的需要，响应国家对于提高人才培养质量的要求，通过实践教学和劳动教育环节增强学生实践能力显得格外重要。

    为此，我们组织了江苏科技大学理学院光电信息科学与工程系以及物理实验中心多位长期从事实验教学、实习实训的骨干教师，共同编写了《光电信息实验教程》，以满足光电信息科学与工程专业实验教学的需要。

    本书共有8章，内容涵盖光电信息实验基础知识、应用光学、物理光学、激光原理与技术、光纤光学、光电图像处理、光电子学、半导体物理学等共计50项实验。实验项目中既包含了经典的光电信息实验项目，又吸收了最新的光电信息技术成果，例如，基于空间光调制器(SLM)的光场调控实验、钙钛矿半导体PN结太阳能电池制备及测试等。

    本书的目的是使学生掌握光电应用技术的基本实验方法和操作技能，对常用的光学系统、激光、光纤、光电子学、光电图像处理和半导体等技术从原理、器件、系统到实际应用等形成感性的认知，培养学生运用光电信息技术分析和解决实际问题的能力，增强学生的动手能力，提高实践技能，为学生今后继续从事光电信息技术领域的科学研究和技术开发打下实践基础。

    参与本书编写的教师有我院戴俊院长，光电信息科学与工程系的胡友友、窦健泰、赵明琳、荆庆丽、刘俊、张明明、汪园香、许正英、马驰和物理实验中心的厉淑贞等。全书由各位老师共同参与编写，由胡友友和戴俊负责全书的统稿，并由戴俊主审。

    本书可以作为高等院校光电信息科学与工程、光学、光学仪器等相关专业本科生实验教材。由于编者水平有限，书中难免会有错误和不足之处，敬请广大读者批评指正，以便我们再版时修正。

编　者

2022年8月

目　录

第1章

绪　论

1.1 光电信息科学与工程专业简介

一、光电信息科学与工程的研究内容

光学是一门历史悠久的基础学科,它源于人们对火光的理解和追求,发展于光与物质的相互作用,现在它的研究领域已经深入到生产生活的各个领域。电子学是为了解决电子器件、电路等应用问题应运而生的研究电子特性和行为的科学技术。光电信息科学与工程专业旨在培养德智体美劳全面发展与健康个性和谐统一,具有现代科学意识、理论基础扎实、知识面宽、创新实践能力强,可从事光学工程、激光技术、光通信、光子学、图像与信息处理等技术领域的科学研究,以及相关领域的产品设计与制造、科技开发与应用、设备运行管理等工作,能够适应当代信息化社会高速发展需要的应用型人才。该专业具体研究内容包括:光信息的产生、传输、处理以及图像识别处理技术;激光器、光电探测器、红外成像技术等的原理,以及上述器件在激光加工、材料制备等相关技术中的应用;与生物、医学、能源及材料技术相结合制备新型生物光电、能源器件相关的光电功能材料[1];同时开发其在海洋光学领域的应用。

二、光电信息科学与工程的发展趋势

1. 信息光学技术领域

重点发展新型图像处理技术,加速图像的无损加密与解码;光传输及通信技术(重点发展光接入网、超高速、大容量以及智能化,着力发展全光通信技术);以光作为信息载体的高并行性、宽时间空间带宽、三维空间互联的数据处理技术;大型光信息数据库及医学图像的数字体全息存储以及与光存储相关的新材料、新器件;遥感技术主要从紫外和可见波段向X射线、γ射线以及声波、引力波等不同频段综合发展。

2. 光子学技术领域

激光器发展集中在新型全固化可调谐激光器、高功率准分子或板条激光器、自由电子激光器、极紫外与X射线激光器。制备低成本、多波长领域的HgCdTe基红外探测器以及发展新型基于量子阱中嵌入点的红外探测器件,并加快发展能够探测信号强度、波长、相位以及偏振状态等"全息照片"的成像探测技术[2]。对于照明光源方面,优化LED和OLED照明及显示光源的光色电性能,并进一步提高智能控制水平;研发新型激光照明光源,并推进其在车灯及显示领域的应用。探索短波及X射线自由电子激光在光与物质相互作用研究中的应用。

3. 光学/光电仪器技术领域

用于成像的镜头设计及加工工艺水平的提升,是该领域发展方向之一。能够用于天文观测的光学仪器的进一步发展有助于拓展人类进行太空探索的距离,而用于测距和观测的光学仪器军事领域的应用也是该方向的发展之一。

4. 光学技术及工程领域

激光在军事方面的应用需要进一步提升功率、集成度、光束质量等技术壁垒。而对于半导体芯片技术发展中的重要设备光刻机的主要瓶颈"短波光源+低吸收镜头+高精度掩膜台"也依赖于光学技术的发展,超短波长光源急需解决功率和精准控制相关问题。

5. 光电交叉学科领域

新型微纳器件用于解决生物医学领域里药物释放治疗和生物检测传感,尤其是可穿戴/植入式诊疗系统的研究都依赖于光电技术的发展。新型光电材料的制备是光伏器件、照明器件进一步提升效率的源泉。光催化产氢和有机物的分解可以同时解决能源危机和环境污染问题[4]。

1.2 光电综合实验内容和特点

一、课程简介与教学目标

光电信息科学与工程专业的实验课是该专业本科教学中的重要实践环节,属于专业核心必修课。本书中的专业实验课分为几何光学实验、物理光学实验、激光实验、光纤光学实验、光电图像处理技术实验、光电子实验和半导体物理实验。

通过一系列专业课程的学习,加深学生对专业基础知识的理解,提高观察能力、独立动手能力,增强实际与理论结合能力,培养综合运用知识能力。

二、课程实验的特点

要圆满完成光电信息科学与工程相关实验的教学任务,除了要了解本专业实验与普通物理实验的共同特点,还要注意专业实验的不同点。

第一个特点是仪器的调节及实验参数的设定。实验仪器及光路的调节是实验成败的关键,关系到实验能否顺利进行、实验的测量结果是否可靠。例如在进行常用光源发射光谱时,首先要对光谱仪进行校正,否则光谱仪偏差较大的话就不可能得到很好的光谱数据;另外对于不同光源的发射光谱的强度和所在位置不同,应提前对控制软件中光谱的测量范围和强度值进行设置,否则无法得到较好的谱线。

第二个特点是实验的精密性。例如在用光电直读光谱仪进行金属总杂质含量测量时,样品中杂质含量都在千分之一以下,实验过程中空气的扰动或者环境温度的变化都会引起测量准确度的变化。在进行这些精密测量的实验时,除了要求细心观察外,还必须注意仪器的操作规程,否则不仅得不到预期的结果,还会损坏实验仪器。

1.3 光电综合实验预备知识

一、实验教学基本要求

实验是根据研究目的,运用一定的物质手段,通过干预和控制研究对象来观察和探索研究对象有关规律和机制的一种研究方法,是人们认识自然和进行科学研究的重要手段。实验课程在教学环节上分为实验预习、实验操作和实验报告的处理三个部分。

1. 实验预习

预习是上好实验课的基础和前提,为了在规定的时间内高质量地完成实验任务,必须在实验前做好充分的预习,只有这样,才能正确分析实验中各种现象、掌握物理现象的本质,充分发挥主观能动性,自觉地、创造性地获取实验知识和锻炼实验技能。在此期间必须弄清楚下面四项工作。

(1)仔细阅读实验教材,明确实验目的。知道为什么要开展这个实验。

(2)理解实验原理。知道实验的基本原理是什么,为后面完成或设计完成这个实验做准备。

(3)理解实验步骤或设计实验方法及其步骤。在设计实验方法时,必须根据实验室能够提供的仪器、设备材料进行,否则无法实验。

(4)准备实验仪器、设备及材料。根据实验教材或设计的实验方法及其步骤,列出所有需要使用的仪器、设备、材料的清单,为正式开展实验做准备。

2. 实验操作

学生进入实验室,在实验预习的基础上,根据仪器、设备的操作规程,进行实验,观察实验现象,并记录相关数据的过程。在这个过程中,学生如遇到任何问题,应及时寻求实验指导教师的帮助。实验完毕,数据交给老师审阅通过后,整理还原好实验仪器,离开实验室。

3. 实验报告的处理

学生在完成实验操作并取得实验数据后,要对实验数据做进一步的整理,进行误差分析,并对产生误差的原因展开讨论,提出减小误差的建议,最后认真完成实验报告。实验报告是实验工作的总结,要求字体工整、文理通顺、数据齐全、图表规范、结论明确、布局整洁。一份完整的实验报告应包含以下内容:

(1)实验名称、姓名、学号、实验日期。

(2)实验目的。要求自己组织语言书写,简明扼要。

(3)实验原理。写出简要的原理及实验所依据的主要公式,以及公式中各物理量的含义,画出原理图。要求自己组织语言书写,简明扼要。

(4)实验仪器。包括仪器的型号及准确度等级。

(5)实验内容。实验内容和主要步骤依据实验所进行的具体情况简要写出。要求自己组织语言书写,简明扼要。

(6)数据处理。该部分是实验报告的核心。应把实验所测得的原始数据整理列表,再按照实验要求计算测量结果,如需作图,则应使用坐标纸作图。计算时应有数据代入的简单过程,并按照不确定度理论评估测量结果。最后写出实验结果表达式。尽量使用 Excel、Origin、Matlab 等计算机软件来进行处理、分析、作图、拟合及统计。

(7) 实验结论。根据测量结果给出实验结论、误差分析,对实验的建议体会等。

(8) 解答思考题,应从实验的观点来回答,不能单纯地从理论上回答。

(9) 原始数据。实验过程中记录的实验数据。

以上各个部分中的 1、2、3 在预习阶段完成,4、9 在实验操作阶段完成,其余的 5、6、7、8 在实验后完成。完成实验报告后,在规定的时间内交由教师批阅。

二、实验的基本规则

为了确保光电信息技术综合实验的顺利进行,保证人身安全,避免损坏仪器设备,达到实验目的,要求学生必须严格遵守以下实验规则及注意事项:

(1) 在实验之前,学生必须阅读实验指导书中所要求的实验准备内容,查阅必要的参考资料,明确实验目的,了解实验内容的详细步骤,在此基础上完成实验预习报告后方能进行实验。

(2) 实验进行过程中,必须严格按照指导老师制定的步骤或者实验预习中制定的设计方案进行实验,不得自行随意进行,否则可能造成实验仪器不可逆的损坏以及不必要的严重后果。

(3) 爱护实验仪器,不允许将其他与实验无关的仪器、设备在未经许可的情况下与实验仪器进行连接。

(4) 所有与实验仪器相关的线缆必须在断电的情况下正确连接好,严禁带电插拔所有电缆线、连接线。

(5) 实验时要集中精力,认真实验。遇到问题及时找指导老师解决,不得自作主张。

(6) 一旦发生意外事故,或者实验时出现可能对人体造成伤害或者对实验设备造成损毁的事故时,应立即切断电源,并如实向指导老师汇报情况,待故障排除之后方可继续进行实验。

1.4 误差分析与数据处理

一、误差分析

1. 误差的基本概念

测量是人类认识事物本质所不可缺少的手段。通过测量和实验能使人们了解事物获得定量的概念和发现事物的规律性。测量就是用实验的方法,将被测物理量与所选用作标准的同类量进行比较,从而确定它的大小。

所有的被测量值在特定的条件下,理论上都有一个对应的客观、实际值存在,我们称之为"理论真值",简称真值。真值只是一个理想的概念,由于客观实际的局限性,真值是不可知的,我们通过测量只能得到物理量的近似真值。若在实验中,测量的次数无限多时,根据误差的分布规律,正负误差的出现概率相等。再经过消除系统误差,将测量值加以平均,可以获得非常接近于真值的数值[5]。常用的平均值有以下几种：

（1）算术平均值：设 $x_1, x_2, \cdots, x_n$ 为各次测量值，n 代表测量次数，则算术平均值为：

$$\bar{x} = \frac{x_1 + x_2 + \cdots + x_n}{n} = \frac{\sum\limits_{i=1}^{n} x_i}{n} \qquad (1-4-1)$$

（2）几何平均值：将一组 n 个测量值连乘并开 n 次方求得的平均值。

$$\bar{x}_{几} = \sqrt[n]{x_1 \cdot x_2 \cdots x_n} \qquad (1-4-2)$$

（3）均方根平均值：将一组 n 个测量值先平方，再平均，然后开方，即：

$$\bar{x}_{均} = \sqrt{\frac{x_1^2 + x_2^2 + \cdots + x_n^2}{n}} = \sqrt{\frac{\sum\limits_{i=1}^{n} x_i^2}{n}} \qquad (1-4-3)$$

（4）对数平均值：在化学反应、热量和质量传递中，其分布曲线多具有对数的特性，在这种情况下表征平均值常用对数平均值。设两个量 x_1, x_2，其对数平均值即：

$$\bar{x}_{对} = \frac{x_1 - x_2}{\ln x_1 - \ln x_2} \qquad (1-4-4)$$

2. 误差的分类

在测量中，存在着诸多的测量误差，这些误差均是由不同的因素造成的。由于成因不同，以致误差的特征也不同。研究误差的一个重要内容就是要掌握各种误差所具有的特征，只有这样，才能有正确的误差处理方法。按照误差的特点与性质，可将测量误差分为系统误差、随机误差和粗大误差三类[6]。

（1）系统误差。在同一条件下（方法、仪器、人员及环境），多次测量同一量值，误差的符号保持不变；或当条件改变时，误差按一定规律变化，这样的误差称为系统误差。系统误差是由固定不变的或按特定规律变化的因素所造成，这些产生误差的因素是可以掌握的。系统误差主要来源于测量装置方面的因素、环境因素、测量理论或方法的因素、测量人员方面的因素等。

产生系统误差的原因可能是各不相同的，但是它们的共同特点是确定的变化规律，这也使误差的变化具有确定规律性。各系统误差的成因不同，所表现出的规律也不同。因此，可以根据其产生原因，采取一定的技术措施，如校准仪器、改进实验装置和实验方法，设法消除或减小系统误差；也可以在相同条件下对已知约定真值的标准器具采用多次重复测量的方法，或者采用多次变化条件下的重复测量的方法，设法找出其系统误差的规律后，对测量结果进行修正。

（2）随机误差。又称偶然误差，是指在对同一被测物理量进行多次测量过程中，误差的绝对值及符号均以不可预知的方式变化，这样的误差称为随机误差。实验中，即使已经消除了系统误差，但在同一条件下对某物理量进行多次测量时，仍存在差异，误差时大时小，时正时负，呈无规则的起伏，这是因为存在随机误差的缘故。随机误差是由某些偶然的或不确定的因素所引起的。如实验者受到感官的限制，读数会有起伏，实验环境（温度、湿度、风，电源电压等)无规则的变化,或是测量对象自身的涨落等。这些因素的影响一般是微小的,混杂的,并且是无法排除的。

随机误差的最主要特征是具有随机性,在重复性测量条件下,对同一被测量进行多次重复测量,单次测量的随机误差的绝对值和符号以不可预测的方式变化,没有确定的规律。但像其他随机变量一样,对无限次测量,各次测量的随机误差服从统计规律。常见的分布规律是:

➤ 比真值大或比真值小的测量值出现的几率相等。

➤ 误差较小的数据比误差较大的数据出现的机率要大得多,同时绝对值很大的误差出现概率趋于零。

➤ 在多次测量中绝对值相等的正误差或负误差出现的机会是相等的,全部可能的误差总和趋于零。

➤ 这是称作正态分布(高斯分布)的一种情况。对于正态分布的随机误差,尽可能进行多次测量,增加测量次数,可以有效地减小随机误差。随机误差也存在其他分布情况,如 t 分布、均匀分布等。

(3)粗大误差。又称为粗差,它是由于实验者使用仪器的方法不正确,粗心大意读错、记错、算错测量数据或试验条件突变等原因造成的。含有粗大误差的测量值称为坏值或异常值,正确的结果中不应包含有过失错误。在实验测量中要极力避免过失错误,在数据处理中要尽量剔除坏值。

上述各种误差在一定条件下是可以相互转化的。对某项具体误差,在此条件为系统误差,在另一条件下可能表现为随机误差,反之亦然。

3. 测量精度

精度是测量结果与真值接近的程度,与误差的大小相对应。精度可分为:

(1)准确度:指一组测量的最佳值偏离真值的程度,反映了测量系统误差的大小。

(2)精密度:指一组测量数据本身的离散程度,反映了测量随机误差的大小。

(3)精确度:指一组测量数据偏离真值的离散程度,反映了测量的系统误差和随机误差的综合影响。

在科学实验中,我们希望得到精确度高的结果,即准确度和精密度都高。而对于具体的测量,精密高的,准确度不一定高;准确度高的,精密度也不一定高。有人认为:重复性好的测量就是准确度高的测量。其实并不一定,因为重复性好,仅指测量结果精密度高,即测量的随机误差小。而测量结果的好坏还取决于准确度的高低,即系统误差的大小。用同一台测量仪器对同一被测物理量进行多次重复测量,仅能确定其量值的分布性和重复性,而不能断定它的准确性。

4. 误差的表示方法

利用任何量具或仪器进行测量时,总存在误差。测量的质量高低以测量精确度作指标,根据测量误差的大小来估计测量的精确度。测量结果的误差越小,则认为测量就越精确[7]。

(1)绝对误差:测量值 X 和真值 A_0 之差,记为:

$$D = X - A_0 \qquad (1-4-5)$$

由于真值 A_0 一般无法求得,常用高一级标准仪器的示值作为实际值 A 代替。X 与 A 之差称为仪器的示值绝对误差,记为 $d=X-A$。

与 d 相反的数称为修正数,记为 $C=-d=A-X$。通过鉴定,可以由高一级标准仪器给出被检仪器的修正值 C。

(2) 相对误差:衡量某一测量值的准确程度,一般用相对误差来表示。示值绝对误差 d 与被测量值的实际值 A 的百分比值称为实际相对误差[8]。记为 $\delta_A=\dfrac{d}{A}\times100\%$。以仪器示值 X 代替实际值 A 的相对误差称为示值相对误差,记为:

$$\delta_X=\frac{d}{X}\times100\%\tag{1-4-6}$$

(3) 引用误差:为了计算和划分仪表精确度等级,提出引用误差概念。其定义为仪表示值的绝对误差与量程范围之比[9]。

$$\delta_A=\frac{\text{示值绝对误差}}{\text{量程范围}}\times100\%=\frac{d}{X_n}\times100\%\tag{1-4-7}$$

式中:X_n 为仪表量程范围。

(4) 算术平均误差:各个测量点的误差的平均值:

$$\delta_{\text{平}}=\frac{\sum|d_i|}{n}\times100\%\tag{1-4-8}$$

(5) 标准误差:标准误差也称为均方根误差,其定义为:$\sigma=\sqrt{\dfrac{\sum d_i^2}{n}}$。其适用于无限测量的场合。实际测量工作中,测量次数是有限的,则改用下式

$$\sigma=\sqrt{\frac{\sum d_i^2}{n-1}}\tag{1-4-9}$$

标准误差不是一个具体的误差。σ 的大小只说明在一定条件下等精度测量集合所属的每一个观测值对其算术平均值的分散程度。如果 σ 的值越小,则说明每一次测量值对其算术平均值分散度小,测量的精度就高,反之则精度就低[10]。

5. 测量仪表精准度

测量仪表的精确等级是用最大引用误差(又称允许误差)来标明的。它等于仪表示值中的最大绝对误差与仪表的量程范围之比的百分数[11]。

$$\delta_{n\max}=\frac{\text{最大示值绝对误差}}{\text{量程范围}}\times100\%=\frac{d_{\max}}{X_n}\times100\%\tag{1-4-10}$$

通常情况下是用标准仪表校验较低级的仪表,则最大示值绝对误差就是被较表与标准表之间的最大绝对误差。

注意:测量仪表的精度等级是国家统一规定的,把允许误差中的百分号去掉,剩下的数字就称为仪表的精度等级。它通常以圆圈内的数字标明在仪表的面板上。

仪表的精度等级 a，它表明仪表在正常工作条件下，其最大引用误差的绝对值 $\delta_{n\max} \leqslant$ $a\%$。应用仪表进行测量时所能产生的最大绝对误差（简称误差限）为 $d_{\max} \leqslant a\% \cdot X_n$。而用仪表测量的最大值相对误差为：

$$\delta_{n\max} = \frac{d_{\max}}{X_n} \leqslant a\% \cdot \frac{X_n}{X} \tag{1-4-11}$$

在实际测量中为可靠起见，可用 $\delta_m = a\% \cdot \dfrac{X_n}{X}$ 对仪表的测量误差进行估计。

二、误差的基本性质

在实验中通常依靠直接测量或间接测量得到有关的参数数据，这些参数数据的可靠程度如何？如何提高其可靠性？因此，必须研究在给定条件下误差的基本性质和变化规律。

1. 误差的正态分布

如果测量数列中不包括系统误差和过失误差，从大量的实验中发现偶然误差的大小有如下几个特征：[12]

（1）绝对值小的误差比绝对值大的误差出现的机会多，即误差的概率与误差的大小有关。这是误差的单峰性。

（2）绝对值相等的正误差或负误差出现的次数相当，即误差的概率相同。这是误差的对称性。

（3）极大的正误差或负误差出现的概率都非常小，即大的误差一般不会出现。这是误差的有界性。

（4）随着测量次数的增加，偶然误差的算术平均值趋近于零。这叫误差的抵偿性。

随着上述的误差特征，可拟定出误差出现的概率分布图（如图1-4-1）。图中横坐标表示偶然误差，纵坐标表示误差出现的概率，称为误差分布曲线。其数学表达式为：

$$y = \frac{1}{\sqrt{2\pi}\sigma} e^{-\frac{x^2}{2\sigma^2}} \tag{1-4-12}$$

若误差按函数关系分布，则称为正态分布。σ 越小，测量精度越高，分布曲线的峰越高且窄；σ 越大，分布曲线越平坦且越宽（如图1-4-2）。由此可知，σ 越小，小误差占的比重越大，测量精度越高，反之则低。

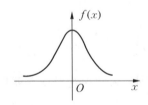

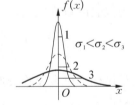

图 1-4-1　误差分布曲线　　　　图 1-4-2　不同 σ 的误差分布曲线

2. 测量集合的最佳值

在测量精度相同的情况下，测量一系列观测值 $M_1, M_2, \cdots, M_n$ 所组成的测量集合，假设

其平均值为 M_m,则各次测量误差为

$$x_i = M_i - M_m, i = 1, 2, \cdots, n \tag{1-4-13}$$

当采用不同的方法计算平均值时,所得到的误差值不同,误差出现的概率亦不同。若选取适当的计算方法,使误差最小,而概率最大,由此计算的平均值为最佳值。根据高斯分布定律,只有各点平方和最小,才能实现概率最大。由此可见,对于一组精度相同的观测值,采用算术平均得到的值为该组观测值的最佳值。

3. 有限测量次数中标准误差 σ 的计算

令真值为 A,计算平均值为 a,观测值为 M,并令 $d = M - a$,$D = M - A$,则:

$$\begin{cases} d_1 = M_1 - a, \\ d_2 = M_2 - a, \\ \cdots\cdots \\ d_n = M_n - a, \end{cases} \qquad \begin{cases} D_1 = M_1 - A \\ D_2 = M_2 - A \\ \cdots\cdots \\ D_n = M_n - A \end{cases} \tag{1-4-14}$$

$$\sum d_i = \sum M_i - na, \qquad \sum D_i = \sum M_i - nA$$

因为 $\sum M_i - na = 0$,则 $\sum M_i = na$。代入式(1-4-14)中,得 $a = A + \dfrac{\sum D_i}{n}$。将其代入到 $d_i = M_i - a$ 中,得:

$$d_i = (M_i - A) - \frac{\sum D_i}{n} = D_i - \frac{\sum D_i}{n} \tag{1-4-15}$$

两边各平方,并对 i 求和得:

$$\sum d_i^2 = \sum D_i^2 - 2\frac{(\sum D_i)^2}{n} + n\left[\frac{\sum D_i}{n}\right]^2 \tag{1-4-16}$$

因在测量中正负误差出现的机会相等,故将 $(\sum D_i)^2$ 展开后,$D_1 \cdot D_2$,$D_1 \cdot D_3$,$\cdots$,为正为负的数目相等,彼此相消,故得

$$\sum d_i^2 = \frac{n-1}{n}\sum D_i^2 \tag{1-4-17}$$

从上式可以看出,在有限测量次数中,自算数平均值计算的误差平方和永远小于自真值计算的误差平方和。根据标准偏差的定义[14]:

$$\sigma = \sqrt{\frac{\sum D_i^2}{n}} = \sqrt{\frac{\sum d_i^2}{n-1}} \tag{1-4-18}$$

4. 可疑观测值的舍弃

由概率积分可知,随机误差正态分布曲线下的全部积分,相当于全部误差同时出现的概率,即[15]:

$$p = \frac{1}{\sqrt{2\pi}\sigma} \int_{-\infty}^{\infty} e^{-\frac{x^2}{2\sigma^2}} \mathrm{d}x = 1 \qquad (1-4-19)$$

若误差 x 以标准误差 σ 的倍数表示，即 $x = t\sigma$，则在 $\pm t\sigma$ 范围内出现的概率为 $2\Phi(t)$，超出这个范围的概率为 $1-2\Phi(t)$，则 $\Phi(t)$ 称为概率函数，表示为

$$\Phi(t) = \frac{1}{\sqrt{2\pi}} \int_0^t e^{-\frac{t}{2}} \mathrm{d}t \qquad (1-4-20)$$

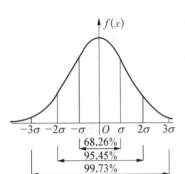

图 1-4-3　误差分布曲线分析

$2\Phi(t)$ 与 t 的对应值在数学手册或专著中均附有此类积分表，读者可自行查取。在使用积分表时，需已知 t 值[16]。由表 1-4-1 和图 1-4-3 给出几个典型及其相应的超出或不超出 $|x|$ 的概率。

表 1-4-1　误差概率和出现次数

t	$|x| = t\sigma$	不超出 $|x|$ 的概率 $2\Phi(t)$	超出 $|x|$ 的概率 $1-2\Phi(t)$	测量次数 n	超出 $|x|$ 的测量次数
0.67	0.67σ	0.497 14	0.502 86	2	1
1	1σ	0.682 69	0.317 31	3	1
2	2σ	0.954 95	0.045 50	22	1
3	3σ	0.997 30	0.002 70	370	1
4	4σ	0.999 91	0.000 09	11 111	1

由表 1-4-1 可知，当 $t=3$，$|x|=3\sigma$ 时，在 370 次观测中只有 1 次测量的误差超过 3σ 范围。在有限次的观测中，一般测量次数不超过十次，可以认为误差大于 3σ，可能是由于过失误差或实验条件变化未被发觉等原因引起的。因此，凡是误差大于 3σ 的数据点予以舍弃。这种判断可疑实验数据的原则称为 3σ 准则。

5. 函数误差

在间接测量时，待测量是由直接测量量通过一定的函数关系计算而得到的。其测量误差是各个测量值误差的函数。误差函数一般为多元函数，其函数关系为 $y = f(x_1, x_2, \cdots, x_n)$。由泰勒级数展开得[17]：

$$\Delta y = \frac{\partial f}{\partial x_1} \Delta x_1 + \frac{\partial f}{\partial x_2} \Delta x_2 + \cdots + \frac{\partial f}{\partial x_n} \Delta x_n \qquad (1-4-21)$$

它的最大绝对误差为 $\Delta y = \left| \sum_{i=1}^{n} \frac{\partial f}{\partial x_i} \Delta x_i \right|$，其中 $\frac{\partial f}{\partial x_i}$ 为误差传递系数。函数的相对误差 δ 为：

$$\delta = \frac{\Delta y}{y} = \frac{\frac{\partial f}{\partial x_1}\Delta x_1 + \frac{\partial f}{\partial x_2}\Delta x_2 + \cdots + \frac{\partial f}{\partial x_n}\Delta x_n}{y}$$

$$= \frac{\partial f}{\partial x_1}\delta_1 + \frac{\partial f}{\partial x_2}\delta_2 + \cdots + \frac{\partial f}{\partial x_n}\Delta\delta_n \qquad (1-4-22)$$

现将某些常用函数的最大绝对误差和相对误差列于表 1-4-2。

表 1-4-2 某些函数的误差传递公式

函数式	误差传递公式	
	最大绝对误差 Δy	最大相对误差 δ_r
$y = x_1 + x_2 + x_3$	$\Delta y = \pm(\lvert\Delta x_1\rvert + \lvert\Delta x_2\rvert + \lvert\Delta x_3\rvert)$	$\delta_r = \frac{\Delta y}{y}$
$y = x_1 x_2$	$\Delta y = \pm(\lvert x_1\Delta x_2\rvert + \lvert x_2\Delta x_1\rvert)$	$\delta_r = \pm\left\lvert\frac{\Delta x_1}{x_1} + \frac{\Delta x_2}{x_2}\right\rvert$
$y = x^n$	$\Delta y = \pm(nx^{n-1}\Delta x)$	$\delta_r = \pm n\left\lvert\frac{\Delta x}{x}\right\rvert$
$y = \sqrt[n]{x}$	$\Delta y = \pm\left(\frac{1}{n}x^{\frac{1}{n}-1}\Delta x\right)$	$\delta_r = \pm\frac{1}{n}\left\lvert\frac{\Delta x}{x}\right\rvert$
$y = \frac{x_1}{x_2}$	$\Delta y = \pm\left(\frac{x_2\Delta x_1 + x_1\Delta x_2}{x_2^2}\right)$	$\delta_r = \pm\left\lvert\frac{\Delta x_1}{x_1} + \frac{\Delta x_2}{x_2}\right\rvert$
$y = \lg x$	$\Delta y = \pm\left(0.434\,3\frac{\Delta x}{x}\right)$	$\delta_r = \frac{\Delta y}{y}$
$y = \ln x$	$\Delta y = \pm\left(\frac{\Delta x}{x}\right)$	$\delta_r = \frac{\Delta y}{y}$

6. 间接测量值的误差分析

在间接测量时,待测量是由直接测量量通过一定的函数关系计算而得到的。间接测量值的误差主要分两类:已知自变量的误差求函数误差的问题称为"误差传递"问题;若给定了间接测量值的误差,要确定各直接测量值应保持多高的精度才能保证间接测量值的误差不至于超过给定的范围,这类已知函数的误差求各自变量误差的问题称为"误差分配"问题。

(1)误差传递。设间接测量量 N 与直接测量量 $x_1, x_2, \cdots, x_r$ 通过函数关系 $N = f(x_1, x_2, \cdots, x_r)$ 计算得到,其中 $x_1, x_2, \cdots, x_r$ 是彼此独立的直接测量量,则间接测量的最佳值和标准误差分别为:

$$\overline{N} = f(\bar{x}_1, \bar{x}_2, \cdots, \bar{x}_r) \qquad (1-4-23)$$

$$\sigma_N = \sqrt{\left(\frac{\partial f}{\partial x_1}\right)^2\sigma_{x_1}^2 + \left(\frac{\partial f}{\partial x_2}\right)^2\sigma_{x_2}^2 + \cdots + \left(\frac{\partial f}{\partial x_r}\right)^2\sigma_{x_r}^2} \qquad (1-4-24)$$

上式即为间接测量时的误差传递公式。

➤ 绝对误差传递:当测量值 $x, y, z, \cdots$ 有微小改变 $dx, dy, dz, \cdots$ 时,间接测量量 N 改变 dN

$$\Delta N = \frac{\partial f}{\partial x}\Delta x + \frac{\partial f}{\partial y}\Delta y + \frac{\partial f}{\partial z}\Delta z + \cdots \qquad (1-4-25)$$

➤ 相对误差传递:在某些情况下,计算间接测量量的相对误差较为简便,其计算公式为:

$$\frac{\mathrm{d}N}{N} = \frac{\partial \ln f}{\partial x}\mathrm{d}x + \frac{\partial \ln f}{\partial y}\mathrm{d}y + \frac{\partial \ln f}{\partial z}\mathrm{d}z + \cdots \qquad (1-4-26)$$

(2)误差分配。当直接测量量不止一个时,即当自变量不止一个时,其反函数是不唯一的。换句话说,仅给定间接测量量的误差,各直接测量量的允许误差可以有多种分配方案。当各直接测量量的误差难以估计时,可采用等效传递原理,即假定各自变量的误差对函数误差的贡献均相等。这样标准误差 $\sigma_N = \sqrt{r}\dfrac{\partial f}{\partial x_i}\sigma_{xi}$,则各直接测量量的误差为 $\sigma_1 = \dfrac{\sigma_N}{\sqrt{r}\dfrac{\partial f}{\partial x_1}}$;$\sigma_2 =$

$\dfrac{\sigma_N}{\sqrt{r}\dfrac{\partial f}{\partial x_2}}$;$\cdots$;$\sigma_r = \dfrac{\sigma_N}{\sqrt{r}\dfrac{\partial f}{\partial x_r}}$。

三、有效数字及其运算规则

由于测量误差的存在,任何测量都具有确定的精确度。因此,一个物理量的测量或运算结果的位数都不应无限制地写下去[18]。那么,在一般情况下测量值能准确到哪一位? 从哪一位开始有误差? 在数据处理的计算中应该用几位数字表示运算结果才比较合理? 怎样才能做到既不损害又不夸大实际测量的精确度?

1. 实验数据有效数字的确定

直接测量量的原始数据读取位数主要由测量仪器的示值误差限值决定,读数时应估读到测量仪器分度值的下一位,即读数的最后一位就是仪器误差限值所在位置[19]。从仪器上直接读取的有效数字可以直接反映仪器的准确度,而经运算间接得到的有效数字不直接反映测量仪器的准确度。多次测量平均值的有效数字位数不会增加。为简化计算,我们规定标准偏差的有效位数仅取一位,为保证较高的置信水平,而把置信区间扩大,对于拟舍弃的标准偏差位数最左一位只要非零则一律只进不舍。对于相对标准差,我们约定:$E \geqslant 1\%$取两位,$E < 1\%$取一位,进舍规则同前——只进不舍。在测量结果中,$\bar{x}$ 的有效位数要由 σ_x 决定,$\bar{x}$ 的末位要和 σ_x 的所在位对齐,$\bar{x}$ 的尾数截取按进舍规则进行。运算过程中的位数可以多取一位。

2. 进舍规则

为使尾数进舍概率规则不造成系统误差,采取的进舍规则为:看拟舍弃数字最左一位,小于5则舍去;大于5(包括等于5且其后有非零数)则进1;恰等于5(即其后无数字或为零),则看所保留的末位,为奇数进1,为偶数舍去。进舍规则不可连续使用。

3. 运算规则

有效数字的运算以总误差要大于分量中任一项误差为原则。做加减运算时,结果的有效数字最后一位以参加运算的所有量的有效数字末位位次最高的为准;做乘除运算时,结果的有效数字位数以参加运算的所有量的有效数字位数最少的为准;做其他函数运算时,可由测量值的末尾取"1"来考虑,一般令位数和真数位数相同。

4. 其他规则

常数是非测量量,不存在有效数字问题,需要几位就可以取几位。十进制测量结果的单位变换不影响有效数字的位数。科学记数法是把不同单位的数用 10 的不同幂次表示,小数点前仅取一位非零数字。用科学记数法记录数据,变换单位简便,数量级清楚,方便数据处理。

四、数据处理方法

数据处理是科学实验的一个重要环节,它是从带有偶然性的观测值中用数学方法导出规律性结论的过程,常用的数据处理方法有列表法、作图法、逐差法和最小二乘法等[20]。

1. 列表法

列表法是把实验数据记录列成表格,它是处理实验数据最常用的方法,也是数据处理的基础。列表法的要求如下:

(1) 表序和表名写在表格上方,测量条件写在表名下方,必要的说明写在表格下方;

(2) 表格中各栏均要写明测量量名称和单位;

(3) 各栏顺序应和测量顺序、计算程序一致,数据处理过程中的重要中间结果也应列入表中;

(4) 表中记录数据要是正确反映测量结果的有效数字。

2. 作图法

作图法是实验常用而且重要的数据处理方法,它不仅可以非常形象地表明两个相关变量的关系,还可以研究测量量的变化规律和函数关系,并粗略求出关系参数。作图法要求如下:

(1) 作图时所选用的坐标系,对所绘的曲线影响很大。主要视其能否绘出简单的几何曲线为准则,最好能使绘出的曲线为直线。如在半对数直角坐标系下就可以将一组具有幂函数规律的数据点绘成直线。

(2) 作图必须标明图名和图注,实验条件、重要参数可附于图的上部或下部。

(3) 取定坐标轴,标注坐标轴分度,适当选取坐标轴比例和坐标起点,不同曲线用不同符号标出测量点。

(4) 绘出实验图线,图线应平滑,多数测量点在线上,不在线上的点应对称分布在曲线两侧,拐弯处测量点要密集。

3. 逐差法

逐差法具有充分利用数据、减小误差的优点,但是应用该方法的前提是自变量等间距变化,且与因变量之间的函数关系为线性关系。

设两个变量之间满足线性关系 $y=ax+b$,且自变量 x 是等间隔变化。设测量结果(测量列必须为偶数个)为 $y_1, y_2, \cdots, y_{2n}$,若采用逐项求差再求平均值结果为:

$$\Delta y = \frac{(y_2-y_1)+(y_3-y_2)+\cdots+(y_{2n}-y_{2n-1})}{2n-1} = \frac{y_{2n}-y_1}{2n-1} \quad (1-4-27)$$

所得结果只与开始、末尾两个数据有关,与中间所测数据无关,并没有达到多次测量减少误差的目的。

逐差法处理数据的方法如下所述：将因变量按测量顺序分成两组，即 $y_1, y_2, \cdots, y_n$ 和 $y_{n+1}, y_{n+2}, \cdots, y_{2n}$。

对应项逐项求差，即：

$$\Delta y_i = y_{n+i} - y_i (i=1,2,\cdots,n) \tag{1-4-28}$$

然后再对这 n 个 Δy_i 求平均值，考虑到每个 Δy_i 都包含 n 个测量间隔，两个相邻变量的平均间距为：

$$\Delta y = \frac{(y_{n+1}-y_1)+(y_{n+2}-y_2)+\cdots+(y_{2n}-y_n)}{n \times n} \tag{1-4-29}$$

逐差法的优点显而易见。但是该方法要求自变量等间距变化，且与因变量之间的函数关系为线性关系，测量列数据数目为偶数。如果自变量与因变量之间为多项式函数关系时，可采用多次逐差法，这里不做介绍。

4. 最小二乘法

作图法虽然在数据处理中是一个很便利的方法，但在曲线的绘制上往往带有较大的任意性，所得的结果也常常因人而异，而且很难对它做进一步的误差分析。为了克服此缺点，在数理统计中研究了直线的拟合问题，常用一种以最小二乘法为基础的实验数据处理方法[21]。某些曲线型的函数可以通过适当的数学变换改写成直线方程，这一方法也适用于某些曲线型的规律。下面就数据处理中的最小二乘法原理做一简单介绍。

求经验公式可以从实验的数据求经验方程，这称为方程的回归问题。方程的回归首先要确定函数的形式，一般要根据理论的推断或从实验数据变化的趋势而推测出来，如果推断出物理量 y 和 x 之间的关系是线性关系，则函数的形式可写为 $y = B_0 + B_1 x$。

如果推断出是指数关系，则写为：

$$y = C_1 e^{C_2 x} + C_3 \tag{1-4-30}$$

如果不能清楚地判断出函数的形式，则可用多项式来表示：

$$y = B_0 + B_1 x_1 + B_2 x_2 + \cdots + B_n x_n \tag{1-4-31}$$

式中 $B_0, B_1, \cdots, B_n, C_1, C_2, C_3$ 等均为参数。可以认为，方程的回归问题就是用实验的数据来求出方程的待定参数。

用最小二乘法处理实验数据，可以求出上述待定参数。设 y 是变量 $x_1, x_2, x_3, \cdots$ 的函数，有 m 个待定参数 $C_1, C_2, \cdots, C_m$，即

$$y = f(C_1, C_2 \cdots, C_m; x_1, x_2, \cdots) \tag{1-4-32}$$

对各个自变量 $x_1, x_2, x_3 \cdots$ 和对应的因变量 y 做 n 次观测得 $(x_{1i}, x_{2i}, \cdots, y_i)(i=1, 2, \cdots, n)$。于是 y 的观测值 y_i 与由方程所得计算值 y_0 的偏差为 $(y_i - y_{0i})(i=1,2,\cdots,n)$。所谓最小二乘法，就是要求上面的 n 个偏差在平方和最小的意义下，使得函数 $y = f(C_1, C_2, \cdots, C_m; x_1, x_2, \cdots)$ 与观测值 $y_1, y_2, \cdots, y_n$ 最佳拟合，其中平方和为：

$$Q = \sum_{i=1}^{n} \left[y_i - f(C_1, C_2, \cdots, C_m; x_1, x_2, \cdots) \right]^2 \tag{1-4-33}$$

应使该 Q 值最小。由微分学的求极值方法可知，$C_1, C_2, \cdots, C_m$ 应满足下列方程组：

$$\frac{\partial Q}{\partial C_i}=0(i=1,2,\cdots,n) \tag{1-4-34}$$

下面从一个最简单的情况来看怎样用最小二乘法确定参数。设已知函数形式是:

$$y=a+bx \tag{1-4-35}$$

这是一个一元线性回归方程,由实验测得自变量 x 与因变量 y 的数据是

$$\begin{cases} x=x_1,x_2,\cdots,x_n \\ y=y_1,y_2,\cdots,y_n \end{cases} \tag{1-4-36}$$

平方和为:

$$Q=\sum_{i=1}^{n}\left[y_i-(a+bx_i)\right]^2 \tag{1-4-37}$$

由最小二乘法,Q 应为最小值,因此 Q 对 a 和 b 求偏微商应等于零,即

$$\begin{cases} \dfrac{\partial Q}{\partial a}=-2\sum_{i=1}^{n}\left[y_i-(a+bx_i)\right]=0 \\ \dfrac{\partial Q}{\partial b}=-2\sum_{i=1}^{n}\left[y_i-(a+bx_i)\right]x_i=0 \end{cases} \tag{1-4-38}$$

由上式得

$$\bar{y}-a-b\,\bar{x}=0,\overline{xy}-a\,\bar{x}-b\,\overline{x^2}=0 \tag{1-4-39}$$

解方程得

$$a=\bar{y}-b\,\bar{x},b=\frac{\bar{x}\cdot\bar{y}-\overline{xy}}{\overline{x}^2-\overline{x^2}} \tag{1-4-40}$$

必须指出,实验中只有当 x 和 y 之间存在线性关系时,拟合的直线才有意义。在待定参数确定以后,为了判断所得的结果是否有意义,在数学上引进一个叫相关系数的量。通过计算相关系数 r 的大小,才能确定所拟合的直线是否有意义。对于一元线性回归,r 定义为

$$r=\frac{\overline{xy}-\bar{x}\cdot\bar{y}}{\sqrt{(\overline{x^2}-\bar{x}^2)(\overline{y^2}-\bar{y}^2)}} \tag{1-4-41}$$

可以证明,$|r|$ 值是在 0 和 1 之间的。$|r|$ 越接近于 1,说明实验数据越能密集在求得的直线的近旁,用线性函数进行回归比较合理。相反,如果 $|r|$ 值远小于 1 而接近于零,说明实验数据对求得的直线很分散,即用线性回归不妥当,必须用其他函数重新试探。至于 $|r|$ 的起码值(当 $|r|$ 大于起码值时,回归的线性方程才有意义),与实验观测次数 n 和置信度有关,可查阅有关手册。

非线性回归是一个很复杂的问题,并无一定的解法,但是通常遇到的非线性问题多数能够化为线性问题。例如,已知函数形式[22]

$$y=C_1e^{C_2x} \tag{1-4-42}$$

两边取对数得：

$$\ln y = \ln C_1 + C_2 x \tag{1-4-43}$$

令 $\ln y = z$，$\ln C_1 = a$，$C_2 = b$，则上式变为 $z = a + bx$，这样就将非线性回归问题转化为一元线性回归问题。

上面介绍了用最小二乘法求经验公式中的常数 a 和 b 的方法，用这种方法计算出来的 a 和 b 是"最佳的"，但并不是没有误差，它们的不确定度估算公式如下，由于推导过程复杂，这里就不做介绍了。

$$\sigma_b = \sqrt{\frac{1-r^2}{n-2}} \cdot \frac{b}{r} \qquad \sigma_a = \sqrt{\frac{\sum x_i^2}{n}} \cdot \sigma_b \tag{1-4-44}$$

参考文献

[1] 光电子技术[J].中国无线电电子学文摘,2010,26(01):18-53.

[2] 激光、激光技术[J].中国光学与应用光学文摘,2007(03):16-40.

[3] 王灏.光电子产业创新网络的构建与演进研究[D].华东师范大学,2009.

[4] 张相辉.太阳能光催化制氢体系研究进展[J].河南大学学报(自然科学版),2015,45(03):274-284.

[5] 饶益花.大学物理实验[M].北京:人民邮电出版社,2015:317.

[6] 夏海涛.物理化学实验[M].南京:南京大学出版社,2019:278.

[7] 海涛,李啸骢,韦善革,陈苏.传感器与检测技术[M].重庆:重庆大学出版社,2016:319.

[8] 郭建江,许玲,范力旻,刘敏,俞霖.电工电子实验应用教程[M].南京:东南大学出版社,2015:285.

[9] 田丽鸿.电路基础实验与课程设计[M].南京:南京大学出版社,2018:221.

[10] 邢西治.统计学原理[M].南京:南京大学出版社,2019:261.

[11] 丁振良,袁峰.仪器精度理论[M].哈尔滨:哈尔滨工业大学出版社,2015:197.

[12] 刘世藩.误差理论和数据处理[A].中国运动生物力学学会、苏州大学体育系.运动生物力学研究方法[C].中国体育科学学会运动生物力学分会,1986:14.

[13] 李莉.统计学原理与应用[M].南京:南京大学出版社,2019:354.

[14] 黄英,刘亚琼,胡晓峰,俞良蒂.统计学[M].重庆:重庆大学出版社,2017:300.

[15] 朱晓颖,蔡高玉,陈小平,沈仙华,史雪莹.概率论与数理统计[M].北京:人民邮电出版社,2016:210.

[16] 斯蒂文·M.斯蒂格勒,鲜祖德.统计探源[M].杭州:浙江工商大学出版社,2014:404.

[17] 孟静.光学层析图像的重建技术研究[D].苏州大学,2006.

[18] 吴世春.普通物理实验[M].重庆:重庆大学出版社,2015:287.

[19] 李宏杰,张丽娇.大学物理实验[M].北京:人民邮电出版社,2015:193.

[20] 金雪尘,王刚,李恒梅.物理实验[M].南京:南京大学出版社,2017:269.

[21] P. K. Bhattacharya. Some Properties of the Least Squares Estimator in Regression Analysis when the Predictor Variables are Stochastic[J]. The Annals of Mathematical Statistics,1962,33(4)：

[22] 徐晓岭,王磊.统计学[M].北京:人民邮电出版社,2015:419.

第2章

应用光学实验

2.1 薄凸透镜焦距测量实验

一、实验目的

(1) 掌握光的可逆性原理的光路调节。
(2) 掌握常用的测量薄凸透镜焦距的方法。
(3) 理解透镜成像的规律。

二、实验原理

1. 光的可逆性原理

当光线的传播方向发生反转时,光线将沿着原路径反方向传播,这就是光的可逆性原理[1]。它在光路调节以及自准法测量薄透镜焦距实验中具有非常重要的作用。

如图 2-1-1(a)所示,在凸透镜物方焦点 F 处有一发光物点 P,其发射的光线经过凸透镜 L 折射后变成与主光轴平行的光线,若在光路上放置与光轴垂直的一反射平面 M,根据光的可逆性原理,被该平面反射的光线经过凸透镜后汇聚在物方焦点处,因此,像点 P' 与发光物点 P 重合。若发光物点 P 在凸透镜物方焦面上除焦点 F 外的其他位置,如图 2-1-1(b)所示,根据透镜成像规律[2],经过凸透镜 L 的出射光线依然是平行光,但其方向与光轴有一定的夹角,当光路中的反射平面与光轴仍然垂直时,所反射的光线将与原来的光线关于平行于光轴的直线对称,这时,反射光线经过凸透镜后所形成的像点 P' 与物点 P 不再重合,而是在物方焦平面上与物点 P 关于光轴对称的位置。

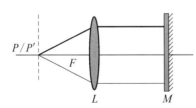 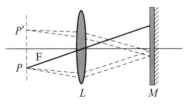

(a) 发光物点在凸透镜物方焦点处　　(b) 发光物点在除焦点外的物方焦平面上

图 2-1-1

2. 薄透镜成像公式

我们在应用光学这门课程中已经学习了理想光学系统的成像公式。实际光学系统,如薄透镜,在近轴光线条件下,可近似看为理想系统,其物像关系满足高斯公式[3]:

$$\frac{1}{f'} = \frac{1}{l'} - \frac{1}{l} \qquad\qquad (2-1-1)$$

对于薄透镜,上式中,l 为物距,表示薄透镜到物的距离;l' 为像距,表示薄透镜到像点的距离;f' 为像方焦距,表示薄透镜到像方焦点的距离。上述公式中的各物理量的符号需要满足一定的符号规则:当光线自左向右传播,以薄透镜中心为原点量起,若其方向与光的传播方向一致者为正,反之为负。运算时,已知量须添加符号,未知量则根据求得结果中的符号判断其物理意义。需要强调的是本章节各实验项目中的焦距指的是像方焦距。

3. 测量薄凸透镜焦距的方法

(1) 物距-像距法(成像法)。

该方法是对高斯公式(2-1-1)的直接应用。如图 2-1-2 所示,在实验中,我们通过调节光路在接收屏幕上得到清晰的像后,可以直接测量物距 l 和像距 l',将它们带入高斯公式即可求得待测透镜的像方焦距。

(2) 位移法[4]。

如图 2-1-3 所示,物屏和像屏距离固定为 $D(D>4f')$ 时,通过调节凸透镜的位置,我们发现,凸透镜在 X_0 和 X'_0 两个位置上可以在像屏上形成放大或缩小的清晰像。

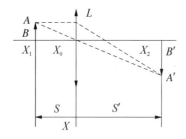

图 2-1-2 物距-像距法测凸透镜焦距原理图

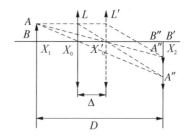

图 2-1-3 共轭法测凸透镜焦距原理图

当像屏上成放大的像 $A'B'$ 时,物像关系满足:$\dfrac{1}{f'} = \dfrac{1}{l'} - \dfrac{1}{l}$

当像屏上成缩小的像 $A''B''$ 时,物像之间满足:$\dfrac{1}{f'} = \dfrac{1}{l'-\Delta} - \dfrac{1}{l-\Delta}$,其中,$\Delta$ 为两次清晰像所对应的凸透镜位置的距离,即 $\Delta = x_0 - x'_0$。

我们将物屏和像屏之间的距离 $D = l'-l$ 与上述两个物像关系公式联立即可得到 $f' = \dfrac{D^2-\Delta^2}{4D}$。因此,在实验上,我们只需要测量记录两次清晰像时薄透镜的位置以及物屏与像屏之间的距离,就可以得到待测薄透镜的像方焦距。

(3) 自准直法。

自准直法是对光的可逆性原理的应用[5]。如图 2-1-4 所示,位于凸透镜物方焦平面上 A 物体各点发出的光经过凸透镜后,变成一束平行光,经透镜后方的反射镜把平行光反射回来,反射光再次经过透镜后,在透镜焦平面上成一倒立的与原物大小相同的实像 A',物 A 与像 A' 处于相对于光轴对称的位置上。物与透镜之间的距离就是透镜的焦距,它的大小可用卷尺直接测量出来。在实验中,我们按照图 2-1-4 所示搭建好光路后,可以固定物屏(或凸透镜)的位置,调节凸透镜(或物屏)的位置,直到在物屏上观察到一个清晰倒立等大的像,此时,物与凸透镜之间的距离为物方焦距 f 的大小。根据符号规则, f 为负数。另外,处在同一种介质中的光学系统的物方和像方焦距之间的关系满足 $f'=-f$,因此,在我们所采取的符号规则下,像方焦距是正值,且大小为物与凸透镜的距离。

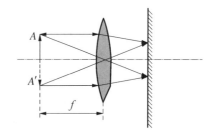

图 2 - 1 - 4 自准直法测凸透镜焦距原理图

三、实验装置

本实验中,我们将采用自准直法和位移法分别测量 5 个薄凸透镜的焦距。所用到的实验设备包括:白光光源、薄凸透镜(标称焦距值分别为 $f'=25,50,75,100,150$ mm)、平面反射镜、物屏、像屏、二维调节架、光学导轨、滑座等。位移法和自准直法测量薄透镜焦距的实验装置如图 2 - 1 - 5 所示。

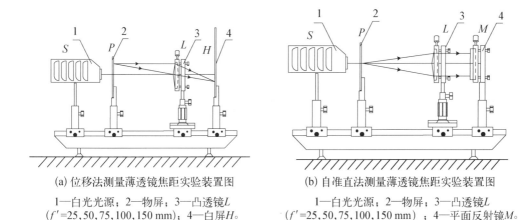

(a) 位移法测量薄透镜焦距实验装置图

1—白光光源;2—物屏;3—凸透镜 L
($f'=25,50,75,100,150$ mm);4—白屏 H。

(b) 自准直法测量薄透镜焦距实验装置图

1—白光光源;2—物屏;3—凸透镜 L
($f'=25,50,75,100,150$ mm);4—平面反射镜 M。

图 2 - 1 - 5 实验装置图

四、实验内容与步骤

1. 位移法测凸透镜焦距

(1) 把全部器件按图 2 - 1 - 5(a)的顺序摆放在平台上,靠拢后目测调至共轴,而后再使物屏 P 和白屏 H 之间的距离 D 大于 4 倍焦距,如图 2 - 1 - 3 所示。

(2) 沿标尺前后移动 L,使品字形物在白屏 H 上成一清晰的放大像,记下 L 的位置 a_1。

(3) 再沿标尺向后移动 L,使物再在白屏 H 上成一缩小像,记下 L 的位置 a_2。

(4) 将 P,L,H 转 180°,重复做前三步,又得到 L 的两个位置 b_1,b_2。

(5) 然后选取不同的 D 值,重复步骤(1)~(4),测量 5 遍计入数据表,并比较实验值和标称值的差异并分析其原因。

2. 自准直法测凸透镜焦距

(1) 按图 2 - 1 - 5(b)的实验装置图所示,从左依次摆放白炽灯光源、物屏、被测凸透镜、平面反射镜,并将整个光路调至共轴。而后拉开一定的距离,可调成如图 2 - 1 - 4 所示的距离。

（2）前后移动被测凸透镜，直到物屏上成一清晰的镂空图像的倒立实像；调节平面反射镜的倾角，使物屏上的像与物重合。

（3）再前后微动透镜，使物屏上的像最清晰且与物等大，即像与物充满同一圆，分别记下物屏和被测凸透镜的位置 a_1，a_2。

（4）将被测凸透镜取下，换面，重复步骤（1）～（3）5 次，分别记下物屏和被测凸透镜的新位置 b_1，b_2。

> **注意**：所有读数以滑座左边缘为准，以毫米为单位，a_1＝读数值＋11 mm，a_2＝读数值＋22 mm，b_1＝读数值＋11 mm，b_2＝读数值＋22 mm。观察透镜与滑座左边缘的相对位置来判断是否对 a_2，b_2 测量值进行修正。

五、数据记录与处理

1. 数据测量与记录

（1）位移法测量薄透镜焦距。

采用位移法测量 5 个凸透镜的焦距，将每个透镜的相关数据记录在表 2-1-1 内。

表 2-1-1　位移法测量薄透镜焦距参数

待测透镜焦距的标称值 $f'=$ ___ mm　　　　　　　　　　　　　　　　　　　　单位：mm

次数＼数据	D	a_1	a_2	Δ_a	f'_a	b_1	b_2	Δ_b	f'_b	$f'_测$
1										
2										
3										
4										
5										

其中：$\Delta_a=a_1-a_2$；$\Delta_b=b_1-b_2$；$f'_a=(D^2-\Delta_a^2)/4D$；$f'_b=(D^2-\Delta_b^2)/4D$；$f'_测=(f'_a+f'_b)/2$。

（2）自准法测量薄透镜焦距。

采用自准法分别测量 5 个凸透镜的焦距，将每个透镜的相关数据记录在表 2-1-2 内。

表 2-1-2　自准法测量薄透镜焦距参数

待测透镜焦距的标称值 $f'=$ ___ mm　　　　　　　　　　　　　　　　　　　　单位：mm

次数＼数据	a_1	a_2	f'_a	b_1	b_2	f'_b	$f'_测$
1							
2							

续　表

次数＼数据	a_1	a_2	f'_a	b_1	b_2	f'_b	$f'_测$
3							
4							
5							

其中：$f'_a = a_2 - a_1$；$f'_b = b_2 - b_1$；$f'_测 = (f'_a + f'_b)/2$

2. 数据处理与误差分析

我们对上述实验过程中得到的数据进行处理，对于多次测量的情况，我们需要得到待测凸透镜焦距的平均值、绝对不确定度和相对不确定度。另外，我们要对实验数据进行误差分析，要认真分析两种测量方法测量结果的差异来源以及分析标称值与测量值之间的误差来源。

六、思考题

（1）位移法测量凸透镜焦距时，物屏、像屏间的距离 L 为什么要略大于 4 倍焦距？

（2）采用自准直法测量时，当物屏与透镜之间的间距小于 f 时，也可能成像，且将平面镜移去，像依然存在，这是什么原因造成的？

（3）位移法与物距-像距法相比，有何优点？

（4）对于凹透镜，应该如何测量其焦距呢？

2.2　双凹透镜焦距测量实验

一、实验目的

（1）了解双凹透镜的成像规律。

（2）掌握测量双凹透镜焦距的自准法和成像法。

二、实验原理

我们已经学习了自准法和位移法测量薄凸透镜焦距的原理。对于凹透镜，我们也可以采用类似的方法对其测量焦距。由于凹透镜的发散特性，我们只利用一个凹透镜无法实现对其焦距的测量。通常情况下，我们需要借助一个凸透镜来完成测量光路的搭建。

1. 自准法测凹透镜焦距的原理

自准法测量凹透镜的原理如图 2 - 2 - 1 所示[6]。在凹透镜前方放置一凸透镜，物 AB 经过该凸透镜成一倒立实像 $A'B'$。调节凹透镜的位置使该像正好位于凹透镜的物方焦平面上，那么，根据凹透镜的成像特性，$A'B'$ 通过凹透镜进一步成像在无穷远处。当在凹透镜后面存在一与光轴垂直的反射面时，我们分别对 A' 和 B' 点发出的光线应用光的可逆性原理，B' 点发出的光被反射后重新汇聚到 B' 点，而 A' 点发出的光被反射后汇聚到与 A' 点关于光轴对称的位置上,因此,由于平面镜的存在,与 $A'B'$ 关于光轴对称位置会出现一实像 $A''B''$。该像作为凸透镜的物进一步成像在与物 AB 关于光轴对称的位置上。在实验中,当光路调节完成之后,我们会在物屏上得到一个与物大小相等方向相反的像,此时,像 $A'B'$ 与凹透镜之间的距离就是待测凹透镜的焦距。

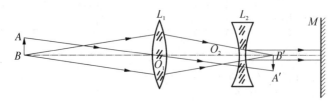

图 2 - 2 - 1 自准法测量凹透镜的光路图

2. 成像法(物距-像距法)测凹透镜焦距的原理

如图 2 - 2 - 2 所示,当采用成像法测量凹透镜的焦距时,我们在其前面放置一凸透镜[7]。物体 AB 经过凸透镜之后形成倒立的像 $A'B'$,后面的凹透镜会将该像作为物进行成像。根据凹透镜虚物成实像的特性,若像 $A'B'$ 位于凹透镜的右方一倍焦距以外,我们会在凹透镜的右侧得到一倒立的清晰实像 $A''B''$。实像是实际光线所形成的像,可以被像屏接收。在实验中,我们需要可以记录凹透镜、一次成像 $A'B'$、二次成像 $A''B''$ 的位置,将它们之间的距离转换为符合符号规则的物距和像距,带入高斯公式即可得到凹透镜的焦距。

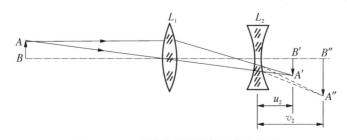

图 2 - 2 - 2 成像法测凹透镜焦距光路图

三、实验仪器

本实验中,我们将采用自准法和成像法测量 3 个标称值为 $f' = -50, -75, -100$ mm 的双凹透镜的焦距。所用到的实验设备包括:白光光源、薄凸透镜(建议采用焦距值为 100 mm 或 150 mm 的凸透镜)、平面反射镜、物屏、像屏、二维调节架、光学导轨、滑座等。

四、实验步骤

1. 光具座上各光学元件同轴等高的调节

薄透镜成像所满足的高斯公式仅在近轴光线的条件下才能成立。对于一个透镜的装置,应使发光点处于该透镜的主光轴上,并在透镜前适当位置上加一光栏,挡住边缘光线,使入射光线与主光轴的夹角很小,对于多个透镜等元件组成的光路,应使各光学元件的主光轴重合,才能满足近轴光线的要求。习惯上把各光学元件主光轴的重合称为同轴等高[8]。同轴等高的调节是光学实验必不可少的一个步骤。调节时,先用眼睛判断,将光源和各光学元件的中心轴调节成大致重合,然后借助仪器或者应用光学的基本规律来调整。

在本实验中,我们利用透镜成像的共轭原理进行调整。我们按照图 2-2-1 或图 2-2-2 放置物、透镜和像屏,并根据成像位置关系判断透镜中心是偏高还是偏低,最后将系统调成同轴等高。

2. 双凹透镜焦距的测量

(1)成像法测凹透镜焦距的步骤

第一步　如图 2-2-1 所示,调节各元件共轴后,暂不放入凹透镜,并使物屏和像屏距离略大于 $4f$。移动凸透镜 L_1,使像屏上出现清晰的、倒立的、大小适中的实像 $A'B'$,记下 $A'B'$ 所在位置的读数。

第二步　保持凸透镜 L_1 的位置不变,将凹透镜 L_2 放入 L_1 与像屏之间,移动像屏,使屏上重新得到清晰、放大、倒立的实像 $A''B''$,记录其位置的读数。

第三步　记录凹透镜 L_2 的位置读数,得到物距 l_2 和像距 l'_2,带入高斯公式即可求出焦距 f'。

第四步　改变凹透镜位置,重复测 5 次,求焦距 f' 的平均值及其不确定度。

(2)自准法测凹透镜焦距的步骤

第一步　如图 2-2-2 所示,调节各元件共轴后,暂不放入凹透镜,取物屏与凸透镜的距离约等于 $2f$。

第二步　移动像屏,使像屏上出现清晰的、倒立的、缩小的实像 $A'B'$,测定像屏的位置,记下像屏位置的读数。

第三步　保持凸透镜 L_1 的位置不变,将凹透镜 L_2 取代像屏,平面镜紧贴近凹透镜,向凸透镜方向移动凹透镜 L_2 和平面镜,在物屏上得到一个与物大小相等、倒立的实像。测定凹透镜的位置,记录凹透镜 L_2 所在位置的读数。

第四步　改变凹透镜位置,重复测 5 次,求焦距 f' 的平均值及其不确定度。

五、实验数据记录与处理

1. 数据测量和记录

(1)成像法测凹透镜焦距

采用成像法测量 3 个凹透镜的焦距,将每个透镜的相关数据记录在以下表格内。

表 2-2-1　成像法测量薄透镜焦距参数

待测透镜焦距的标称值 $f'=$ 　mm　　　　　　　　　　　　　　　　　　　　　单位:mm

数据　　　　次数	1	2	3	4	5
$A'B'$ 位置					
$A''B''$ 位置					
凹透镜位置					

数据＼次数	1	2	3	4	5
物距 l					
像距 l'					
$f'_{测}$					

（2）自准直法测凹透镜焦距

将自准直法应用于测量 3 个凹透镜的焦距，并将每个透镜的相关参数记录在以下表格内。

表 2-2-2　自准直法测量薄透镜焦距参数

待测透镜焦距的标称值 $f'=$ 　　 mm　　　　　　　　　　　　　　　　　　　　　　单位:mm

数据＼次数	1	2	3	4	5
$A'B'$ 位置					
凹透镜位置					
$f'_{测}$					

2. 数据处理与误差分析

对上述数据进行处理，得到两种方法测量结果的平均值和不确定度，比较两种方法的优缺点，并通过比较焦距的测量值和标称值之间的差异分析误差来源。

六、思考题

（1）透镜成像公式成立的条件是什么？为什么要调节光学系统共轴？
（2）自准法测凸透镜焦距需要满足什么条件？成像特点是什么？

2.3　目镜和物镜焦距测量实验

一、实验目的

（1）理解物像放大率公式。
（2）掌握用测量物像放大率来求目镜和物镜焦距的原理及方法。

二、实验原理

典型的目视光学系统，如显微镜和望远镜[9]，都是由物镜和目镜两部分组成。物体发出的光线经过物镜成像后，目镜将像视作物进一步成像在人眼的明视距离处，当人眼紧挨目镜观察时，就可以看到位于眼睛明视距离处的像。通过前面两个实验项目我们已经掌握了薄凸透镜和薄凹透镜焦距的几种测量方法。现在我们学习一种新的焦距测量方法:利用物像的放大率求目镜和物镜的焦距。

焦距的测量可以归结为测量焦点到光学系统的某一指定点的距离。

通过应用光学课程的学习,描述光学系统的物像关系除了用高斯公式外,还可以采用牛顿公式[10]:

$$x \cdot x' = f \cdot f' \qquad (2-3-1)$$

这里 x 和 x' 分别表示物到透镜物方焦点和像到透镜像方焦点的距离。请注意,x 和 x' 的正负依然遵循符号规则。

若物空间和像空间的光学介质相同,则 $\dfrac{f'}{f} = -\dfrac{n'}{n} = -1$,可得 $x \cdot x' = f^2$。这时,光学系统的垂轴放大率[11]满足

$$m = y'/y = -f/x = -x'/f' \qquad (2-3-2)$$

如图 2-3-1 所示,当利用物像放大率[12]方法测量透镜的焦距时,我们找到某个物位置 p_1 下对应的清晰像的位置 p'_1 之后,可以通过比较物与像的大小得到像的垂轴放大率 m_1,我们称该放大率为测量放大率。现在我们保持待测透镜的位置不变,移动物屏到新的位置 p_2,再次找到清晰像的位置 p'_2,并记录新像的测量放大率 m_2。我们也可以利用式(2-3-2)计算两次成像过程的计算放大率,且有 $m_1 = x'_1/f'$ 和 $m_2 = x'_2/f'$。结合前面两式,我们可以得到待测透镜的焦距

$$f' = \frac{x'_1 - x'_2}{m_1 - m_2} = \frac{(p'_1 - p'_2) + (d_1 - d_2)}{m_1 - m_2} \qquad (2-3-3)$$

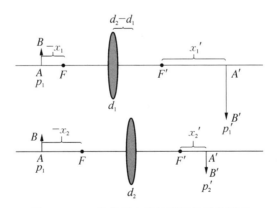

图 2-3-1　物像放大率法测量焦距的原理

因此,在实验中,我们需要记录两次成像过程待测透镜的位置、两个物像测量放大率以及两次清晰像的位置,将它们带入式(2-3-3),即可得到待测透镜的焦距。

三、实验仪器

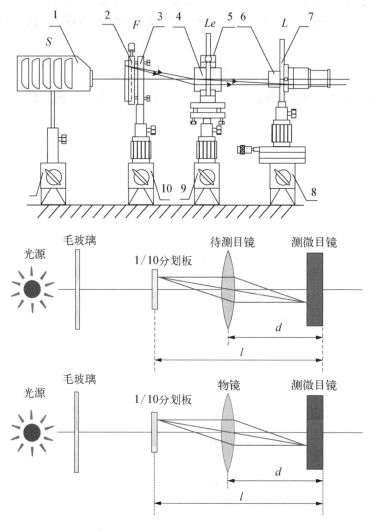

图 2 - 3 - 2 实验装置图

1—带有毛玻璃的白炽灯光源 S；2—1/10 mm 分划板 F；3—二维调整架；4—被测目镜和物镜；5—可变口径二维架；
6—测微目镜 L（去掉其物镜头的读数显微镜）；7—读数显微镜架；8——维底座；9——维底座；10—通用底座。

四、实验内容与步骤

第一步 按图 2 - 3 - 2 的实验装置图所示，依次摆好白炽灯光源、分划板、待测目镜或物镜、测微目镜，目测调至共轴。

第二步 当分划板、待测目镜、测微目镜之间的距离较小时，前后移动待测目镜或物镜，直至在测微目镜中看到清晰的分划板刻线。

第三步 测出 1/10 mm 刻线的宽度，可求出此时待测目镜或物镜的放大倍率 m_1（$m=$像宽/实宽），并记录待测目镜或物镜和测微目镜的位置 d_1，p'_1。

第四步　把测微目镜向后移动 $30\sim40$ mm,再缓慢调节待测目镜或物镜,直至在测微目镜中再次看到清晰的分划板刻线。

第五步　再测出像宽,求出 m_2,并记录待测目镜或物镜与测微目镜的位置 d_2,p'_2。

第六步　重复上述步骤 5 次,记录每次测量的相关数据。

> **注意:** 所有读数以毫米为单位。

五、数据记录和处理

根据上述实验步骤,将相关数据记录到表 2-3-1 中,并对测量结果进行数据处理。

表 2-3-1　目镜或物镜焦距测量数据　　　　　　　　　　单位:mm

次数	p'_1	d_1	l_2	p'_2	S	m_1	m_2	$f_{测}$
1								
2								
3								
4								
5								

像距改变量: $S=(p'_1-p'_2)+(d_1-d_2)$　注:1/10 mm 分划板,每小格是 0.1 mm

六、思考题

(1) 什么条件下,我们应选择物像放大率方法测量透镜的焦距?

(2) 和前面的焦距测量方法相比,物像放大率测焦距方法的优缺点分别有哪些?

2.4　透镜组焦距测量实验

一、实验目的

(1) 了解透镜组基点、基面的成像特性。

(2) 了解透镜组焦距的计算公式。

(3) 掌握透镜组基点的确定方法。

二、实验仪器

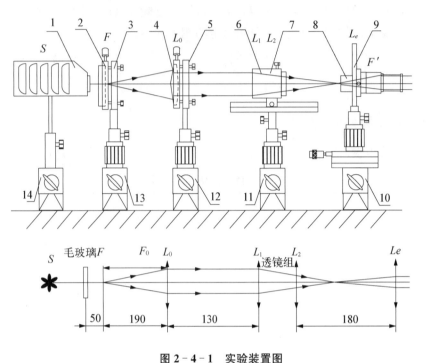

图 2 - 4 - 1　实验装置图

1—带有毛玻璃的白炽灯光源 S；2—1/10mm 分划板 F；3—白屏 H；4—物镜 L_0；5—二维调整架；
6—透镜组 L_1，L_2；7—节点架；8—测微目镜 Le（去掉其物镜头的读数显微镜）；9—读数显微镜架。

三、实验原理

　　光学仪器中的共轴球面系统[13]、厚透镜、透镜组，常把它作为一个整体来研究。这时可以用三对特殊的点和三对面来表征系统在成像上的性质。若已知这三对点和三对面的位置，则可用简单的高斯公式和牛顿公式来研究其成像规律。共轴球面系统的这三对基点和基面是：主焦点（F，F'）和主焦面，主点（H，H'）和主平面，节点（N，N'）和节平面。

　　实际使用的共轴球面系统——透镜组，多数情况下透镜组两边的介质都是空气，根据几何光学[14]的理论，当物空间和像空间介质折射率相同时，透镜组的两个节点分别与两个主点重合，在这种情况下，主点兼有节点的性质，透镜组的成像规律只用两对基点（焦点，主点）和基面（焦面，主面）就完全可以确定了。

　　根据节点[15]定义，一束平行光从透镜组左方入射，如图 2 - 4 - 2 所示，光束中的光线经透镜组后的出射方向，一般和入射方向不平行，但其中有一根特殊的光线，即经过第一节点 N 的光线 PN，折射后必须通过第二节点 N' 且出射光线 $N'Q$ 平行于原入射光线 PN。

　　设 $N'Q$ 与透镜组的第二焦平面[16]相交于 F'' 点。由焦平面的定义可知，PN 方向的平行光束经透镜组会聚于 F'' 点。若入射的平行光的方向 PN 与透镜组光轴平行时，F'' 点将与透镜组的主焦点 F' 重合。

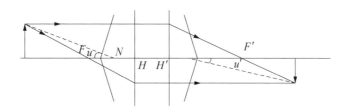

图 2-4-2　节点的性质(1)

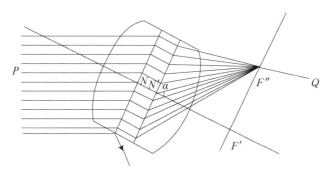

图 2-4-3　节点的性质(2)

综上所述,节点应具有下列性质:当平行光入射透镜组时,如果绕透镜组的第二节点 N' 微微转过一个小角 α,则平行光经透镜组后的会聚点 F' 在屏上的位置将不横移,只是变得稍模糊一点儿,这是因为转动透镜组后入射于节点 N 的光线并没有改变原来入射的平行光的方向,因而 $N'Q$ 的方向也不改变,又因为透镜组是绕 N' 点转动,N 点不动,所以 $N'Q$ 线也不移动,而像点始终在 $N'Q$ 线上,故 F'' 点不会有横向移动,至于 NF'' 的长度,当然会随着透镜组的转动有很小的变化,所以 F'' 点前后稍有移动,屏上的像会稍有模糊一点。反之,如果透镜组绕 N' 点以外的点转动,则 F'' 点会有横向移动,利用节点的这一特性构成了下面的测量方法。

使用一个能够转动的导轨,导轨侧面装有刻度尺,这个装置就是节点架。把透镜组装在可以旋转的节点架的导轨上,节点架前是一束平行光,平行光射向透镜组。接着将透镜组在节点架上前后移动,同时使架做微小的转动。两个动作配合进行,直到能得到清晰的像,且不发生横移为止。这时转动轴必通过透镜组的像方节点 N',它的位置就被确定了。并且当 N' 与 H' 重合时,从转动轴到屏的距离为 $N'F'$,即为透镜组的像方焦距 f'。把透镜组转 $180°$,使光线由 L_2 进入,由 L_1 射出。利用同样的方法可测出物方节点 N 的位置。

四、实验内容与步骤

第一步　调节由 F,L_0 组成的“平行光管”使其出平行光,可借助于对无穷远调焦的望远镜来实现。

第二步　将“平行光管”、待测透镜组、测微目镜,按图 2-4-1 的顺序摆放在平台上,目测调至共轴。

第三步　前后移动测微目镜,使之能看清 F 处分划板刻线的像。

第四步　沿节点调节架导轨前后移动透镜组(同时也要相应地移动测微目镜),直至转动平台时,F 处分划板刻线的像无横向移动为止,此时像方节点 N 落在节点调节架的转轴上。

第五步　用白屏 H 代替测微目镜,使分划板刻线的像清晰地成于白屏 H 上,分别记下屏和节点调节架在标尺导轨上的位置 a，b，再在节点调节架的导轨上记下透镜组的中心位置(用一条刻线标记)与调节架转轴中心(0 刻线的位置)的偏移量 d。

第六步　把节点调节架转 $180°$，使入射方向和出射方向相互颠倒，重复三、四、五步，从而得到另一组数据 a'，b'，d'。

五、数据记录与处理

(1) 自制表格记录以下数据：

像方节点 N 偏离透镜组中心的距离为：d

透镜组的像方焦距：$f' = a - b$

物方节点 N 偏离透镜组中心的距离为：d'

透镜组的物方焦距为：$f = a' - b'$

(2) 用 1∶1 的比例画出该透镜组及它的各个节点的相对位置。

六、思考题

透镜组焦距测量有哪些限制条件？测量过程中的误差来源主要是什么？

2.5　自组显微镜、望远镜和透射式幻灯机实验

一、实验目的

(1) 了解显微镜的基本原理和结构，并掌握其调节、使用和测量它的放大率的一种方法。

(2) 了解望远镜的基本原理和结构，并掌握其调节、使用和测量它的放大率的两种方法。

(3) 了解透射式幻灯机[17]的基本原理和结构，掌握对透射式投影光路系统的调节。

二、实验仪器

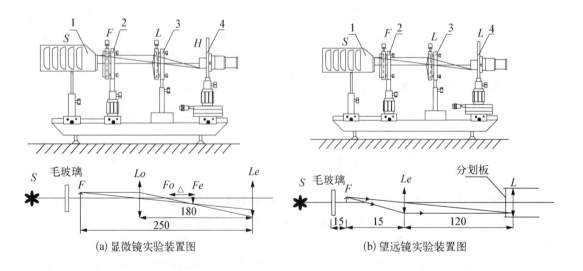

(a) 显微镜实验装置图　　　　(b) 望远镜实验装置图

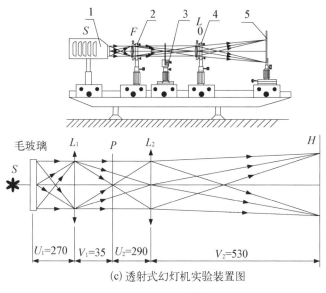

(c) 透射式幻灯机实验装置图

图 2 - 5 - 1　实验装配图

本实验中用到的仪器主要包括带有毛玻璃的白光源、读数显微镜、读数显微镜架、分划板、滑座、二维调整架、凸透镜等。

三、实验原理

1. 显微镜的工作原理

物镜 L_0 的焦距 f_0 很短,将 F_1 放在它前面距离略大于 f_0 的位置,F_1 经 L_0 后成一放大实像 F'_1,然后再用目镜 L_e 作为放大镜观察这个中间像 F'_1,F'_1 应成像在 L_e 的第一焦点 F_e 之内,经过目镜后在明视距离处成一放大的虚像 F''_1[18]。

2. 望远镜的工作原理

最简单的望远镜是由一片长焦距的凸透镜作为物镜,用一短焦距的凸透镜作为目镜组合而成。远处的物经过物镜在其后焦面附近成一缩小的倒立实像,物镜的像方焦平面与目镜的物方焦平面重合。而目镜起一放大镜的作用,把这个倒立的实像再放大成一个正立的像[19]。

3. 透射式幻灯机的工作原理

幻灯机能将图片的像放映在远处的屏幕上,但由于图片本身并不发光,所以要用强光照亮图片,因此,幻灯机的构造总是包括聚光和成像两个主要部分,在透射式的幻灯机中,图片是透明的。成像部分主要包括物镜 L、幻灯片 P 和远处的屏幕。为了使这个物镜能在屏上产生高倍放大的实像。幻灯片 P 必须放在物镜 L 的物方焦平面外很近的地方,使物距稍大于 L 的物方焦距[20]。

聚光部分主要包括很强的光源(通常采用溴钨灯)和透镜 L_1,L_2 构成的聚光镜。聚光镜的作用是一方面要在未插入幻灯片时,能使屏幕上有强烈而均匀的照度,并且不出现光源本身结构(如灯丝等)的像,一经插入幻灯片后,能够在屏幕上单独出现幻灯图片的清晰的像;

另一方面,聚光镜要有助于增强屏幕上的照度。因此,应使从光源发出并通过聚光镜的光束能够全部到达像面。为了这一目的,必须使这束光全部通过物镜 L,这可用所谓"中间像"的方法来实现。即聚光器使光源成实像,成实像后的那些光束继续前进时,不超过透镜 L 边缘范围。光源的大小以能够使光束完全充满 L 的整个面积为限。聚光镜焦距的长短是无关紧要的。通常将幻灯片放在聚光器前面靠近 L_2 的地方,而光源则置于聚光器后 2 倍于聚光器焦距之处。聚光器焦距等于物镜焦距的一半,这样从光源发出的光束在通过聚光器前后是对称的,而在物镜平面上光源的像和光源本身的大小相等。

四、实验内容与步骤

1. 自组显微镜实验

第一步　把全部器件按图 2-5-1(a)的顺序摆放在平台上,靠拢后目测调至共轴。

第二步　把透镜 L_0,L_e 的间距固定为 180 mm。

第三步　沿标尺导轨前后移动 F_1(F_1 紧挨毛玻璃装置,使 F_1 置于略大于 f_0 的位置),直至在显微镜系统中看清分划板 F_1 的刻线。

2. 自组望远镜实验

第一步　把全部器件按图 2-5-1(b)的顺序摆放在平台上,靠拢后目测调至共轴。

第二步　把 F 和 L_e 的间距调至最大,沿导轨前后移动 L_0,使一只眼睛通过 L_e 看到清晰的分划板 F 上的刻线。

第三步　再用另一只眼睛直接看毫米尺 F 上的刻线,读出直接看到的 F 上的满量程 28 条线对应于通过望远镜所看到 F 上的刻线格数 e。

第四步　分别读出 F,L_0,L_e 的位置 a,b,d。

第五步　拿掉 L_e,用白屏 H 找到 F 通过 L_0 所成的像,读出白屏 H 的位置 c。

3. 自组透射式幻灯机实验

(1) 把全部仪器按图 2-5-1(c)的顺序摆放在平台上,靠拢后目测调至共轴。

(2) 将 L_2 与 H 的间隔固定在间隔所能达到的最大位置,前后移动 P,使其经 L_2 在屏 H 上成一最清晰的像。

(3) 将聚光镜 L_1 紧挨幻灯片 P 的位置固定,拿去幻灯片 P,沿导轨前后移动光源 S,使其经聚光镜 L_1 刚好成像于白屏 H 上。

(4) 再把底片 P 放在原位上,观察像面上的亮度和照度的均匀性。

(5) 把聚光镜 L_1 拿去,再观察像面上的亮度和照度的均匀性。

> **注意:**演示其现象时的参考数据为 $U_1=35$,$V_1=35$,$U_2=300$,$V_2=520$,和计算焦距时的数据并不相同。

五、数据记录与处理

1. 自组显微镜实验

显微镜的计算放大率:$M=\dfrac{|250\times\Delta|}{f_0\times f_e}$

其中：$\Delta=F_0-F_E$。本实验中的 $F_E=250/20$。

2. 自组望远镜实验

因为 $M=\dfrac{\omega'}{\omega}$

$$\dfrac{\omega'}{\omega}=\dfrac{A'B'/U_2}{AB/(U_1+V_1+U_2)}=\dfrac{A'B'}{AB}\dfrac{U_1+V_1+U_2}{U_2}$$

又因为 $\dfrac{A'B'}{AB}=\dfrac{V_1}{U_1}$

所以 $M=V_1(U_1+V_1+U_2)/(U_1\times U_2)$

望远镜的测量放大率：$M=140/e$

望远镜的计算放大率：$M=V_1(U_1+V_1+U_2)/(U_1\times U_2)$

其中：$U_1=b-a$，$V_1=c-b$，$U_2=d-c$，AB，$A'B'$ 见图中所示。

3. 自组透射式幻灯机实验

放映物镜的焦距：$f_2=M/(M+1)^2\times D_2$

聚光镜的焦距：$f_1=D_1/(M+1)-D_1/(M+1)^2$

其中：$D_2=U_2+V_2$，$D_1=U_1+V_1$，$M_i=\dfrac{V_i}{U_i}(i=1,2)$ 为像的放大率。

$$f_i=\dfrac{U_iV_i}{U_i+V_i}(i=1,2)$$

六、思考题

(1) 显微镜和望远镜在结构上的相同点和不同点有哪些？

(2) 透射式幻灯机的成像质量与哪些因素有关？

参考文献

[1] 刘蓟.光跑和可逆性原理与相位共轭波[J].大学物理,1991,10(12).

[2] 贾丽,朱文军.探究凸透镜成像规律实验比较研究[J].物理教师,2013,34(01):44-47.

[3] 王溢然.凸透镜成像公式的演变与应用[J].物理教学,1983(05):11-12.

[4] 徐航,杜忠明,熊飞峤,张真.位移法测凸透镜焦距的误差分析[J].遵义师范学院学报,2011,13(06):100-102.

[5] 崔海瑛,程淑华,李秀明,吴光涛.薄透镜焦距测定方法的研究[J].大庆师范学院学报,2016,36(06):9-12.

[6] 廖立新.凹透镜焦距测量自准直法的改进[J].吉首大学学报(自然科学版),2015,36(04):30-32.

[7] 邱彩虹.物距像距法在凹透镜焦距测量中的成像原理与数据分析[J].大学物理实验,2017,30(02):123-124.

[8] 宋小欣.透镜测焦实验中调节同轴等高的简便方法[J].物理实验,1990(02):89-90.

[9] 李恒一,王景熙,徐鑫,顾义超,徐文蔚,张增明.望远镜和显微镜的简易实验设计及线上教学研究[J].大学物理实验,2020,33(05):56-59.

[10] 李林,黄一帆著.应用光学[M].北京:北京理工大学出版社,2017.

[11] 蒋光和,戴薇.共轴光具组的节点和垂轴放大率的几何作图法计算[J].吉首大学学报(自然科学

版),1995,16(01):40-42.

[12] 张以谟编.应用光学 上[M].北京:机械工业出版社,1982.

[13] 陈琳.共轴球面成像模型的设计[J].计算机与数字工程,2008(09):135-137.

[14] 王天谒著.几何光学[M].北京:北京教育出版社,1989.

[15] 张晋鲁.光学系统的节点和光心[J].喀什师范学院学报,1988(06):52-54.

[16] 叶柳.透镜焦平面定位法[J].安徽大学学报(自然科学版),1995(02):51-55.

[17] 《科学小实验》编写小组编.科学小实验 光学 1[M].上海:上海科学技术出版社,1966.

[18] 谷祝平编著.光学显微镜[M].兰州:甘肃人民出版社,1985.

[19] 石凤良,李敬林. 关于望远镜望远机理的讨论[J]. 物理通报,2019(1):115-116. DOI:10.3969/j. issn.0509-4038.2019.01.036.

[20] 周方等编著.电化教育技能[M].长沙:湖南师范大学出版社,1998.

第3章

物理光学实验

3.1 双缝干涉实验

一、实验目的

（1）了解双缝干涉原理及现象。

（2）了解双缝实验装置的基本结构并掌握光路的调整方法。

（3）掌握光电元件测量相对光强的方法，能够描绘双缝干涉光强随位置变化曲线。

二、实验仪器

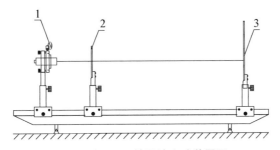

图 3-1-1　双缝干涉实验装置图

本实验所需仪器：激光器、二维调整架、双峰屏、滑座、白屏。

三、实验原理

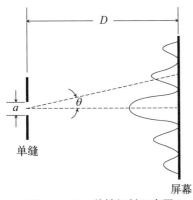

图 3-1-2　单缝衍射示意图

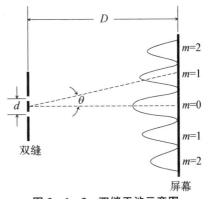

图 3-1-3　双缝干涉示意图

激光通过双缝时,每一条狭缝都会各自产生一套单缝衍射的图样,单缝衍射的图样如图 3-1-2 所示,其单缝衍射的图样的光强分布表达式[1]为:

$$I_1 = I_0 \left(\frac{\sin u}{u} \right)^2 \tag{3-1-1}$$

其中 $u = \pi a \dfrac{\sin\theta}{\lambda}$,$a$ 为狭缝宽度,λ 为光的波长,θ 为衍射角。

由于两条狭缝宽度相同,且相互平行,故两条狭缝衍射的光强分布完全相同。因为狭缝都是由同一单色光源照明,所以从两条狭缝射出的光波的叠加是相干叠加,它们之间还要产生干涉(如图 3-1-3)。由杨氏双缝干涉公式可知,双缝干涉的强度分布表达式[2]为:

$$I = 2I_1(1 + \cos\delta) = 4I_1 \cos^2 \frac{\delta}{2} \tag{3-1-2}$$

式中 I_1 是单独一条狭缝在接收屏上某一点的光强,δ 是从两个狭缝的中心分别到接收屏上该点的相位差,相位差 δ 可表示为:

$$\delta = \frac{2\pi}{\lambda} d \sin\theta \tag{3-1-3}$$

干涉条纹中的极大(亮)条纹对应的角度由下式给出:

$$d \sin\theta = \frac{\delta\lambda}{2\pi} = m\lambda \ (m = 1, 2, 3, \cdots) \tag{3-1-4}$$

式中 θ 对应从干涉图样中心到第 m 级极大之间的夹角,λ 表示光的波长,m 表示级次(从中心向外计数,0 对应中央极大,1 对应第一级极大,2 对应第二级极大,$\cdots$),如图 3-1-3 所示。通常因为角度较小,可以假设:$\sin\theta \approx \tan\theta$。根据三角关系:

$$\tan\theta = \frac{y}{D} \tag{3-1-5}$$

其中 y 表示在屏上从图样中心到第 m 级极大间的距离,D 表示从狭缝到屏的距离,如图 3-1-3所示,所以可得狭缝间距为:

$$d = \frac{m\lambda D}{y} \ (m = 1, 2, 3, \cdots) \tag{3-1-6}$$

将单缝衍射的强度公式(3-1-1)代入公式(3-1-2)中,可得到双缝干涉的光强分布表达式[3]:

$$I = 4I_0 \frac{\sin^2 u}{u^2} \cos^2 \frac{\delta}{2} \tag{3-1-7}$$

四、实验内容

1. 观测双缝干涉的光强分布

(1) 参照图 3-1-1搭建光路,并调整位置,使各组件等高和共轴。

（2）调节激光光斑大小及位置，使光斑刚好落在双缝上面，直到观察白屏上产生干涉条纹。

（3）观察干涉条纹光强分布及间距特点。

2. 双缝干涉测量实验

（1）多次测量狭缝到屏的距离，记录于表 3-1-1 中。

（2）将白屏更换为光电探测器，调节一维手动扫描平台，使光学传感器处于适当的位置（一般在条纹级次 $m \geqslant 5$）；然后通过扫描平台侧面的手轮缓慢调节光电传感器的水平位置，进行实时测量，使干涉斑光强的极大值依次通过光传感器，测量的相对光强通过照度表读出，每移动 0.1 或 0.2 mm 记录一次数据，数据记录在表 3-1-1 中。

（3）把水平位移值作为 x 轴，相对光强作为 y 轴，作出光强随位移变化的曲线图。

表 3-1-1　双缝干涉的测量数据记录

数据编号	横坐标值(x)，单位：mm	光强值(y)，单位：Lx
1		…
2		…
3		…
4		…
5		…

3. 自动测量实验

将光电探测器更换为 CCD，通过 CCD 测量条纹并进行数据分析。

4. 数据计算

参考公式(3-1-7)进行计算验证。

五、注意事项

（1）不要用肉眼直视激光器输出光，防止造成伤害。
（2）仪器放置处不可长时间受阳光照射。
（3）激光器发出的光束应平行于工作平台的工作面。
（4）光束应通过放入光路中的部件的中心，保证光束垂直入射到接收器上。
（5）注意在插拔线时，先关掉电源开关。

六、实验报告要求

详细记录数据并在坐标纸上作出光强随位移变化的曲线。

3.2　夫郎和费单缝衍射及测量实验

一、实验目的

1. 观察夫郎和费衍射图样及演算单缝衍射公式。

2.掌握一种光波长以及狭缝缝宽的计算方法。

二、实验仪器

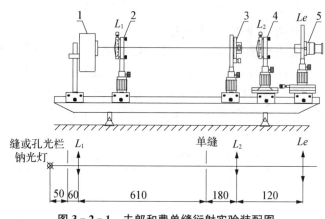

图 3-2-1　夫郎和费单缝衍射实验装配图

本实验所需仪器:滑座、低压钠灯、凸透镜、二维调整架、读数显微镜、狭缝。

三、实验原理

光的衍射:光在传播过程中遇到障碍物,光波会绕过障碍物继续传播的现象。如果波长与障碍物相当,衍射最明显。

平行光通过狭缝时产生的衍射条纹定位于无穷远,称作夫郎和费单缝衍射。它的衍射图样比较简单,便于用菲涅耳半波带法计算各级加强和减弱的位置[4]。

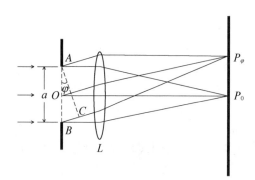

图 3-2-2　夫郎和费单缝衍射示意图

设狭缝 AB 的宽度为 a(如图 3-2-2,其中把缝宽放大了约百倍),入射光波长为 λ,O 点是狭缝的中点,OP_0 是 AB 面的法线方向。AB 波阵面上大量子波发出的平行于该方向的光线经透镜 L 会聚于 P_0 点,这部分光波因相位相同而得到加强。就 AB 波阵面均分为 AO、BO 两个波阵面而言,若从每个波带上对应的子波源发出的子波光线到达 P_0 点时光程差为 $\lambda/2$,此处的光波因干涉相消成为暗点,屏幕上出现暗条纹。如此讨论,随着 φ 角的增大,单缝波面被分为更多个偶数波带时,屏幕上会有另外一些暗条纹出现。若波带数为奇数,则有一些次级子波在屏上别的一些位置相干出现亮条纹[5]。如波带为非整数,则有明暗之间的干涉结果[6]。总之,当衍射光满足:

$$BC = a\sin\varphi = k\lambda \quad (k = \pm 1, \pm 2, \cdots) \qquad (3-2-1)$$

时产生暗条纹;当满足:

$$BC = a\sin\varphi = (2k+1)\lambda/2 \quad (k = 0, \pm 1, \pm 2, \cdots) \qquad (3-2-2)$$

时产生明条纹。

在使用普通单色光源的情况下(本实验使用钠灯),满足上述原理要求的实验装置一般都需要在衍射狭缝前后各放置一个透镜。但是一种近似的方法也是可行的,就是使光源和观测屏距衍射缝都处在"远区"位置。用一个长焦距的凸透镜 L 使狭缝光源 S_{P1} 成像于观测屏 S 上(如图 $3-2-3$),其中 S 与 S_{P1} 的距离稍大于四倍焦距,透镜大致在这个距离中间,在仅靠 L 的位置安放一个衍射狭缝 S_{P2},屏 S 上即出现夫郎和费衍射条纹[7]。

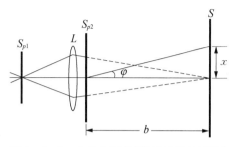

图 $3-2-3$　夫郎和费单缝衍射测量示意图

设狭缝 S_{P2} 与观测屏 S 的距离为 b,第 k 级亮条纹与衍射图样中心的距离为 x_k,则满足:

$$\tan\varphi = x_k/b \qquad (3-2-3)$$

由于 φ 角极小,因而 $\tan\varphi \approx \sin\varphi$。又因为衍射图样中心位置不易准确测定,所以总是量出两条同级条纹间的距离 $2x_k$。由产生明条纹的公式可知:

$$2x_k = (2k+1)\frac{b}{a}\lambda \qquad (3-2-4)$$

由此可见,为了求得入射光波长,须测量 $2x_k$,a 和 b 三个量。

四、实验内容

1. 实验步骤

第一步　把钠灯光通过透镜聚焦到单面可调狭缝上成为缝光源。再把所有器件按图 $3-2-1$ 的顺序摆放在平台上,调至等高共轴,其中小孔($\varphi=1$ mm)和测微目镜之间的距离必须保证满足远场条件。(图中数据均为参考数据)

第二步　调节焦距为 70 mm 的透镜 L_2 直至能在测微目镜中看到衍射条纹。如果无条纹,可去调节小孔的大小,直到寻找到合适的小孔尺寸为止。

第三步　仔细调节狭缝的宽度,直到目镜视场内的中央条纹两侧各有可见度较好的三四条亮纹。记录单缝和测微目镜的位置,计算出两者间的距离 b。

第四步　读出狭缝宽度 a,并且记录下来。

第五步　更换为双缝,重复实验,观察现象。

2. 数据处理

为了便于计算波长可以设 $\lambda\dfrac{b}{a}=z$,而 $z=\dfrac{2x_k}{2k+1}$,$2x_k$ 为两条同级条纹间的距离。

先对不同的次级 k 求出 z 值,求平均,再计算

$$\bar{\lambda} = \bar{z}\frac{a}{b} \qquad (3-2-5)$$

> **注意:** 多孔架的 8 孔大小分别为:0.10 mm、0.15 mm、0.20 mm、0.30 mm、0.50 mm、0.60 mm、1.0 mm、2.0 mm。

五、注意事项

(1) 不要用肉眼直视激光器输出光,防止造成伤害。
(2) 仪器放置处不可长时间受阳光照射。
(3) 激光器发出的光束应平行于工作平台的工作面。
(4) 光束应通过放入光路中的部件的中心,保证光束垂直入射到接收器上。
(5) 注意在插拔线时,先关掉电源开关。
(6) 注意手不要接触透镜镜面。

六、实验报告要求

按照实验内容详细记录数据,并计算出光的波长。

3.3 夫郎和费圆孔衍射

一、实验目的

(1) 观察夫郎和费圆孔衍射图样。
(2) 理解艾里斑的产生原理。

二、实验仪器

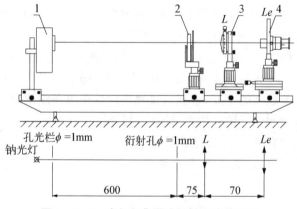

图 3-3-1 夫郎和费圆孔衍射实验装配图

本实验所需仪器:低压钠灯、滑座、多孔架、读数显微镜、凸透镜。

三、实验原理

平行光通过小孔时产生的衍射条纹定位于无穷远,称作夫郎和费圆孔衍射[8]。应用钠灯光源,可以在透镜的焦平面上看到圆孔衍射图样,衍射图样是一组同心的明暗相间的圆环,可以证明以第一暗环为范围的中央亮斑的光强占整个入射光束光强的 84%,这个中央光斑称为艾里斑。经计算可知,艾里斑的半角宽度[9]为:

$$\Delta\theta\approx\sin\theta=0.61\frac{\lambda}{R}=1.22\frac{\lambda}{D} \tag{3-3-1}$$

式中 D 是圆孔的直径,R 是圆孔的半径。

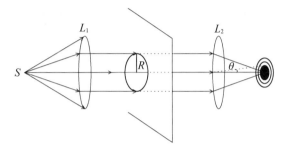

图 3-3-2 夫郎和费圆孔衍射示意图

若透镜 L_2 的焦距为 f,则艾里斑的半径由图 3-3-2 可知,为

$$\Delta l=f \cdot \tan\theta \tag{3-3-2}$$

由于 θ 一般很小,故 $\tan\theta\approx\sin\theta\approx\Delta\theta$,则

$$\Delta l=1.22\frac{\lambda}{D}f \tag{3-3-3}$$

四、实验内容

1. 实验步骤

第一步   把所有器件按图 3-3-1 的顺序摆放在平台上,调至等高共轴,其中光阑和测微目镜之间的距离必须保证满足远场条件,衍射孔的大小为 1 mm。(图中数据均为参考数据)

第二步   调节透镜直至能在测微目镜中看到中心为亮斑的衍射条纹。

第三步   记录下艾里斑的直径 e,和计算值进行比较。

2. 数据处理

用测微目镜测出艾里斑的直径 e,由已知衍射小孔直径 $d=1$ mm,焦距 $f=70$ mm,可验证

$$e=1.22\frac{\lambda}{a}f \tag{3-3-4}$$

公式的正确性(其中 a 为孔的半径),本实验要求实验环境很暗。

五、注意事项

（1）不要用肉眼直视激光器输出光，防止造成伤害。
（2）仪器放置处不可长时间受阳光照射。
（3）激光器发出的光束应平行于工作平台的工作面。
（4）光束应通过放入光路中的部件的中心，保证光束垂直入射到接收器上。
（5）注意在插拔线时，先关掉电源开关。
（6）注意手不要接触透镜镜面。

六、实验报告要求

按照实验内容详细记录数据，计算出艾里斑的直径并分析误差。

3.4 菲涅尔单缝衍射

一、实验目的

（1）观察菲涅尔单缝衍射现象。
（2）了解菲涅尔衍射和夫郎和费衍射的差异。

二、实验仪器

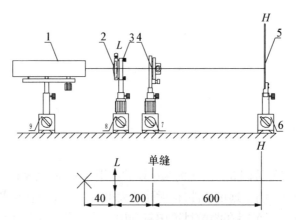

图 3 - 4 - 1　菲涅尔单缝衍射实验装配图

本实验装置所需仪器：He‐Ne 激光器、小孔扩束镜、二维调整架、单面可调狭缝、白屏、通用底座、一维底座。

三、实验原理

夫郎和费衍射和菲涅尔衍射是研究衍射现象的两种方法[10]，但菲涅尔衍射是不需要用任何仪器就可以直接观察到衍射现象，在这种情况下，观察点和光源（或其中之一）与障碍物（或孔）间的距离有限，在计算光程和叠加后的光强等问题时，都难免遇到繁琐的数学运算。

而后者研究的是观察点和光源距障碍物都是无限远(平行光束)时的衍射现象,在这种情况下计算衍射图样中的光强分布时,数学运算就比较简单。所谓光源无限远,实际上就是把光源置于第一个透镜的焦平面上,得到平行光束;所谓观察点无限远,实际上就是在第二个透镜的焦平面上观察衍射图样[11]。

在此运用菲涅尔半波带法[12]可以分析衍射图样,如图 3-4-2 所示。

S 为点光源,C 是衍射屏上的细缝,半径为 ρ,取圆孔中心 O 点到观察场点 P 的距离为 b,以 P 为球心,分别以 $b+\lambda/2$,$b+\lambda/2$,$b+3\lambda/2$,…为半径做球面,将透过小孔的波面截成若干环带,使得相邻两个波带的边缘点到 P 点的光程差等于半个波长,这就是菲涅尔半波带。

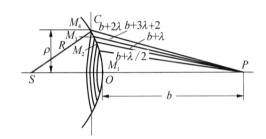

图 3-4-2　菲涅尔衍射与波带分割　　　　图 3-4-3　波带半径及面积计算

探究观察点 P 的光强,则是所有子波的叠加,关键是求出圆孔露出波面对 P 点所有包含的半波带数目 k,设 $\overline{M_kP}$ 的距离 R_k(如图 3-4-2),根据:

$$\rho_k^2 = R^2 + (R+h_k)^2 \qquad (3-4-1)$$

展开得:

$$\rho_k^2 = 2Rh_k - h_k^2 \qquad (3-4-2)$$

因为 $h_k \ll R$,所以上式变为:

$$\rho_k^2 = 2Rh_k \qquad (3-4-3)$$

又根据:

$$\rho_k^2 = R_k^2 - (b+h_k)^2 \qquad (3-4-4)$$

化简得:

$$\rho_k^2 = R_k^2 - b^2 - 2bh_k \qquad (3-4-5)$$

因为相邻波带的光程差为 $\lambda/2$,则有:

$$R_k^2 - b^2 = (b+k\lambda/2)^2 - b^2 \qquad (3-4-6)$$

$$R_k^2 - b^2 = kb\lambda,(k\lambda/2)^2 舍去 \qquad (3-4-7)$$

由式(3-4-4)、(3-4-5)、(3-4-6)、(3-4-7)比较得:

$$h_k = \frac{kb\lambda}{2(R+b)} \qquad (3-4-8)$$

再由式(3-4-4)和式(3-4-8)得：

$$\rho_k^2 = \frac{kRb\lambda}{(R+b)} \tag{3-4-9}$$

又因为在菲涅尔衍射实验中，要求入射光为平行光，即 $R \to \infty$ 可得：

$$\rho_k = \sqrt{kb\lambda} \tag{3-4-10}$$

$$k = \frac{\rho_k^2}{b\lambda} \tag{3-4-11}$$

由上式可知，细缝的半波带数目 k 与其半径 ρ_k，细缝到接收光屏的距离 b 有关。

我们给定细缝半径 ρ_k，光源波长 λ 时，随着 b 的逐渐增大，k 逐渐减小，细缝所包含的半波带数目 k 与菲涅尔单缝衍射的衍射图样有密切的联系。

四、实验内容

把所有器件按图 3-4-1 的顺序摆放在平台上，调至等高共轴。激光器通过扩束镜（以不满足远场条件）投射到单缝上，如图 3-4-1 所示，即可在屏幕上出现衍射条纹，缓慢地连续地将单缝由窄变宽，同时注意屏幕上的图样，即可观察到与理论分析结果一致地由夫郎和费单缝衍射图样过渡到菲涅尔单缝衍射图样，也可不加扩束镜。（图中数据均为参考数据）

五、注意事项

(1) 不要用肉眼直视激光器输出光，防止造成伤害。
(2) 仪器放置处不可长时间受阳光照射。
(3) 激光器发出的光束应平行于工作平台的工作面。
(4) 光束应通过放入光路中的部件的中心，保证光束垂直入射到接收器上。
(5) 注意在插拔线时，先关掉电源开关。
(6) 注意手不要接触透镜镜面。

六、实验报告要求

按照实验内容观测实验现象，将观测图样画于实验报告中，并阐述菲涅尔衍射和夫郎和费衍射存在的差异。

3.5 菲涅尔圆孔衍射

一、实验目的

观察菲涅尔圆孔衍射现象。

二、实验仪器

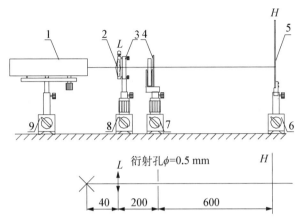

图 3 - 5 - 1　菲涅尔圆孔衍射实验装配图

本装置所需装置：He - Ne 激光器、小孔扩束镜、二维调整架、多孔架、白屏、通用底座、一维底座。

三、实验原理

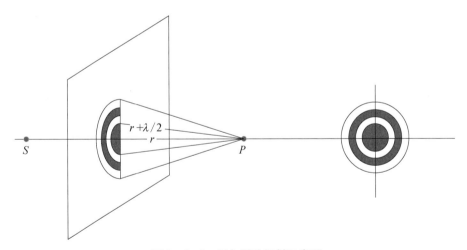

图 3 - 5 - 2　涅尔圆孔衍射示意图

如图 3 - 5 - 2 所示，S 表示单色光源，P 表示光场中任一点，S 与 P 之间有一带圆孔的光屏 M，圆孔中心在 SP 连线上。这时 S 对 P 的作用就只是圆孔内露出的一部分波面 Σ 上的那些次波源在 P 点所产生的光振动的叠加。按照波带法，分别以 P 为中心，$r+\lambda/2$，$r+\lambda$，… 为半径将露出的波面分成若干个波带，各波带在 P 点产生振动的振幅[13] 为：$A_j=\dfrac{a_1}{2}\pm\dfrac{a_i}{2}$。

当圆孔露出奇数个波带时，P 点的光强度是约等于 a_1^2 亮点，而当圆孔露出偶数个波带时，P 点是光强度接近于零的暗点。

圆孔的大小变化时，P 点周围呈现出的明暗相间的圆形条纹，会发生亮暗交替变化。

若将 P 点处的白屏沿轴向移动时，中心点也会产生亮暗交替变化。

四、实验内容

把所有器件按图 3-5-1 的顺序摆放在平台上，调至共轴。只是将实验 3.4 中的衍射单缝换成直径 0.5 mm 的衍射圆孔，将屏幕逐渐远离圆孔，将看到中心点由亮—暗—亮的衍射结果，当距离为 400 mm 时，中心是一个暗点，210 mm 和 600 mm 时为亮点。图中数据均为参考数据，也可去掉扩束镜，找到合适的圆孔，观察艾里斑[14]。

记录三个不同位置处的观测图样。

五、注意事项

(1) 不要用肉眼直视激光器输出光，防止造成伤害。

(2) 仪器放置处不可长时间受阳光照射。

(3) 激光器发出的光束应平行于工作平台的工作面。

(4) 光束应通过放入光路中的部件的中心，保证光束垂直入射到接收器上。

(5) 注意在插拔线时，先关掉电源开关。

(6) 注意手不要接触透镜镜面。

六、实验报告要求

按照实验内容观测实验现象，选取三处不同位置的观测图样画于实验报告中。

3.6 菲涅尔直边衍射实验

一、实验目的

观察菲涅尔直边衍射现象。

二、实验仪器

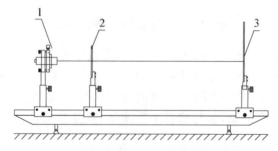

图 3-6-1 菲涅尔直边衍射实验装置图

本实验装置所需仪器：光源、滑座、二维调整架、刀片、白屏。

三、实验原理

菲涅耳直边衍射是光波通过具有直边的障碍物在有限距离处产生的衍射现象。当用一束平行光照明直边屏时,在远处屏幕上的衍射图样在几何影界邻近照明区内出现若干亮暗条纹,强度起伏逐渐减弱而趋向均匀,在几何阴影一侧仍有光强的扩展,然后较快地衰减为零(全黑)。如图 3-6-2 所示,假设 S 是与障碍物直边平行的线光源(一段垂直于纸面的发光直灯丝),D 是具有直边的不透光屏,其直边与纸面垂直,MM' 是观察衍射现象的

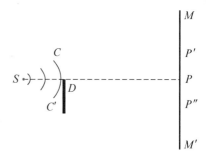

图 3-6-2　直边衍射示意图

幕或光屏。按照几何光学,屏上 P 点以下应为阴影区,P 点以上应为有光照射的明亮区。实际上,靠近边界的阴影区内仍有相当强度的光,强度逐渐减小到零;靠近边界的明亮区域中有若干条明暗相间的条纹,这就是光通过直边后的衍射现象[16]。

直边衍射中光强度的分布规律[17],可以用波带法进行分析。图 3-6-2 中 CC' 是线光源 S 的柱面波面,假设沿着直边方向把这个波面分割成许多个直条形波带,这些波带在观察点 P 产生的振幅互相叠加,就可以得到总振幅。图 3-6-3 中 a_1 代表对着 P 点的第一个波带在 P 点产生的振幅矢量;a_2 代表第二个波带产生的振幅矢量,第二个波带离 P 点稍远,它产生的振动相位落后一些,因此,矢量方向与 a_1 相差一个小的角度,并稍微短些;同样,a_3,a_4 代表第三、第四个波带在 P 点产生的振幅矢量,等等。大量的振幅矢量相接,将形成一条螺线,终端趋近于 Z。AZ 代表合振幅矢量,它的长度表示合振幅的大小。

如果去掉障碍物,原来被遮住的波带对 P 点的作用也可以用类似的矢量叠加方法来研究,振幅矢量连接成的曲线在第三象限,形状与上半支相似。如果每条波带的面积为无限小,则得到的曲线为一条光滑的螺线(如图 3-6-4)。这条螺线叫作考纽螺线。

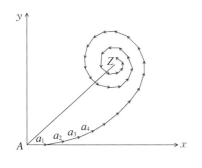

图 3-6-3　振幅矢量的叠加

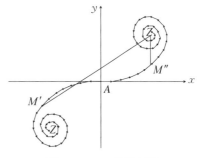

图 3-6-4　考纽螺线

下面利用考纽螺线来分析 P 点上方(明亮区域)和 P 点下方(阴影区域)光强度的分布规律。

在 P 点上方,例如 P' 点(图 3-6-2),与 P 点相比,相当于 a_1 波带的下方又露出几个波带,于是振幅矢量的起点 A 将沿螺线向下移动,假定移到 M' 点(图 3-6-4),则 $M'Z$ 就是在 P' 点的合振幅。P' 点离 P 点越远,M' 点沿螺线移动越接近 Z' 点。在这个过程中,合振幅矢

量的长度有时长、有时短,即表示 P 点上方各点的光强度按一定规律发生强弱变化,但光强度不为零,当 P' 点离 P 点足够远时,合振幅矢量 $Z'Z$,这以后光强度不再变化,与光波未受障碍物阻挡时相同。

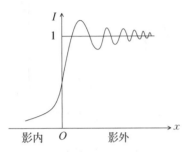

图 3 - 6 - 5　直边衍射光强分布曲线

在 P 点下方,例如 P'' 点(如图 3 - 6 - 2),与 P 点相比,相当于 a_1 波带的上方又有几个波带被遮挡,于是振幅矢量的起点 A 将沿螺线向上移动,假定移到 M'' 点(如图 3 - 6 - 4),则 $M''Z$ 就是在 P'' 的合振幅。P'' 点离 P 点越远,M'' 点沿螺线移动越接近 Z 点。在这个过程中合振幅矢量的长度越来越小,即光强度越来越弱。当 P'' 点离 P 点足够远时,合振幅矢量趋于零,即光强度实际上可以看作等于零,这以后光强度不再变化,与几何光学的阴影区相同。图 3 - 6 - 5为直边衍射的光强分布曲线。

四、实验内容

第一步　参照图 3 - 6 - 1搭建光路,并调整位置,使各组件等高和共轴。

第二步　调节激光光斑大小及位置,光斑扩散尽量大,使光斑刚好落在刀片上面。

第三步　观察白屏或远处刀片的直边衍射现象。参考图形如图 3 - 6 - 6所示。

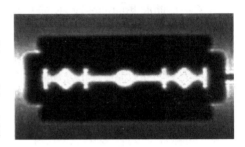

图 3 - 6 - 6　直边衍射参考图样

五、注意事项

(1)不要用肉眼直视光源,防止造成伤害。

(2)仪器放置处不可长时间受阳光照射。

(3)光源发出的光束应平行于工作平台的工作面。

(4)光束应通过放入光路中的部件的中心,保证光束垂直入射到接收器上。

(5)注意在插拔线时,先关掉电源开关。

六、实验报告要求

按照实验内容观测实验现象,将观测图样画于实验报告中。

3.7　偏振光分析实验

一、实验目的

(1)观察光的偏振现象,加深对理论知识的理解。

(2)了解产生和检验偏振光的原理和方法。

二、实验仪器

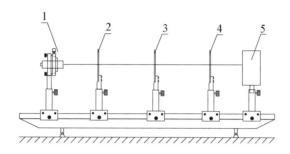

图 3 - 7 - 1　偏振光分析实验装置图

本实验所需仪器：光源、滑座、二维调整架、偏振片、光功率计、波片。

三、实验原理

偏振是指波的振动方向对于传播方向的不对称性，偏振性是横波区别于纵波的重要特征[18]。光是特定波段范围内的电磁波，光起作用的是电场强度矢量，称为光矢量。光矢量的振动方向与光的传播方向垂直，光是一种横波，具有偏振特性。光根据偏振特性[19]可以大致分为五类：自然光、线偏振光、圆偏振光、椭圆偏振光和部分偏振光。

产生偏振光的光学器件称为起偏器。常见的起偏器有偏振片等，偏振片是一种涂有二向色性材料的透明薄片。它允许透过某一电矢量振动方向的光（此方向称为偏振化方向或透振方向）。自然光经过偏振片后可以获得线偏振光。同时偏振片还可以检验偏振光的偏振程度，即偏振片也可以作为检偏器。如图

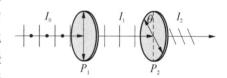

图 3 - 7 - 2　偏振光起偏和检偏光路图

3 - 7 - 2 所示，入射光为自然光，其光强为 I_0，经过偏振片 P_1 后获得线偏振光，其偏振方向和偏振片的透振方向一致，线偏振光的光强为 $I_1=I_0/2$。在其传输方向上放置偏振片 P_2，偏振片 P_1 和偏振片 P_2 的透振方向的夹角为 θ，偏振片 P_2 作为检偏器，透过其输出的光强为 I_2。当 $\theta=0$ 时，$I_1=I_2$，表示输出光强不变。当 $\theta=\pi/2$ 时，$I_1=0$。偏振片 P_2 旋转一周时，光强度经历两次最明、两次最暗的变化，其光强变化规律满足：

$$I_2=I_1\cos^2\theta \qquad (3-7-1)$$

该公式称为马吕斯定律[20]。

波片是从单轴双折射晶体上平行于光轴方向切下的薄片。若线偏振光垂直入射波片，o 光和 e 光的传输方向相同；且其振动面与波片的光轴夹角为 α 时，则在片内入射光就分解为振动方向互相垂直的两束平面偏振光，称为 o 光和 e 光，如图 3 - 7 - 3 所示。

$$\text{光程差} \delta=\frac{2\pi}{\lambda}(n_o-n_e)d，当 \delta=(2k+1)\frac{\pi}{\lambda}，k=0,1,2,\cdots$$

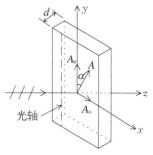

图 3 - 7 - 3　线偏振光经波片传输示意图

时,晶体称为 1/4 波片。当 $\alpha=0$ 时,出射光为振动方向平行于 1/4 波片光轴的平面偏振光。当 $\alpha=\pi/2$ 时,出射光为振动方向垂直于光轴的平面偏振光。当 $\alpha=\pi/4$ 时,出射光为圆偏振光。当 α 为其他值时,出射光为椭圆偏振光[21]。

当 $\delta=(2k+1)\pi, k=0,1,2,\cdots$ 时,晶体称为 1/2 波片或者半波片。如果入射线偏振光的振动面和半波片光轴的夹角为 α,则从波片透射出的光仍为平面偏振光,但其振动面相对于入射光的振动面转为 2α 角[22]。

四、实验内容

1. 验证马吕斯定律

第一步　参照图 3-7-1 搭建光路,其中器件 3 波片暂不放置,调整位置,使各组件等高和共轴。

第二步　使偏振片 2 和偏振片 4 透偏方向正交,记录功率计上的示值。

第三步　将检偏器 4 每旋转 10°记录一次功率计的读数,直到旋转 90°为止。

2. 观测线偏振光通过 1/2 波片时的现象

第一步　参照图 3-7-1 搭建光路,调整位置,使各组件等高和共轴。

第二步　使偏振片 2 和偏振片 4 透偏方向正交(即处于消光现象时),器件 3 位置插入 1/2 波片,使其消光。

第三步　再转动检偏器 4 从 0°开始每间隔 30°记录一次功率计读数,直到旋转至 330°为止。

第四步　使偏振片 2 和偏振片 4 透偏方向正交(即处于消光现象时),器件 3 位置插入 1/2 波片,使其消光。

第五步　再旋转 1/2 波片 15°,破坏其消光。转动检偏器至消光位置,记录检偏器所转动的角度。

第六步　依次使 1/2 波片总转动角度为 30°、45°、60°、75°和 90°,转动检偏器至消光位置,并记录对应检偏器所转动的总角度。

3. 用 1/4 波片产生圆偏振光和椭圆偏振

第一步　参照图 3-7-1 搭建光路,其中器件 3 位置放置 1/4 波片,调整位置,使各组件等高和共轴。

第二步　使偏振片 2 和偏振片 4 透偏方向正交,转动 1/4 波片使其消光。

第三步　再将 1/4 波片转动 15°,再转动检偏器 4 从 0°开始每间隔 30°记录一次功率计读数,直到旋转至 330°为止。分析此时透过 1/4 波片光的偏振状态。

第四步　依次将 1/4 波片总转动角度为 30°、45°、60°、75°和 90°,每次都记录检偏器处于 0°、30°、60°、90°、120°、150°、180°、210°、240°、270°、300°、330°时功率计的读数,分析出射光的偏振状态。

五、注意事项

(1) 不要用肉眼直视激光器输出光,防止造成伤害。

(2) 仪器放置处不可长时间受阳光照射。

（3）激光器发出的光束应平行于工作平台的工作面。

（4）光束应通过放入光路中的部件的中心，保证光束垂直入射到接收器上。

（5）注意在插拔线时，先关掉电源开关。

（6）手不要直接碰触偏振片和波片表面。

六、实验报告要求

按照实验要求详细记录实验数据，并在坐标纸上画出对应的偏振分布图。

参考文献

［1］张明霞，艾小刚. 夫郎禾费单缝衍射光强分析与探讨［J］. 湘潭师范学院学报：自然科学版，2009，31(4)：17-20.

［2］唐亚陆，胡光，张俊. 从双缝实验看干涉和衍射的本质［J］. 大学物理实验，2011，24(3)：35-38.

［3］马文蔚，周雨青，解希顺. 物理学教程（第二版）［M］.北京：高等教育出版社，2006.

［4］大学物理学：波动与光学（第四册）［M］. 北京：清华大学出版社，2000.

［5］周雨青，刘甦，董科，彭毅，侯吉旋. 大学物理［M］.南京：东南大学出版社，2019.

［6］张楠，陶纯匡. 大学物理基础概论［M］.重庆：重庆大学出版社，2017.

［7］谢敬辉，赵达尊，阎吉祥. 物理光学教程［M］. 北京：北京理工大学出版社，2005.

［8］张三慧. 大学基础物理学［M］. 北京：清华大学出版社，2003.

［9］董润山. 夫郎禾费圆孔衍射光强分布公式的两种简明推导［J］. 大学物理，1990，9(12)：28-28.

［10］姚启钧. 光学教程（第二版）［M］. 北京：高等教育出版社，1989.

［11］李宏杰，张丽娇. 大学物理实验［M］.北京：人民邮电出版社，2015.

［12］陈冰心，朱浩宇，涂宏业，等. 基于半波带法菲涅耳声透镜的仿真与实验研究［J］. 大学物理，2018，37(10)：54-59.

［13］马堃，褚园，焦铮. 夫郎禾费圆孔衍射光强分布的研究［J］. 黄山学院学报，2011，13(5)：16-19.

［14］邱勤薇. 高中"物理光学"重要知识点的教学研究［D］. 苏州大学，2012.

［15］Ohtsuka Y. Modification of Fresnel Diffraction by a Straight Edge Object with Acoustically Coherence-Controllable Illumination［J］. Optica Acta：International Journal of Optics，1983，30(4)：545-555.

［16］Lyman T. The Distribution of Light Intensity in a Fresnel Diffraction Pattern from a Straight Edge［J］. Proceedings of the National Academy of Sciences of the United States of America，1930，16(1)：71.

［17］潘毅，李训谱，牛孔贞. 菲涅耳单缝衍射动态演示实验［J］. 大学物理，2005，24(11)：52-52.

［18］周志坚. 大学物理教程［M］.成都：四川大学出版社，2017.

［19］Bhandari R. Polarization of Light and Topological Phases［J］. Physics Reports，1997，281(1)：1-64.

［20］张飞刚，蔡建乐，胡树基. 用光强分布测试仪验证马吕斯定律实验研究［J］. 实验室研究与探索，2008，27(1)：29-31.

［21］刘成林. 大学物理［M］.南京：南京大学出版社，2017.

［22］金雪尘，王刚，李恒梅. 物理实验［M］.南京：南京大学出版社，2017.

第 4 章

激光原理与技术实验

4.1 高斯光束参数测量

一、实验目的

(1) 熟悉基模高斯光束特性。

(2) 掌握高斯光束强度分布的测量方法。

(3) 测量高斯光束的远场发散角。

二、实验原理

电磁场运动的普遍规律可用麦克斯韦方程组来描述。对于稳态传输,光频电磁场可以归结为对光现象起主要作用的光矢量满足的波动方程[1],在标量场近似条件下,可以简化为亥姆霍兹方程,高斯光束是亥姆霍兹方程在缓变振幅近似下的一个特解[2],它可以足够好地描述激光光束的性质。使用高斯光束的复参数表示和 **ABCD** 矩阵能够统一而简洁地处理高斯光束在腔内、外的传输变换问题[3]。

在缓变振幅近似下求解亥姆霍兹方程,可以得到高斯光束的一般表达式[4]:

$$A(r,z) = \frac{A_0 \omega_0}{\omega(z)} \exp\left(-\frac{r^2}{\omega^2(z)}\right) \cdot \exp\left\{-\mathrm{i}\left[\frac{kr^2}{2R(z)} - \Psi(z)\right]\right\} \qquad (4-1-1)$$

式中:A_0——振幅常数;

ω_0——场振幅减小到最大值的 $1/e$ 时 r 值,称为腰斑,它是高斯光束光斑半径的最小值;

$\omega(z), R(z), \Psi$——高斯光束的光斑半径、等相面曲率半径、相位因子,是描述高斯光束的三个重要参数。

$\omega(z), R(z), \Psi$ 具体表达式分别为:

$$\omega(z) = \omega_0 \sqrt{1 + \left(\frac{z}{Z_0}\right)^2} \qquad (4-1-2)$$

$$R(z) = Z_0 \left(\frac{z}{Z_0} + \frac{Z_0}{z}\right) \qquad (4-1-3)$$

$$\Psi(z) = \arctan \frac{z}{Z_0} \qquad (4-1-4)$$

式中：Z_0——瑞利长度或共焦参数(也有用 f 表示)，$Z_0 = \dfrac{\pi\omega_0}{\lambda}$。

(1) 高斯光束在 $z =$ 常数的面内，场振幅以高斯函数 $\exp\left(-\dfrac{r^2}{\omega^2(z)}\right)$ 的形式从中心向外平滑地减小，因而光斑半径 $\omega(z)$ 随坐标 z 按双曲线：

$$\frac{\omega(z)}{\omega_0} - \frac{z}{Z_0} = 1 \tag{4-1-5}$$

规律向外扩展，如图 4-1-1 所示。

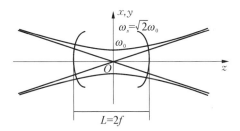

图 4-1-1　高斯光束光斑半径与坐标的变化规律

(2) 在式(4-1-1)中令相位部分等于常数，并略去 $\Psi(z)$ 项，可以得到高斯光束的等相位面方程：

$$\frac{r^2}{2R(z)} + z = 常数 \tag{4-1-6}$$

因而，可以认为是光束的等相位面为球面。

(3) 瑞利长度的物理意义：当 $|z| = Z_0$ 时，$\omega(Z_0) = \sqrt{2}\,\omega_0$。在实际应用中通常取 $-Z_0 \leqslant z \leqslant Z_0$ 范围为高斯光束的准直范围，即在这段范围内，高斯光束近似认为是平行的。所以瑞利长度越长，就意味着高斯光束的准直范围越大，反之亦然。

(4) 高斯光束远场发散角 θ_0 的一般定义为当 $z \to \infty$ 时，高斯光束振幅减小到中心最大值的 $1/e$ 处与 z 轴的夹角，表示为：

$$\theta_0 = \lim_{z \to \infty} \frac{\omega(z)}{z} = \frac{\lambda}{\pi\omega_0} \tag{4-1-7}$$

(5) 根据式(4-1-7)可以看出，光束的束腰半径和远场发散角的乘积为一定值，即：

$$\frac{\lambda}{\pi\omega_0} \cdot \omega_0 = \frac{\lambda}{\pi} \tag{4-1-8}$$

显然，建立在光束束腰半径和远场发散角的乘积基础上的光束质量评价体系是最为科学的，这就是光束衍射倍率因子 M^2，其定义为：

$$M^2 = \frac{实际光束的束腰半径 \times 远场发散角(测量值)}{理想高斯光束的束腰半径 \times 远场发散角(理论值)} \tag{4-1-9}$$

三、实验装置

He-Ne 激光器,光电二极管,CCD,CCD 光阑,偏振片,计算机。

四、实验内容与步骤

第一步　开启 He-Ne 激光器,调整高低和俯仰,使其输出光束与导轨平行,可通过前后移动一个带小孔的支杆实现。

第二步　启动计算机,运行 BeamView 激光光束参数测量软件。

第三步　He-Ne 激光器输出的光束测定及模式分析。使激光束垂直入射到 CCD 靶面上,在软件上看到形成的光斑团,在 CCD 前的 CCD 光阑中加入适当的衰减片。可利用激光光束参数测量软件分析激光束的模式,判定其输出的光束为基模高斯光束还是高阶横模式。

第四步　He-Ne 激光器输出的光束束腰位置的确定。前后移动 CCD 探测器,利用激光光束参数测量软件观测不同位置的光斑大小,光斑最小位置处即激光束的束腰位置。

五、数据记录与处理

本实验测量数据记录表如表 4-1-1 所示。每组数据测 7 次,保留 5 个有效数据求平均值,单位是 μm。

表 4-1-1　测量数据记录表

次数	$\omega(z_1)$	$\omega(z_2)$	$\omega(z_3)$	$\omega(z_4)$	$\omega(z_5)$	ω_0
1						
2						
3						
4						
5						
平均值						

六、注意事项

(1) 实验过程中要注意眼睛的防护,绝对禁止用眼睛直视激光束。

(2) 射入 CCD 的激光不能太强,以免烧坏芯片。

七、问题思考

(1) 能不能利用现有的设备一起设计另一种方法测量高斯光束的发散角?

(2) 束腰半径对高斯光束的哪一性质有影响?

4.2 高斯光束的光束变换实验

一、实验目的

（1）掌握高斯光束经过透镜后的光斑变化情况。

（2）理解高斯光束的传输过程。

二、实验原理

由实验 4.1 的实验原理可知，高斯光束可以用复参数 q 表示，定义 $\dfrac{1}{q}=\dfrac{1}{R}-\mathrm{i}\dfrac{\lambda}{\pi\omega^2}$，可得到 $q=z+\mathrm{i}Z_0$，因而式（4-1-1）可写为：

$$A(r,q)=A_0\,\frac{\mathrm{i}Z_0}{q}\exp\left(-\frac{kr^2}{2q}\right) \tag{4-2-1}$$

此时，$\dfrac{1}{R}=\mathrm{Re}\left(\dfrac{1}{q}\right)$，$\dfrac{1}{\omega^2}=-\dfrac{\pi}{\lambda}\mathrm{Im}\left(\dfrac{1}{q}\right)$。

高斯光束通过变换矩阵为 $\boldsymbol{M}=\begin{pmatrix} A & B \\ C & D \end{pmatrix}$ 的光学系统后，其复参数会改变，由 q_1 变换为 q_2：

$$q_2=\frac{Aq_1+B}{Cq_1+D} \tag{4-2-2}$$

因而，在已知光学系统变换矩阵参数的情况下，采用高斯光束的复参数表示方法可以简洁快速地求得变换后的高斯光束的特性参数[5]。

三、实验装置

He-Ne 激光器，光学导轨，光电二极管，CCD，CCD 光阑，偏振片，高斯光束变换透镜组件，图像采集卡，BeamView 激光光束参数测量软件。

四、实验内容与步骤

第一步　开启 He-Ne 激光器，调整高低和俯仰，使其输出光束与导轨平行，可通过前后移动一个带小孔的支杆实现。

第二步　启动计算机，运行 BeamView 激光光束参数测量软件。

第三步　He-Ne 激光器输出的光束测定及模式分析。使激光束垂直入射到 CCD 靶面上，在软件上看到形成的光斑团，在 CCD 前的 CCD 光阑中加入适当的衰减片。可利用激光光束参数测量软件分析激光束的模式，判定其输出的光束为基模高斯光束还是高阶横模式。

第四步　He-Ne 激光器输出的光束束腰位置确定。前后移动 CCD 探测器，利用激光光束参数测量软件观测不同位置的光斑大小，光斑最小位置处即激光束的束腰位置。

第五步　在束腰位置后面 L_1 处放置一透镜，观察经过透镜后激光光束的变化情况，并测量放置透镜后的束腰位置即光斑大小。

第六步　利用 $M = \begin{pmatrix} A & B \\ C & D \end{pmatrix}$ 变换矩阵验证。

五、数据记录与处理

自行设计数据记录表格。

六、注意事项

（1）实验过程中要注意眼睛的防护，绝对禁止用眼睛直视激光束。
（2）射入 CCD 的激光不能太强，以免烧坏芯片。

七、问题思考

分析实验的误差来源。

4.3　半导体泵浦固体激光器调试实验

一、实验目的

（1）掌握半导体泵浦固体激光器的工作原理。
（2）了解和掌握半导体激光泵浦源的工作特性。
（3）掌握固体激光器的泵浦方式及特点。
（4）掌握常见激光晶体及其相应特点。
（5）掌握固体激光器光学谐振腔的设计。
（6）掌握半导体泵浦固体激光器的组装与调试方法。

二、实验原理

1. 半导体泵浦固体激光器

光与物质相互作用可归结为光与原子的相互作用[6]，有三种过程：受激吸收、自发辐射和受激辐射，如图 4-3-1 所示。

受激吸收：如果一个原子，开始处于基态，没有外来光子，它将保持不变。当一个能量为 $h\nu_{21}$ 的光子打到该原子表面，则处于下能级的电子会吸收这个光子并跃迁上能级 E_2。在此过程中不是所有的光子都能被原子吸收，只有外界光子的能量正好等于上下能级能量差时才可被吸收。

自发辐射：原子上能级的电子处于激发态，

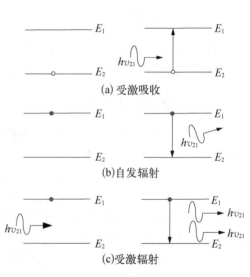

图 4-3-1　受激吸收、自发辐射与受激辐射示意图

激发态寿命很短,在不受外界影响时,它们会自发地返回基态,并放出光子。自发辐射过程与外界作用无关,由于各个原子的辐射都是自发、独立进行的,因而发出的光子发射方向和初相位都是随机的。

受激辐射:处于激发态的原子,在外界光子的影响下,会从激发态向基态跃迁,并以辐射光子形式将能量释放,只有外界光子的能量正好等于上下能级能量差时,才能引起受激辐射,且受激辐射发出的光子与外来光子的频率、发射方向和相位完全相同。激光器的产生主要依赖受激辐射的过程。

如图 4-3-2 所示,为固体激光器的结构示意图[7],其由泵浦源、激光晶体(工作物质)、光学谐振腔等组成。

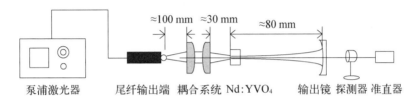

$\approx 100 \text{ mm}$　$\approx 30 \text{ mm}$　　$\approx 80 \text{ mm}$

泵浦激光器　　尾纤输出端　耦合系统　Nd:YVO$_4$　　输出镜　探测器　准直器

图 4-3-2　半导体泵浦固体激光器实验原理图

固体激光器有三个重要参数,分别是增益、阈值和输出功率。增益系数定义为:

$$\Upsilon_{\nu} = \mathrm{d}I / (\mathrm{d}x \times I(x)) \tag{4-3-1}$$

那么在增益介质中传播 x 距离后的光强为:

$$I(x) = I_0 \exp(\Upsilon_{\nu} x) \tag{4-3-2}$$

要形成稳定的激光谐振腔,要求在腔内激光往返一圈后的增益和损耗能够抵消,即:

$$R_1 R_2 \exp(2\Upsilon_{\nu} l - 2\alpha l) = 1 \tag{4-3-3}$$

其中,l 为增益介质长度,R_1 和 R_2 为前后两个激光腔镜的反射率,α 为吸收系数。此时,可以得到增益系数阈值:

$$\Upsilon_{\mathrm{th}} = \alpha - \frac{1}{2}\ln(R_1 R_2) \tag{4-3-4}$$

当增益系数大于阈值时,就有激光输出。其输出功率为:

$$P_{\mathrm{out}} = \eta_s (P_{\mathrm{in}} - P_{\mathrm{th}}) \tag{4-3-5}$$

其中,P_{in} 是输入功率,P_{th} 是阈值功率,η_s 为电光转换效率,亦是激光器效率。

2. 固体激光器泵浦源和泵浦方式

世界上第一台激光器——红宝石激光器的泵浦源为闪光灯。随着半导体激光器(Laser Diode,LD)技术的蓬勃发展,LD 的功率和效率有了极大的提高,也极大地促进了半导体激光泵浦固体激光器技术的发展。与闪光灯泵浦的固体激光器相比,半导体激光泵浦固体激光器的效率大大提高,体积大大减小。

在使用中,由于泵浦源 LD 的光束发散角较大,为使其聚焦在增益介质上,必须对泵浦光束进行光束变换(耦合)。泵浦耦合方式主要有端面泵浦和侧面泵浦两种,其中端面泵浦方式适用于中小功率固体激光器[8]，具有体积小、结构简单、空间模式匹配好等优点。侧面泵浦方式主要适用于大功率激光器[9]。

本实验采用端面泵浦方式，端面泵浦耦合通常有直接耦合和间接耦合两种方式，如图4-3-3所示。

（1）直接耦合。将半导体激光器的发光面紧贴增益介质，使泵浦光束在尚未发散之前便被增益介质吸收，泵浦源和增益介质之间无光学系统，这种耦合方式称为直接耦合方式。直接耦合方式结构紧凑，但是在实际应用中较难实现，并且容易对 LD 造成损伤。

（2）间接耦合。指先将 LD 输出的光束进行准直、整形，再进行端面泵浦。常见的方法有：

组合透镜耦合：用球面透镜组合或者柱面透镜组合进行耦合。

自聚焦透镜耦合：由自聚焦透镜取代组合透镜进行耦合，优点是结构简单，准直光斑的大小取决于自聚焦透镜的数值孔径。

光纤耦合：指用带尾纤输出的 LD 进行泵浦耦合。优点是结构灵活。

本实验采用光纤耦合方法，先用四维调整镜架将尾纤固定在光路上，然后采用组合透镜对泵浦光束进行整形变换，各透镜表面均镀有泵浦光增透的增透膜，耦合效率高。

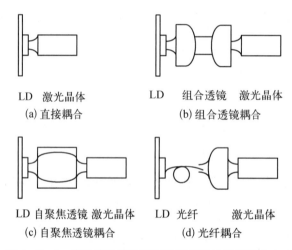

LD　激光晶体
（a）直接耦合

LD　组合透镜　激光晶体
（b）组合透镜耦合

LD 自聚焦透镜 激光晶体
（c）自聚焦透镜耦合

LD　光纤　　激光晶体
（d）光纤耦合

图 4-3-3　半导体激光泵浦固体激光器的常用耦合方式

3. 激光晶体

激光晶体是影响半导体泵浦固体激光器性能的重要器件。为了获得高效率的激光输出，在一定运转方式下选择合适的激光晶体是非常重要的。目前，已经有上百种晶体作为增益介质实现了连续波和脉冲激光运转，以钕离子（Nd^{3+}）作为激活粒子的钕激光器是使用最广泛的激光器。其中以 Nd^{3+} 离子部分取代 $Y_3Al_5O_{12}$ 晶体中 Y3＋离子的掺钕钇铝石榴石（Nd：YAG），由于具有量子效率高、受激辐射截面大、光学质量好、热导率高、容易生长等优点，成为目前应用最广泛的 LD 泵浦的理想激光晶体之一。Nd：YAG 晶体的吸收和发射光谱如图 4-3-4 所示。

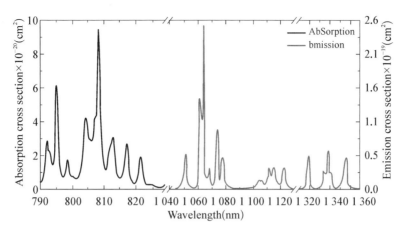

（a）直接耦合　（b）组合透镜耦合　（c）自聚焦透镜耦合　（d）光纤耦合

图 4-3-4　Nd:YAG 晶体的吸收和发射光谱图

从 Nd:YAG 的吸收光谱图我们可以看出,Nd:YAG 在 807.5 nm 处有一强吸收峰。我们如果选择波长与之匹配的 LD 作为泵浦源,就可获得高的输出功率和泵浦效率,这时我们称实现了光谱匹配。但是,LD 的输出激光波长受温度的影响,温度变化时,输出激光波长会产生漂移,输出功率也会发生变化。因此,为了获得稳定的波长,需采用具备精确控温的 LD 电源,并把 LD 的温度设置好,使 LD 工作时的波长与 Nd:YAG 的吸收峰匹配。

Nd:YAG 与激光产生有关的能级图如图 4-3-5 所示,其为四能级系统。激光上能级 E_3 为 $^3F_{3/2}$;激光下能级 E_2 为 $^4I_{13/2}$、$^4I_{11/2}$,其荧光谱线波长分别为 1 350 nm 和 1 064 nm; $^4I_{9/2}$ 为基能级。

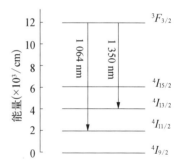

另外,在实际的激光器设计中,除了吸收波长和出射波长外,选择激光晶体时还需要考虑掺杂浓度、上能级寿命、热导率、发射截面、吸收截面、吸收带宽等多种因素。

图 4-3-5　Nd:YAG 与激光产生有关的能级图

4. 端面泵浦固体激光器的模式匹配技术

图 4-3-6 是典型的平凹腔型结构图。激光晶体的一面镀泵浦光增透和输出激光全反膜,并作为输入镜,把对输出激光具有一定透过率的凹面镜作为输出镜。这种平凹腔容易形成稳定的输出模,同时具有高的光光转换效率,但在设计时必须考虑到模式匹配问题。

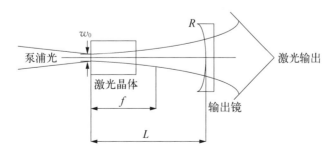

图 4-3-6　端面泵浦的激光谐振腔形成

如图 4-3-6 所示,则平凹腔中的 g 参数表示为

$$g_1 = 1 - \frac{L}{R_1} = 1, \quad g_2 = 1 - \frac{L}{R_2} \tag{4-3-6}$$

根据腔的稳定性条件,$0 < g_1 g_2 < 1$ 时为稳定腔。故当 $L < R_2$ 时腔稳定。同时容易算出其束腰位置在晶体的输入平面上,该处的光斑尺寸为

$$\omega_0 = \sqrt{\frac{\left[L(R_2 - L)\right]^{\frac{1}{2}} \lambda}{\pi}} \tag{4-3-7}$$

本实验中,R_1 为平面,$R_2 = 200$ mm,$L = 80$ mm,由此可以算出 ω_0 大小。所以泵浦光在激光晶体输入面上的光斑半径应该 $\leqslant \omega_0$,这样可使泵浦光与基模振荡模式匹配,容易获得基模输出。

三、实验装置

半导体泵浦源(808 nm)、激光晶体(YVO₄晶体)、耦合镜(HT@808 nm/HR@1 064 nm)、腔镜、LD 指示光源、光学镜架、四维调节架、五维调节架、光学导轨、滑座等。半导体端面泵浦固体激光器实验装置图如图 4-3-7 所示。

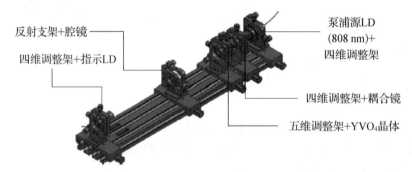

图 4-3-7　半导体端面泵浦固体激光器实验装置图

四、实验内容与步骤

1. 半导体激光泵浦源阈值及 $I\text{-}P$ 特性测量实验

第一步　打开 LD 激光器上的电源开关,打开工作开关。通过红外显示卡观察 LD 出射的光斑,用功率计测量 LD 的激光功率。

第二步　将电流值调到最小,缓慢调节电流旋钮,并观察激光功率计示数,当功率计示数有变化时,记录此时的电流值,此值即为 LD 激光器的工作电流阈值。

第三步　继续微调 LD 的工作电流,从小到大 100 mA 测量一组固体激光器系统输出功率,将数据记录到表 4-3-1,用于绘制 LD 激光器的 $I\text{-}P$ 曲线图。

2. 半导体泵浦固体激光器安装与调试实验

第一步　按照图 4-3-7 所示的半导体端面泵浦固体激光器实验装置图,将准直器安装于导轨最左边,将其调整成光束水平出射,并且水平入射在 LD 中心位置。

　　第二步　插入耦合系统,调节耦合系统调整架旋钮微调耦合系统的倾斜和俯仰,使耦合系统的反射光打到耦合镜通光口中心,并使得反射光回到准直激光器出光口。

　　第三步　插入如图 4-3-8 所示的 Nd:YVO₄ 晶体,通过调整架旋钮微调 Nd:YVO₄ 晶体的倾斜和俯仰,重复上一步的调节步骤,使聚焦后的泵浦光焦点位于激光晶体表面中心处,增大半导体泵浦激光电源的泵浦电流至 800 mA,观察激光晶体内部是不是出现一条白色亮线,如果没有白色亮线,则微调晶体的前后位置,直到白色亮线出现为止。微调聚焦透镜和激光晶体的位置,使这条亮线最亮。该亮线的出现表示泵浦光已经良好地在激光晶体中聚焦,并对激光晶体进行了有效的泵浦,该亮线即为激光晶体被激发后自发辐射产生的荧光。

朝向输出镜方向
（表面无膜）

朝向半导体泵源方向（表面镀 1 064 nm高反和808 nm高透）

Nd:YVO₄晶体反面　　　　　　Nd:YVO₄晶体正面

图 4-3-8　Nd:YVO₄ 晶体

> **注意:** 按方向正确安装激光晶体,晶体反射面应朝向耦合镜放置。如晶体装错,则无激光输出。

　　第四步　在准直器前安装输出镜,调整旋钮使输出镜的反射光点反射到准直激光器出光口。关闭准直器,将半导体激光电源的泵浦电流增加到 1 800 mA,用红外检测卡检查是否有激光输出。如果没有激光输出,则将半导体激光电源泵浦电流调到最小,并关掉半导体激光电源,然后打开准直器电源,再次准直输出镜;如果有激光输出,则继续微调输出镜,使输出激光变强。

五、数据记录与处理

半导体激光泵浦源阈值及 I-P 特性测量数据表如表 4-3-1 所示。

表 4-3-1　半导体激光泵浦源阈值及 I-P 特性测量数据表

电流(I)mA	功率(P)mW	电流(I)mA	功率(P)mW
0		800	
100		900	
200		1 000	
300		1 100	
400		1 200	
500		1 300	
600		1 400	
700		1 500	

六、注意事项

（1）不要用肉眼直视激光器输出光，防止造成伤害。

（2）泵浦光和激光的区别是泵浦光发散角大，激光发散角小，因此，使用红外显示卡的时候，可以放远一点观察，并随时慢慢晃动检测卡，来观察泵浦光。

（3）根据腔的稳定性条件计算，当输出镜的曲率半径是 200 mm 时，激光晶体反射面与输出镜距离应为 80 mm。为了更容易获得基模激光输出，应当使得泵浦光在激光晶体输入面上的光斑半径；当输出镜为平面镜时，腔为临界腔，只要达到稳定性条件即可，不存在最佳腔长。

七、思考题

（1）LD 指示光源的作用是什么？

（2）除了基模高斯光束，应该如何设计光学谐振腔，使其输出高阶模式？

（3）如何确定输出镜的最佳透过率，获得最大的功率输出？

4.4 半导体泵浦固体激光器运行特性实验

一、实验目的

（1）掌握半导体泵浦固体激光器的工作原理。

（2）了解和掌握半导体激光泵浦源的工作特性。

（3）掌握固体激光器的泵浦方式及特点。

（4）掌握常见激光晶体及特点。

（5）掌握固体激光器光学谐振腔的设计。

（6）掌握半导体泵浦固体激光器的组装与调试方法。

二、实验装置

半导体泵浦源（808 nm）、YAG 晶体（Nd：YVO$_4$ 晶体）、耦合镜（HT@808 nm/HR@1 064 nm）、1%输出腔镜、3%输出腔镜、8%输出腔镜、LD 指示光源、光学镜架、四维调节架、五维调节架、光学导轨、滑座等。其实验装置示意图如图 4-4-1 所示。

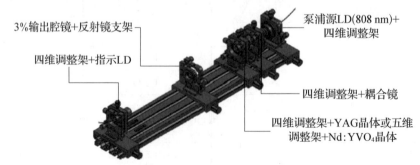

图 4-4-1 半导体泵浦固体激光器运行特性实验示意图

三、实验原理

在实验 4.3 中,我们已经得到激光器的输出功率可由式(4-3-5)表示,对一定的激光器而言,η_s 为一常数,当激光器器件变化时,η_s 会变化。在实际工作中,常采用总体效率的概念[10],它定义为激光输出与泵浦输入之比,即:

$$\eta_t = P_{out}/P_{in} = \eta_s(1 - P_{th}/P_{in}) \qquad (4-4-1)$$

可见,η_t 随着泵浦输入的增加,激光器总体效率就提高。当 $P_{in} \gg P_{th}$ 时,$\eta_t = \eta_s$,总体效率 η_t 达到最大值。给定激光器,当改变其输出镜(激光腔镜之一)的反射率 R 时,激光输出和阈值输入功率都要改变。实验和理论都表明,阈值输入功率 P_{th} 与输出反射率 R 的关系[11]为:

$$-\ln R = 2KP_{th} - L \qquad (4-4-2)$$

式中 K 为反映激光器各种转换效率的泵浦系数。可见,$-\ln R$ 和 P_{th} 的关系曲线为一次函数,其斜率为 $2K$,在 P_{th} 轴截距为 L。

实验中,要求确定输出镜的反射率,使得激光器输出功率最大,这时的反射率称为最佳耦合反射率 R_{opt},且有关系:

$$R_{opt} \approx 1 - \{[(2KP_{in}L)^{1/2} - L]/(1+L)\} \qquad (4-4-3)$$

由式(4-4-3)可见,当增大输入功率时,输出反射镜的最佳值将减小。工作方式不同,最佳输出反射镜反射率的差别很大。

四、实验内容与步骤

1. 最佳透过率选取

第一步　打开 LD 电源,缓慢调节工作电流到 1 800 mA,调整激光晶体沿光轴方向位置,使得 LD 激光聚焦光斑打在激光晶体中心。

第二步　在激光晶体后端安装 $T=3\%$ 输出腔镜,将 LD 电流调整到 2 000 mA,微微调动输出镜,用红外显示卡在输出端观察、捕捉激光光斑。注意:泵浦激光器工作电流长时间工作在最大电流时,将影响 808 nm 泵浦激光器的寿命。激光器调试时电流不应超过 2 200 mA。

第三步　固定输出镜,微调输出镜倾斜和俯仰,将 1 064 nm 激光光斑调整至 TEM00 模。

第四步　然后使用功率计检测激光输出功率。

第五步　分别更换 $T \approx 1\%$ 的"短波通"输出腔镜和 $T=8\%$ 输出腔镜,观察当电流为 2 000 mA 时不同透过率透镜的输出功率,选取输出功率最大的透镜完成以下实验。经测试 $T=3\%$ 输出腔镜为本激光器最佳透过率。

注意:输出镜表面均镀膜,镀膜方向朝向半导体激光器泵源方向。

2. 半导体泵浦固体激光器静态输出特性测量实验

将激光调试最佳状态后,用功率计监测激光输出,找到阈值电流。从阈值电流开始从小到大增加激光泵浦电流,每隔 100 mA 测量一组激光器输出功率,直到泵浦电流达到 2 100 mA。

3. 半导体泵浦固体激光器功-功转换效率测量实验

第一步 参照"半导体泵浦固体激光器功-功转换效率测量实验"实验装置图安装实验器件。

第二步 调整泵浦 LD 激光工作电流至 1 800 mA,然后使用功率计检测激光功率。微调激光晶体、耦合系统,使激光输出得到最大值;将 LD 电流调到最小,然后从小到大渐渐增大 LD 电流,从激光阈值电流开始,每隔 100 mA 测量一组固体激光器系统输出功率。

第三步 更换 Nd:YVO₄晶体为 Nd:YAG 晶体,重新调整光路,测试不同 LD 电流下的激光输出功率。

朝向输出镜方向(表面无膜) 朝向半导体泵源方向(表面镀1 064 nm高反和808 nm高透膜)

Nd:YAG 晶体反面　　　Nd:YAG 晶体正面

图 4-4-2　Nd:YAG 晶体

第四步 结合 LD 的 I—P 曲线,绘出两种晶体的激光输出功率—泵浦功率曲线,并计算功-功转换效率,比较结果并分析原因。

五、数据记录与处理

(1) 利用上述实验步骤得到的数据,可在坐标纸上绘制出不同反射率激光功率-泵浦电流特性曲线。

表 4-4-1　最佳反射率选取实验

泵浦电流(mA)	激光器输出功率(mW)		
	$R=1\%$	$R=3\%$	$R=8\%$

(2) 利用上述实验步骤得到的数据,可在坐标纸上绘制出静态激光功率-泵浦电流特性曲线。

表 4－4－2　半导体端面泵浦固体激光器调试实验

泵浦电流(mA)	激光器输出功率(mW)

(3) 结合 LD 的 $I—P$ 曲线,绘出两种晶体的激光输出功率—泵浦功率曲线,并计算功-功转换效率,比较结果并分析原因。

六、注意事项

(1) 不要用肉眼直视激光器输出光,防止造成伤害。

(2) 泵浦光和激光的区别是泵浦光发散角大,激光发散角小,因此,使用红外显示卡的时候,可以放远一点观察,并随时慢慢晃动检测卡来观察泵浦光。

七、思考题

(1) 如何测量固体激光器的增益?

(2) 固体激光器的最优腔长是否与波长有关?

4.5　半导体泵浦固体激光器被动调 Q 实验

一、实验目的

1. 掌握半导体泵浦固体激光器的工作原理和调试方法。

2. 掌握固体激光器被动调 Q 的工作原理,进行调 Q 脉冲的测量。

二、实验装置

半导体泵浦源(808 nm)、YAG 晶体(或 Nd:YVO$_4$晶体)、调 Q 晶体(Cr^{4+}:YAG)、耦合镜(HT@808 nm/HR@1 064 nm)、输出腔镜、LD 指示光源、光学镜架、四维调节架、五维调节架、光学导轨、滑座等。其实验装置示意图如图 4－5－1 所示。

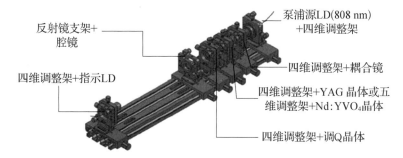

反射镜支架+腔镜
四维调整架+指示LD
泵浦源LD(808 nm)+四维调整架
四维调整架+耦合镜
四维调整架+YAG 晶体或五维调整架+Nd:YVO$_4$晶体
四维调整架+调Q晶体

图 4－5－1　半导体泵浦固体激光器被动调 Q 实验

三、实验原理

激光腔的品质因子 Q 用来描述谐振腔的质量[12]：

$$Q=2\pi\nu_0\frac{腔内贮存的激光能量}{每秒损耗的激光能量}=2\pi\nu_0\frac{E}{c\delta_L E/nL}=\frac{2\pi nL}{\delta_L\lambda_0} \qquad (4-5-1)$$

式中，E 表示腔内贮存的能量、δ_L 表示光在腔内传播一个单程时的能量损耗率、L 为腔长、n 为腔内介质折射率、c 为光速、λ_0 为真空中的激光中心波长、ν_0 为激光中心频率。由式 (4-5-1) 可看出 Q 值与腔内损耗 δ_L 成反比。

Q 值也可用光子在谐振腔内的寿命 τ_c 来表示。设谐振腔的能量损耗速率为 $-\mathrm{d}E/\mathrm{d}t$，$\omega_0=2\pi\nu_0$，则有：

$$Q=\omega_0\frac{E}{-\mathrm{d}E/\mathrm{d}t} \qquad (4-5-2)$$

$$\frac{\mathrm{d}E}{E}=-\frac{\omega_0}{Q}\mathrm{d}t \qquad (4-5-3)$$

式 (4-5-3) 积分得：

$$E_t=E_0\exp(-\omega_0 t/Q) \qquad (4-5-4)$$

则有腔内光子寿命 τ_c：

$$\tau_c=\frac{Q}{\omega_0}=\frac{nL/c}{\delta_L}=\frac{1}{\delta_c} \qquad (4-5-5)$$

δ_c 为腔内单位时间的单程损耗。

根据上述理论，若按照一定的规律改变谐振腔的 δ_c 值，就可以使 Q 值发生相应的变化，谐振腔的损耗包括反射损耗、衍射损耗、吸收损耗等。用不同的方法控制不同类型的损耗变化，就可以形成不同的调 Q 技术[13]。Q 开关装在激光谐振腔内，可以急剧地改变激光振荡器输出光束的功率和瞬时特性。机械开关是通过光学元件转动、振动或移动实现的，被动染料盒则利用它的按光束强度而变的透过率。其他绝大多数器件都是靠光束与电、磁及声的相互作用，利用了克尔电光效应和普克效应、法拉第磁光效应及声光效应。

目前常用的调 Q 方法有电光调 Q、声光调 Q 和被动式可饱和吸收调 Q。本实验采用 Cr^{4+}:YAG 是可饱和吸收调 Q 的一种，它结构简单，使用方便，无电磁干扰，可获得峰值功率大、脉宽小的巨脉冲。

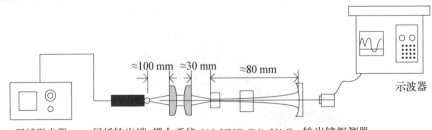

图 4-5-2 可饱和吸收晶体被动调 Q 实验原理图

Cr^{4+} : YAG 被动调 Q 的工作原理[14]是：当 Cr^{4+} : YAG 被放置在激光谐振腔内时，它的透过率会随着腔内的光强而改变。在激光振荡的初始阶段，Cr^{4+} : YAG 的透过率较低（初始透过率），随着泵浦作用增益介质的反转粒子数不断增加，当谐振腔增益等于谐振腔损耗时，反转粒子数达到最大值，此时可饱和吸收体的透过率仍为初始值。随着泵浦的进一步作用，腔内光子数不断增加，可饱和吸收体的透过率也逐渐变大，并最终达到饱和。此时，Cr^{4+} : YAG 的透过率突然增大，光子数密度迅速增加，激光振荡形成。腔内光子数密度达到最大值时，激光为最大输出，此后，由于反转粒子的减少，光子数密度也开始减低，则可饱和吸收体 Cr^{4+} : YAG 的透过率也开始减低。当光子数密度降到初始值时，Cr^{4+} : YAG 的透过率也恢复到初始值，调 Q 脉冲结束。

四、实验内容与步骤

第一步　参照"可饱和吸收晶体被动调 Q 实验"实验装配图安装实验器件。

第二步　选用 $T=3\%$ 输出腔镜，按照实验示意图 4-5-2 的顺序放置好元件，并调整好光路，将红外显示卡置于输出镜后端，微调输出镜倾斜和俯仰，使红外显示卡上显示光斑，然后微调激光晶体、耦合系统，使激光输出功率得到最大值。

第三步　在输出镜与激光晶体间插入 Cr^{4+} : YAG 晶体，微调 Cr^{4+} : YAG 晶体的调整架，使 1 064 nm 激光通过 Cr^{4+} : YAG 晶体中心。

> **注意**：调 Q 晶体没有正反方向。

第四步　放置探测器在输出镜后端，用示波器检测调 Q 脉冲。

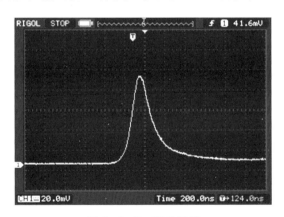

图 4-5-3　调 Q 脉冲

第五步　降低 LD 电流到零。然后从小到大缓慢增加，测量电流分别为 1 800 mA、2 000 mA、2 200 mA、2 400 mA 时输出脉冲的平均功率。

第六步　将探测器与示波器连接，调整激光泵浦电流从调 Q 出光阈值至 2 100 mA，分别测量不同泵浦功率下调 Q 脉冲的重复频率和脉宽。记录数据并分析泵浦功率与调 Q 脉冲重复频率与脉宽的关系。

五、数据记录与处理

（1）利用上述实验步骤得到的数据，可在坐标纸上绘制出调 Q 激光器平均功率—泵浦电流特性曲线。

表 4-5-1　调 Q 激光器平均功率—泵浦电流

泵浦电流(mA)	激光器输出平均功率(mW)

（2）利用上述实验步骤得到的数据，可在坐标纸上绘制出调 Q 激光器输出重复频率、脉宽—泵浦电流特性曲线。

表 4-5-2　调 Q 激光器输出重复频率、脉宽—泵浦电流

泵浦电流(mA)	脉宽(s)	重复频率(MHz)

六、注意事项

（1）不要用肉眼直视激光器输出光，防止造成伤害。

（2）泵浦光和激光的区别是泵浦光发散角大，激光发散角小，因此，使用红外显示卡的时候，可以放远一点观察，并随时慢慢晃动检测卡，来观察泵浦光。

七、思考题

（1）作为 Q 开关的晶体需要具备哪些性质？

（2）如何进一步压缩脉宽或提高输出功率？

4.6 半导体泵浦固体激光器倍频实验

一、实验目的

（1）掌握半导体泵浦固体激光器的工作原理和调试方法。

（2）了解固体激光器倍频的基本原理。

二、实验装置

半导体泵浦源（808 nm）、YAG 晶体（或 Nd：YVO4 晶体）、倍频晶体、耦合镜（HT@ 808 nm/HR@1 064 nm）、输出腔镜、LD 指示光源、光学镜架、四维调节架、五维调节架、光学导轨、滑座等。其实验装置示意图如图 4 - 6 - 1 所示。

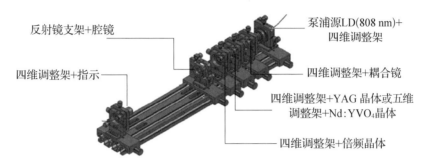

图 4 - 6 - 1　半导体泵浦固体激光器倍频实验装置图

三、实验原理

1. 倍频技术

激光倍频技术也称为二次谐波（SHG）技术，是最先在实验上发现的非线性光学效应[15]。1961 年由 Franken 等人进行的红宝石激光倍频的实验，标志着对非线性光学进行广泛实验和理论研究的开端。激光倍频是将激光向短波长方向变换的主要方法，已达到实用化的程度，并且有商品化的器件和装置，目前获得非常广泛的应用。

（1）倍频效率

$$E(\omega) \sim E(2\omega)$$

$$\begin{cases} E(2\omega, z, t) = \dfrac{E(2\omega, z)}{2} e^{-i(2\omega t - k_{2\omega} z)} + c.c \\ E(\omega, z, t) = \dfrac{E(\omega, z)}{2} e^{-i(\omega t - k_\omega z)} + c.c \end{cases} \tag{4-6-1}$$

$$Q \, dE(2\omega, z) \propto E^2(\omega, z) e^{i(2\omega - k_{2\omega})z} \, dz$$

所以 $E(2\omega, L) = \displaystyle\int_0^L dE(2\omega, z) \propto E^2(\omega) e^{i\Delta k L/2} L \dfrac{\sin(\Delta k L/2)}{\Delta k L/2}$

$$I_{2\omega}^L \propto |E(2\omega, L)|^2 = E^4(\omega) \dfrac{\sin^2(\Delta k L/2)}{(\Delta k L/2)^2}$$

$$\eta_{SGH} \propto \dfrac{I_{2\omega}^L}{I_\omega^0} \propto E^2(\omega) \mathrm{sinc}^2(\Delta k L/2)$$

$$\eta_{SGH} = \Gamma I_\omega^0 \mathrm{sinc}^2(\Delta k L/2) \tag{4-6-2}$$

（2）相位匹配条件及意义

$$\eta_{SGH} \sim \mathrm{sinc}^2(\Delta k L/2)$$

$$Q \mathrm{sinc}(0) = 1 \tag{4-6-3}$$

当 $\Delta k L/2 = 0$ 时，$\eta_{\mathrm{SGH}} = \eta_{\max}$，$QL \neq 0$，所以 $\Delta k = 0$ 称为相位匹配条件。

相位匹配的物理意义：

（1）光子动量守恒

$$\left.\begin{array}{l} P = hk \\ \Delta k = 0 \end{array}\right\} \Rightarrow 2k_{\omega} - k_{2\omega} = 0 \tag{4-6-4}$$

（2）相速度守恒

$$\begin{cases} k_{\omega} = \dfrac{2\pi}{\lambda_{\omega}} n_{\omega} = \dfrac{\omega}{c} n_{\omega} = \dfrac{\omega}{c/n_{\omega}} = \dfrac{\omega}{\nu_{\omega}} \\[3mm] k_{2\omega} = \dfrac{2\pi}{\lambda_{2\omega}} n_{2\omega} = \dfrac{2\omega}{c} n_{2\omega} = \dfrac{2\omega}{c/n_{2\omega}} = \dfrac{2\omega}{\nu_{2\omega}} \end{cases}$$

$$2k_{\omega} - k_{2\omega} = 0 \Rightarrow 2\,\dfrac{\omega}{\nu_{\omega}} = \dfrac{2\omega}{\nu_{2\omega}} \Rightarrow \nu_{\omega} = \nu_{2\omega} \tag{4-6-5}$$

$E(\omega)$ 与 $E(2\omega)$ 之间的相位差，在转换过程中保持不变，与 z 无关。

（3）折射率相等

$$\nu_{\omega} = \nu_{2\omega} \Rightarrow \dfrac{c}{n_{\omega}} = \dfrac{c}{n_{2\omega}} \Rightarrow n_{\omega} = n_{2\omega} \tag{4-6-6}$$

要求基频光的折射率相等即无色散。

光波电磁场与非磁性透明电介质相互作用时，光波电场会出现极化现象。当强光激光产生后，由此产生的介质极化已不再是与场强呈线性关系，而是明显地表现出二次及更高次的非线性效应。倍频现象就是二次非线性效应的一种特例。本实验中的倍频就是通过倍频晶体实现对 Nd：YAG 和 Nd：YAG 输出的 1 064 nm 红外激光倍频成 532 nm 绿光。

常用的倍频晶体有 KTP、KDP、LBO、BBO 和 LN 等。其中，KTP 晶体在 1 064 nm 光附近有高的有效非线性系数，导热性良好，非常适合用于 YAG 激光的倍频。

倍频技术通常有腔内倍频和腔外倍频两种。腔内倍频是指将倍频晶体放置在激光谐振腔之内，由于腔内具有较高的功率密度，因此，较适合于连续运转的固体激光器。腔外倍频方式指将倍频晶体放置在激光谐振腔之外的倍频技术，较适合于脉冲运转的固体激光器。

2. 角度相位匹配

将基频光以特定的角度和偏振态入射到倍频晶体，利用倍频晶体本身所具有的双折射效应抵消色散效应，达到相位匹配的要求。角度匹配是高效率产生倍频光的最常用、最主要的方法。

KTP 晶体属于负双轴晶体，对它的相位匹配及有效非线性系数的计算，已有大量的理论研究，通过 KTP 的色散方程[16]，人们计算出其最佳相位匹配角为 $\theta = 90°$，$\phi = 23.3°$，对应的有效非线性系数 $deff = 7.36 \times 10^{-12}$ V/m。

掺钕钒酸钇 Nd：YVO$_4$ 晶体是一种性能优良的激光晶体，适于制造激光二极管泵浦特别是中低功率的激光器。与 Nd：YAG 相比，Nd：YVO$_4$ 对泵浦光有较高的吸收系数和更大的受激发射截面。激光二极管泵浦的 Nd：YVO$_4$ 晶体与 LBO，BBO，KTP 等高非线性系数的晶体配合使用,能够达到较好的倍频转换效率,可以制成输出近红外、绿色、蓝色到紫外线等类型的全固态激光器。与 Nd:YAG 相比,Nd:YVO₄ 最大的优势在于更宽的吸收带宽范围内,具有比 Nd:YAG 高 5 倍的吸收效率,而且在 808 nm 左右达到峰值吸收波长,完全能够达到当前高功率激光二极管的标准。这使得我们可以利用更小的晶体来制造体积越来越小的激光器。同时还意味着激光二极管可以用较小的功率输出特定的能量,从而延长了其使用寿命。Nd:YVO₄ 的吸收带宽可达 Nd:YAG 的 2.4～6.3 倍,这一特性同样具有巨大的开发价值。除了较高的泵浦效率外,在二极管的规格上提供了更大的选择空间,这将为激光器生产商节省更多的制造成本。

Nd:YVO₄ 在 1 064 nm 和 1 342 nm 处具有较大的受激发射截面。在 a 轴方向 Nd:YVO₄ 1 064 nm 波的受激发射截面约为 Nd:YAG 的 4 倍,而 1 342 nm 的受激发射截面可达 Nd:YAG 在 1.3 μm 处的 18 倍,故 Nd:YVO₄ 1 342 nm 激光的连续输出效率要大大超过 Nd:YAG,这使 Nd:YVO₄ 激光的两个波长都可以更容易保持一个较强的单线激发状态。

Nd:YVO₄ 的另一重要特点是它属单轴晶系,仅发射线性偏振光,因此,可以避免在倍频转换时产生双折射干扰,而 Nd:YAG 是高匀称性的正方晶体,无此特性。虽然 Nd:YVO₄ 的荧光寿命比 Nd:YAG 短很多,但是因为 Nd:YVO₄ 具有较高的泵浦量子效率,所以在设计理想的光腔中仍然可获得相当高的效率。

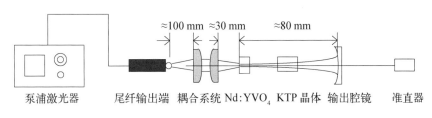

图 4-6-2 激光倍频实验原理图

四、实验内容与步骤

1. 激光倍频实验装置

第一步 参照上述实验光路调整步骤调整"激光倍频实验"光路。

第二步 将输出镜换为短波通输出镜,晶体用 Nd:YAG,微调调整架使其反射光点在准直器中心。打开 LD 电源,取工作电流 1 000 mA,将红外显示卡置于准直器前端,微调输出镜倾斜和俯仰使红外显示卡上显示光斑,然后微调激光晶体、耦合系统,使激光输出得到最大值。

> **注意:**由于此时更换了短波通输出镜,输出镜在 1 064 nm 高反,此时的激光输出功率将较低,但腔内能量很高。

第三步 安装 KTP 晶体,在准直器前准直后放入谐振腔内,倍频晶体尽量靠近激光晶体。调节调整架,使得输出绿光功率最亮。

注意：倍频 KTP 晶体没有正反方向。

第四步　用功率计测量 Nd：YAG 晶体倍频的最大功率。

2. 激光倍频相位匹配角选择实验

第一步　将 Nd：YAG 晶体换成 Nd：YVO₄晶体。重新调整光路,红外显示卡置于输出镜后端,调节输出镜旋钮观察和捕捉光斑。

第二步　安装 KTP 晶体,在准直器前准直后放入谐振腔内,倍频晶体尽量靠近激光晶体。调节调整架,使其输出绿光。

第三步　旋转 KTP 晶体用功率计测量不同角度下的输出功率,得出最佳的匹配角度。

五、数据处理与记录

利用上述实验步骤得到的数据,可得到输出功率与 KTP 晶体角度的关系。

表 4-6-1　KTP 晶体角度与输出功率的关系

旋转角度	输出功率
0°	
15°	
45°	
75°	
90°	
135°	

六、注意事项

(1) 半导体激光器尾纤头易受损且易脏,因此,实验完成后,应及时将光纤保护套套上,以免光纤头损坏或沾染灰尘。在实验的过程中,注意半导体激光器尾纤头不能对准人眼。

(2) 不要自行拆装 LD 电源。电源如果出现问题,请与厂家联系。同时,LD 电源的控制温度已经设定,对应于 LD 的最佳泵浦波长,请不要自行更改。

(3) 准直好光路后需用遮挡物(如功率计或硬纸片)挡住准直器,避免准直器被输出的红外激光打坏。

(4) 实验过程注意避免双眼直视激光光路,人眼勿与光路处于同一高度,最好能戴上激光防护镜操作。

七、思考题

1. 把倍频晶体放在激光谐振腔内对提高倍频效率有何好处?
2. 倍频晶体需要具有哪些特性?

4.7　基于数字微镜器件(DMD)光场调控实验

一、实验目的

(1) 了解数字微镜 (DMD)的工作原理。

(2) 理解数字微镜(DMD)对光场进行调制的过程。

(3) 掌握数字微镜(DMD)的运用。

二、实验装置

632.8 nm He–Ne 激光器、扩束准直器、DMD、观察屏、伺服电路、计算机。DMD 光场调控实验装置示意图如图 4-7-1 所示。

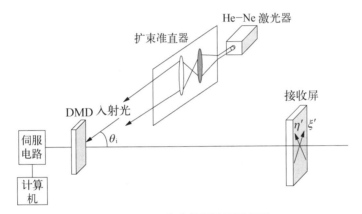

图 4-7-1　实验装配图及原理图

三、实验原理

DMD 是一种基于半导体制造技术,由高速数字式光反射开关阵列组成的器件,通过控制微镜片绕固定轴(轭)的旋转和时域响应(决定光线的反射角度和停滞时间)来决定成像图形和其特性[17,18]。它是一种新型、全数字化的平面显示器件,应用 MEMS(Micro Electromechanical System,微电子机械系统)的工艺将反射微镜阵列和 CMOS SRAM 集成在同一块芯片上。目前不仅应用于高清电视(HDTV)和数字投影显示(Digitial Projection Display)等,而且近几年应用领域得到较大扩展,在光纤通信网络的路由器、衰减器和滤波器、数字相机、高频天线阵列、新一代外层空间望远镜、快速原型制造系统、物体三维轮廓测量仪、全息照相、数字图像处理联合变换相关器、光学神经网络、光刻、显微系统中的数字可变光阑以及空间成像光谱等领域都得到了成功的应用。

微反射镜单元的尺寸大约是 16 或 14 微米,通常由多达 50 至 200 万的数目构成阵列来使用,其间的间隙为 1 微米,反射镜以铝铰链为旋转轴旋转 $10°\sim12°$,可反复使用 1 兆次,寿命试验表明,按照通常的使用方式可以使用 10 万小时。它的开闭控制是通过反射镜停止时起阻尼作用的弹簧触点靠近反射镜,逐渐降低附加电压的方式来实现的。DMD 芯片已升级,原芯片上的微镜尺寸为 16 微米,翻转角度为 10°,现在的 DMD 微镜尺寸为 14 微米,翻转 12°,支持 4 K 分辨率的芯片也已经成型,芯片大小约 1.38 寸。

每一个微反射镜单元都是一个独立的个体,并且可以翻转不同的角度,因此,通过微镜单元所反射的光线可以呈现不同的角度,具体表现为其对应的数字图像像素的亮暗程度。DMD 工作时,在反射镜上加负偏置电压,其中一个寻址电极上加+5 V(数字 1),另一个寻址电极接地(数字 0),这样使微镜与微镜的寻址电极,扭臂梁与扭臂梁的寻址电极之间就形成一个静电场,从而产生一个静电力矩,使微反射镜单元绕扭臂梁旋转,直到接触到"着陆平台"为止。由于"着陆平台"的限制,使镜面的偏转角度保持固定值(+12°/−12°或+10°/−10°),并且在 DMD 整体上能够表现出很好的一致性。在扭矩的作用下,微反射镜单元将一直锁定于该位置上,直至复位信号出现为止。微反射镜单元的上半部分与下半部分处于平行的关系,且不稳定,一旦加上偏置电压,微反射镜单元和扭臂梁会以很快的速度偏离平衡位置。

每一个微反射镜单元有三个稳态:+12°或+10°(开)、0°(无信号)、−12°或−10°(关)。当给微反射镜一个信号"1",其偏转+12°或+10°,被反射的光刚好沿光轴方向通过投影物镜成像在屏上,形成一个亮的像素。当反射镜偏离平衡位置−12°或−10°时(信号"0"),反射的光束将不能通过投影透镜,因此,呈现一个暗的像素。控制信号二进制的"1""0"状态,分别对应微镜的"开""关"两个状态。当给定的图形数据控制信号序列被写入 CMOS 电路时,通过 DMD 对入射光进行调制,图形就可以显示于像面上。

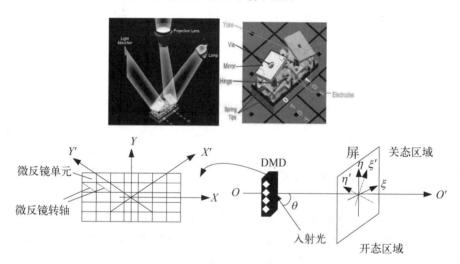

图 4 − 7 − 2 DMD 工作原理图

四、实验内容与步骤

第一步 按图 4 − 7 − 3 的实验装置图所示,顺着光路依次摆放激光光源、偏振片、扩束镜、准直镜、空间光调制器、CCD 相机,并将整个光路调至共轴,而后拉开一定的距离。

第二步 编写 C 程序生成图形数据控制信号

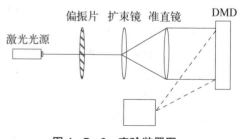

图 4 − 7 − 3 实验装置图

序列,写入 CMOS 电路。

第三步 通过观察屏观察所产生的图像形状。保存实验结果。与理性图像形状做比较,分析误差。

五、注意事项

(1) 确保 C 程序的精度不大于 DMD 的精度。

(2) 保证 DMD 镜面整洁。

(3) 不要用肉眼直视激光器输出光,防止造成伤害。

六、思考题

1. 分析成像误差。

2. 如何进一步处理 DMD 所生成的图像,使其清晰度更高。

4.8 基于空间光调制器的光束整形实验

一、实验目的

1. 了解空间光调制器结构和工作原理。

2. 掌握空间光调制器的相位调制特性。

3. 掌握基于空间光调制器实现光束整形和光场调控。

二、实验装置

(1) 激光光源;(2) 偏振片;(3) 扩束镜;(4) 准直镜;(5) 空间光调制器;(6) CCD 相机;(7) 电脑。基于空间光调制器的光束整形实验装置如图 4-8-1 所示。

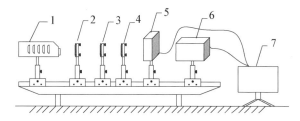

图 4-8-1 基于空间光调制器的光束整形实验装置示意图

三、实验原理

液晶空间光调制器作为一种衍射光学元件,在光束控制方面已经得到了广泛的研究应用[19,20]。尤其是纯相位 LC-SLM,其相位分布可以根据输入和输出光束的分布情况进行实时地改变,这与其他的光束整形系统相比更加方便简洁,这也使 LC-SLM 得到了越来越多的应用,例如,激光束整形、自适应光学、图像处理、动态全息和图像投影。目前 LC-SLM 已经成为按需创建任意光场的重要工具。

空间光调制器(SLM)由一个个周期型排列的独立像素单元组成,如图4-8-2所示,每个像素单元都被驱动电路控制,调整驱动电路电压,即可控制每个像素单元的光线调制特性。使用过程中,将像素与SLM像素一致的灰度图片居中,作为计算机的桌面背景即可加载至SLM,SLM中的驱动电路会将每个像素的灰度值线性转化为驱动电压。由于SLM中不透明电极会阻挡一部分读出光,故SLM液晶面板就像一个网格,将加载的连续图像进行空间数字化操作。

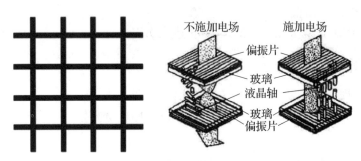

图4-8-2 空间光调制器面板结构图

通过SLM对光束整形,主要是在其液晶上加载相位图来实现,利用透镜的傅里叶变换来得到目标光场。因此,在已知输入光场和期望光场下,求解加载在空间光调制器上的相位图是进行光束整形的关键所在。

假设初始入射光场的复振幅分布为:

$$E_1 = A_1(x_1, y_1)\exp[i\varphi_1(x_1, y_1)] \tag{4-8-1}$$

所需的期望光场的复振幅分布为:

$$E_2 = A_2(x_2, y_2)\exp[i\varphi_2(x_2, y_2)] \tag{4-8-2}$$

当入射光场经过SLM后,叠加相位$\varphi(x, y)$得:

$$E = E_1 \exp[i\varphi(x_1, y_1)] \tag{4-8-3}$$

然后经过菲涅尔衍射传输后的输出光场为:

$$M = \frac{\exp(ikz)}{i\lambda z}\int_{-\infty}^{+\infty}\int_{-\infty}^{+\infty} E \times \exp\left\{i\frac{k}{\lambda z}[(x_2 - x_1)^2 + (y_2 - y_1)^2]dxdy\right\} \tag{4-8-4}$$

通过算法计算要使得最终输出光场M尽可能地接近期望光场E_2。此时所求出的相位,就是加载到SLM上的相位。通过MATLAB生成相位图加载到SLM上,从而达到光束的整形和光场调控的目的。

四、实验内容与步骤

第一步 按图4-8-3的实验装置图所示,顺着光路依次摆放激光光源、偏振片、扩束镜、准直镜、空间光调制器、CCD相机,并将整个光路调至共轴,而后拉开一定的距离。

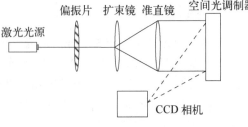

图4-8-3 实验装置图

第二步 编辑 MATLAB 程序生成相位全息图,加载到空间光调制器中。

第三步 通过 CCD 相机观察所产生的光束光斑形状。保存实验结果。与仿真出的光斑形状做比较,分析误差。

五、注意事项

(1) 保证输入空间光调制器的光束为线偏振光。

(2) 保证 SLM 镜面整洁。

(3) 编写的 MATLAB 程序不能大于空间光调制器分辨率。

六、思考题

(1) 分析成像误差。

(2) 如何进一步处理 DMD 所生成的图像,使其清晰度更高。

4.9 光镊捕获微粒实验

一、实验目的

(1) 掌握光的本质是一种电磁波。电磁波与物体发生相互作用时,不但能量发生变化,其动量也发生变化,激光捕获就是利用了光与微粒之间的动量传递。

(2) 理解光镊的光路原理和结构。

(3) 掌握光镊捕获微粒的基本使用方法和微粒样品的配置方法。

二、实验装置

激光器及电源适配器(波长 685 nm;功率 30 mW)、二向色镜、物镜、反射镜、消色差透镜、LED 灯、准直镜、聚集镜、轴位移台、4 μm 二氧化硅球、4 μm 聚苯乙烯微球、剪刀、镊子、载玻片、盖玻片、双面胶、吸管、滤光片、CMOS 相机。其实验装置实物图如图 4-9-1 所示,制备工具实物图如图 4-9-2 所示。

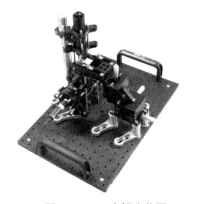

图 4-9-1 光镊实物图

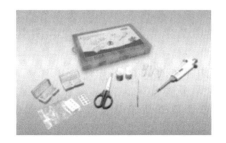

图 4-9-2 样品制备耗材与工具

三、实验原理

光镊，就是利用光束来捕获、夹持并操纵微细颗粒的系统工具。传统机械镊子夹持物体时，必须使镊子与物体接触，并施加相对压力而操纵物体。与之不同的是光镊使整个物体受到光的束缚，然后通过移动光束来迁移物体。

光的本质是一种电磁波，电磁波携带能量和动量。电磁波与物体发生相互作用时，不但能量发生变化，其动量也发生变化，激光捕获就是利用了光与微粒之间的动量传递。根据动量守恒定律和动量定理可知，这种动量传递会导致光波对微粒产生力的作用。光波对微粒的作用力可以分为两类，一类为散射力，散射力沿着光的传播方向，将微粒推离；一类为梯度力，梯度力沿光强梯度方向，将微粒推向光强梯度最强的位置。光镊产生的原因是光束对微粒的梯度力大于散射力，因此，可以将微粒捕获在聚焦光斑中心附近。

根据粒子大小的不同，光束与粒子的相互作用理论模型可以分为三种：当粒子尺寸远小于光波长（$d < \lambda/20$，瑞利粒子）的时候，适用于瑞利散射模型；当粒子尺寸远大于光波长（$d > 5\lambda$，米氏粒子）的时候，适用于几何光学模型；对于中间尺度粒子，只能通过电磁散射模型来计算，电磁散射模型是将入射场与微粒的相互作用看成电磁散射过程，通过对 Maxwell 方程组的求解来确定粒子周围的散射场分布，进而由动量守恒利用对 Maxwell 应力张量的曲面积分来计算作用在粒子的光力，其计算过程较为复杂[21]。下面将简要介绍瑞利散射模型和几何光学模型。

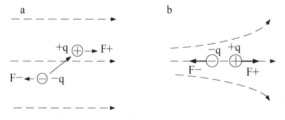

图 4 - 9 - 3　电偶极子与电场的作用

瑞利散射模型将微粒中分子每个化学键视为一个等效电偶极子，分子中所有化学键的电偶极矩之和即构成了整个分子的电偶极矩。而任何一个电介质微粒都是包含了大量电偶极矩的集合，因此，光与微粒的作用可以理解为电磁场与电偶极子的作用。

如图 4 - 9 - 3 所示，分别为均匀电场和非均匀电场与电偶极子的作用。当电场是均匀的，作用于电偶极子正负电荷的力大小相等，方向相反，矢量和为零。当电场是非均匀的，则电偶极子正负电荷所受力的大小和方向都不相同，偶极子将发生转动和平动两种运动。转动使电偶极 P 取电场 E 的方向。当 P 与 E 平行时，正负电荷所受的力沿同一直线，其大小不等，方向相反，合力不为零。设偶极子沿 x 轴方向，偶极子中心处场强为 E_0，正负电荷处的场强分别为[22]：

$$E_+ = E_0 + \frac{\partial E}{\partial x} \cdot \frac{l}{2}, E_- = E_0 - \frac{\partial E}{\partial x} \cdot \frac{l}{2} \qquad (4-9-1)$$

作用于偶极子的合力为：

$$F = -qE_- + qE_+ = ql\frac{\partial E}{\partial x} = p\frac{\partial E}{\partial x} \qquad (4-9-2)$$

上式说明力 F 的大小与场强的变化率成正比，方向指向场强增大的方向。该力由电场强度的梯度引起，称为梯度力。由于光是一种电磁波，在光场中电偶极子所受的梯度力即为电磁场中电偶极子所受的洛伦兹力,是电场梯度力和磁力之和[23]。

对于激光捕获大尺寸微粒,可以基于几何光学模型,从折反射定律和动量守恒的角度来分析微粒的受力情况。假设被捕获的微粒为透明介质小球,入射到小球后被小球反射光线和吸收光线所产生的力远远小于透射光线产生的力,因此可忽略不计,只分析由于光的折射而对小球施加的力。如图 4-9-4 所示,透明电介质小球的折射率 n_1 大于周围介质折射率 n_2,小球分别处于均匀光场和非均匀光场中。折射前所有光束均沿 z 方向传播,光束动量也沿 z 方向。折射后光束传播方向发生了变化,光的动量发生了改变。小球和激光束组成的系统保持动量守恒,由牛顿定律可知,该光线对微球施加了一个指向左下角的力 F_1 和右下角的力 F_2。如图 4-9-4 所示,当小球处于均匀光场(a)时,光束对小球的力在横截面上(即 $x\text{-}y$ 平面方向)的合力完全抵消,只存在沿 z 方向的推力,这个推力称为散射力;当小球处于非均匀光场(b)时(图示为光强自左向右增强的非均匀光场),在横向存在一个强度梯度,此时光束对小球作用力的合力即存在沿 z 方向的推力分量,即散射力,也存在沿横截面上(即 $x\text{-}y$ 平面方向)的拉力分量,即梯度力,梯度力指向光强增大的方向。

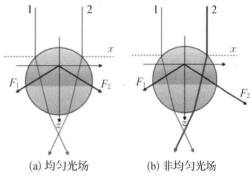

(a) 均匀光场　　　　(b) 非均匀光场

图 4-9-4　光场与微球的相互作用

四、实验内容与步骤

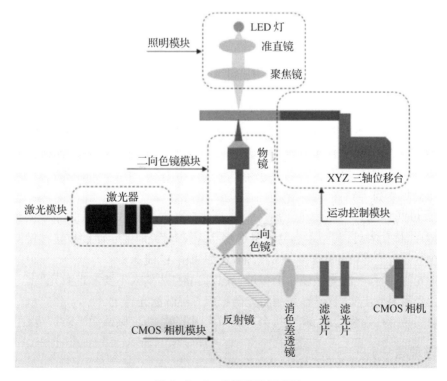

图 4-9-5　光镊光路示意图

1. 配比粒子溶液

实验工具需要移液枪、培养皿、去离子水、二氧化硅微球。为了便于实验和观察,溶液中粒子必须呈现为单分散的状态,粒子占去离子水 5%～10% 为好,也就是在配比溶液时,每滴一滴二氧化硅微粒液,最少需要十滴去离子水去稀释。

第一步　利用移液枪获取去离子水,滴入样品制备试管中。

第二步　利用移液枪获取二氧化硅微粒,同样滴入样品制备试管中。

第三步　盖上试管盖,摇一摇使得微粒均匀分散。

2. 溶液池制备

第一步　准备好双面胶;

第二步　使用剪刀把带孔双面胶剪下一个完整的孔;

第三步　利用镊子把一个完整的双面胶的上面一层扯掉;

第四步　准备好载玻片,并利用镊子把双面胶贴于载玻片上,使得扯掉的一面完美贴合;

第五步　利用镊子把双面胶的另一表面层扯掉;

第六步　利用移液枪把配比好的粒子溶液滴于双面胶的中心,且滴满整个中心区域,尽量避免溢出溶液;

第七步　盖上盖玻片,利用镊子水平均匀压于盖玻片上,使得双面胶与盖玻片较好地贴合。

五、数据记录与处理

自行设计数据记录表格。

六、注意事项

（1）激光具有亮度高、指向性强、功率密度大的特点。

（2）激光容易造成安全隐患。本系统用户及激光光源附近的人员必须对激光安全知识有充分了解。

（3）眼睛保护,激光入射到物体表面时通常会有各个方向的散射光,其在光滑物体表面会形成镜面反射,这些激光如果直接入射到人眼时,会造成人眼损伤。激光使用者切记佩戴指定波长的激光防护镜,且要注意避免激光防护镜周边漏光。切记不要直视激光光源以及从其他物体表面反射、散射的激光光束。

（4）高功率激光会对人体皮肤造成伤害,尤其是高度汇聚的激光,其功率密度较高,很容易灼伤皮肤,烧伤衣服,甚至点燃易燃易爆物品,操作激光时避免肌肤直接接触激光。

（5）在激光附近谨慎使用易挥发的溶剂,比如酒精、乙醚等。

（6）激光使用时,在激光区域贴上警示标志,提醒身边的人不要靠近激光。

（7）激光不要射出实验区域,采用激光防护板等屏蔽激光。

（8）油浸物镜在物镜端面滴油时,会造成激光强散射,切记佩戴激光防护镜。

七、思考题

光镊力有多大? 计算光阱的作用力范围,即阱域的大小。

参考文献

[1] 周雨青,刘甦,董科,彭毅,侯吉旋. 大学物理[M].南京:东南大学出版社,2019.

[2] Fabrizio Consoli,Vladimir T. Tikhonchuk,Matthieu Bardon,Philip Bradford,David C.Carroll,Jakub Cikhardt,Mattia Cipriani,Robert J. Clarke,Thomas E. Cowan,Colin N. Danson,Riccardo De Angelis, Massimo De Marco,Jean-Luc Dubois,Bertrand Etchessahar,Alejandro Laso Garcia,David I. Hillier,Ales Honsa,Weiman Jiang,Viliam Kmetik,Josef Krása,Yutong Li,Frédéric Lubrano,Paul McKenna,Josefine Metzkes-Ng,Alexandre Poyé,Irene Prencipe,Roland A. Smith,Roman Vrana,Nigel C. Woolsey,Egle Zemaityte,Yihang Zhang,Zhe Zhang,Bernhard Zielbauer,David Neely. Laser Produced Electromagnetic Pulses:Generation,Detection and Mitigation[J].High Power Laser Science and Engineering,2020,8(2): 92-150.

[3] Osama Mohamed Said Mohamed Helal. Amplified Q-Switched Solid-State Laser and Its Interaction with Material[D].长春理工大学,2013.

[4] Chaojun Niu,Fang Lu,Xiang'e Han. Approximate Expression of Beam Wander of Gaussian Array Beams Through Oceanic Turbulence[J]. Optik,2019,188.

[5] Xiaoqing Li,Xiaoling Ji. Complex Gaussian Functions Expansion Method Applied to Truncated Gaussian Beams[J]. Journal of Modern Optics,2011,58(12).

[6] Massachusetts Institute of Technology. MIT Researchers Devise New Way to Make Light Interact with Matter[J]. Chemicals & Chemistry,2018(4).

[7] 雷翔. 板条固体激光器光束净化控制技术研究[D].中国科学院研究生院(光电技术研究所),2013.

[8] Joana Almeida,Dawei Liang. Design of TEM 00 Mode Side-pumped Nd:YAG Solar Laser[J]. Optics Communications,2014,333.

[9] Lei Chengmin,Chen Zilun,Yang Huan,Gu Yanran,Hou Jing. Beam Quality Degradation of Signal Light in a Side Pumping Coupler with a Large-mode-area Signal Fiber[J]. Optics Express,2019,27(10).

[10] 张彤,王保平,张晓兵,朱卓娅,张晓阳. 光电子物理及应用[M].南京:东南大学出版社,2019.

[11] Yongzhen HUANG,Xiuwen MA,Yuede YANG,Jinlong XIAO,Yun DU. Hybrid-cavity Semiconductor Lasers with a Whispering-gallery Cavity for Controlling Q Factor [J]. Science China (Information Sciences),2018,61(08):5-17.

[12] Chuang ChihHsiang, Ho ChenYu, Hsiao YuChi, Chiu ChiPin, Wei MingDar. Selection Rule for Cavity Configurations to Generate Cylindrical Vector Beams with Low Beam Quality Factor.[J]. Optics Express,2021,29(4).

[13] Rosol Ahmad H. A.,Jafry Afiq A. A.,Mokhtar Norrima,Yasin Moh,Harun Sulaiman Wadi. Gold Nanoparticles Film for Q-switched Pulse Generation in Thulium Doped Fiber Laser Cavity [J]. Optoelectronics Letters,2021,17(8).

[14] 王小磊. 多波长、亚纳秒 Yb:YAG/Cr~(4+):YAG/YVO_4 被动调 Q 拉曼微片激光器的研究[D].厦门大学,2019.

[15] Technology-Laser Research:Reports Summarize Laser Research Study Results from McMaster University[J]. Journal of Technology & Science,2020(6).

[16] Nurlybek A. Ispulov, Abdul Qadir, Marat K. Zhukenov, Talgat S. Dossanov, Tanat G. Kissikov, André Nicolet. The Analytical Form of the Dispersion Equation of Elastic Waves in Periodically Inhomogeneous Medium of Different Classes of Crystals[J]. Advances in Mathematical Physics,2017(7).

[17] WU, Yuehao, et al. Development of a Digital-micromirror-device-based Multishot Snapshot Spectral Imaging System[J]. Optics Letters,2011,36(14):2692-2694.

［18］Seungwoo Shin，Kyoohyun Kim，Jonghee Yoon，and YongKeun Park. Active Illumination Using a Digital Micromirror Device for Quantitative Phase Imaging［J］. Opt. Lett. 2015(40)：5407－5410.

［19］MORENO，Ignacio，et al. Complete Polarization Control of Light from a Liquid Crystal Spatial Light Modulator［J］. Optics Express，2012，20(1)：364－376.

［20］ Andrey S. Ostrovsky，Carolina Rickenstorff-Parrao，and Víctor Arrizón. Generation of the "Perfect" Optical Vortex Using a Liquid-crystal Spatial Light Modulator［J］. Opt. Lett. 2013(38)：534－536 .

［21］李曼曼. 涡旋矢量光束与微粒相互作用的动力学特性研究［D］.中国科学院大学(中国科学院西安光学精密机械研究所)，2018.

［22］喻有理,徐忠锋,李普选.光梯度力与激光捕获［J］.大学物理,2008(03)：14－15,17.

［23］ Manlio Tassieri. Microrheology with Optical Tweezers：Principles and Applications［M］. Pan Stanford Publishing,2016：10－14.

第 5 章

光纤光学实验

5.1 光纤参数测量实验

一、实验目的

(1) 理解光纤损耗的概念。

(2) 了解并掌握插入法进行光纤损耗测量。

二、实验仪器

光纤跳线、LD 光源、待测单模光纤、光功率计、OTDR 光时域反射仪、光衰减器。

三、实验原理

光信号经光纤传输后要产生损耗和畸变(失真),因而使得输出信号和输入信号不同。对于脉冲信号,不仅幅度要减小,而且波形要展宽。产生信号畸变的主要原因就是光纤中存在色散和损耗。色散限制系统的传输容量,损耗则限制系统的传输距离。本实验讨论光纤的衰减和损耗特性并对单模光纤及光无源器件的衰减和损耗进行测试。

1. 光纤的损耗

由于损耗(Loss,有时候又称为衰减)的存在,在光纤中传输的光信号,不管是模拟信号还是数字脉冲信号,其幅度都要减小。光纤的损耗在很大程度上决定了光纤通信系统的传输距离。20 世纪六十年代,光纤损耗超过 1 000 dB/km,1970 年光纤研制取得实质性进展,美国康宁(Corning)公司在当年研制的光纤损耗降低到约 20 dB/km。因而,光纤和半导体激光器的技术进步成为光纤通信发展的一个重要里程碑。1979 年,光纤损耗又降到 0.2 dB/km(在 1 550 nm 处),低损耗光纤的问世引导了光纤通信技术领域的革命,开创了光纤通信的时代[1]。目前,正在开展研究并蓬勃发展的光纤通信新技术有超大容量的波分复用光纤通信和超长距离的光孤子通信系统等。

一般情况下,光纤内传输的光功率 P 随传输距离 z 的变化,可以用下式表示[2,3]:

$$\frac{\mathrm{d}P}{\mathrm{d}z} = -\alpha P \tag{5-1-1}$$

上式中,α 是损耗系数。假设长度为 L(km)的光纤,输入光功率为 P_i,根据上式输出光功率应为:

$$P_0 = P_i \exp(-\alpha L) \tag{5-1-2}$$

通常 α 的单位用 dB/km，很容易得知损耗系数为：

$$\alpha = \frac{10}{L} \lg \frac{P_i}{P_0} \text{(dB/km)} \qquad (5-1-3)$$

2. 光纤损耗的机理

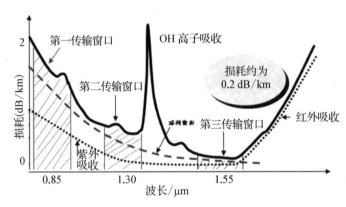

图 5-1-1　单模光纤的损耗谱线，显示各种损耗机理

图 5-1-1 即为单模光纤的损耗谱示意图。光纤的损耗主要由材料的吸收损耗以及散射损耗组成，各部分具体描述如下[4]：

（1）材料的吸收。主要由 SiO_2 材料引起的固有吸收和由杂质引起的吸收产生。由 SiO_2 材料电子跃迁引起的吸收带发生在紫外（UV）区（$\lambda < 0.4$ μm），由分子振动引起的吸收带发生在红外（IR）区（$\lambda > 7$ μm），由于 SiO_2 是非晶块状材料，两种吸收带从不同方向伸展到可见光区。由 SiO_2 材料产生的固有吸收很小，在 $0.8 \sim 1.3$ μm 波段，小于 0.1 dB/km，在 $1.3 \sim 1.6$ μm 波段，小于 0.03 dB/km。光纤中的杂质主要有过渡金属离子（例如 Fe^{2+}、Co^{2+} 和 Cu^{2+} 等）以及氢氧根离子（OH^-），这些杂质是早期实现低损耗光纤的障碍。由于技术的进步，目前过渡金属离子含量已经降低到其影响可以忽略的程度。由氢氧根离子产生的吸收峰出现在 0.95 μm、1.24 μm 和 1.39 μm 波长处，其中以 1.39 μm 波长处吸收峰的影响最为严重。正是由于光纤通信波段内这一系列吸收峰的存在，使得峰之间的低损耗区构成了光纤通信的三个传输窗口。目前氢氧根离子的含量已经降低到 10^{-9} 以下，从而 1.39 μm 波长处的吸收峰损耗也降低到 0.5 dB/km 以下。这种减低吸收峰的光纤被称为全波光纤（All Wavelength Fiber）。

（2）散射损耗。光纤的散射损耗主要由材料微观密度不均匀性引起的瑞利（Rayleigh）散射和由光纤结构缺陷（如气泡）引起的散射产生的。结构缺陷散射产生的损耗与波长无关。瑞利散射损耗 α_R 与波长四次方成反比，可用经验公式表示为 $\alpha_R = A/\lambda^4$，瑞利散射系数 A 取决于纤芯与包层折射率差 Δ。当 Δ 分别为 0.2% 和 0.5% 时，A 分别为 0.86 和 1.02。瑞利散射是一种基本损耗机理，它是由于光纤在制造过程中沉积到熔石英中的随机密度变化引起折射率本身的起伏，从而导致光朝各个方向散射所产生。瑞利散射损耗对光纤来说是其本身固有的，因而它确定了光纤损耗的最终极限。例如在 1.55 μm 波段，光纤瑞利散射引起的损耗最低理论极限约为 0.15 dB/km。

根据以上分析和经验，光纤总损耗 α 与波长 λ 的关系可以表示为：

$$\alpha = \frac{A}{\lambda^4} + B + CW(\lambda) + IR(\lambda) + UV(\lambda) \tag{5-1-4}$$

上式中,A 为瑞利散射系数,B 为结构缺陷散射产生的损耗,$CW(\lambda)$、$IR(\lambda)$ 和 $UV(\lambda)$ 分别为杂质吸收、红外吸收和紫外吸收产生的损耗。

然而,实际使用中的光纤损耗还不得不考虑辐射损耗(又称弯曲损耗),包括两类:一是弯曲半径远大于光纤直径,二是光纤成缆时轴向产生的随机性微弯。定性解释:导模的部分能量在光纤包层中(消失场拖尾)与纤芯中的场一起传输。当发生弯曲时,离中心较远的消失场尾部须以较大的速度行进,以便与纤芯中的场一同前进,由于这是不可能的,因此,这部分场将辐射出去而损耗掉。

3. 单模光纤损耗的测量

测量光纤损耗的常用方法包括插入法和剪断法两种,这里只简单介绍一下原理,有兴趣的同学可以查阅相关技术标准(如 ITU-T G.650～G.655,IEC 60793～1～4(1995),GB 8401～87,GB/T 9771～200X 等)。

插入法的原理很简单,即先使用一根短标准跳线连接光源和功率计之间,记录功率值 P_0,再用待测光纤代替短跳线,测量这种情况下的功率计 P_1,用这两个功率的差($P_1 - P_0$) 除以待测光纤的长度(L),即可得到待测光纤单位长度的损耗值(dB/km)。需要注意的是尽可能保持其他条件不变,光纤位置、弯曲程度、连接头等都尽量保持不变,并且保证光纤中的模式受到均匀的激励,表示如下:

$$\alpha = (P_1 - P_0)/L \,(\text{dB/km}) \tag{5-1-5}$$

剪断法的基本原理是将待测光纤接入光源和功率计之间,然后记录这个时刻的功率值 P_1,再将光纤在离光源耦合端保留大约 20 cm,测量此时的光功率值 P_0,然后再利用上式计算光纤的损耗值。剪断法所用仪器简单,测量结果准确,因而被确定为测量光纤损耗的基准方法,但这种方法是破坏性的,不利于多次重复测量,所以在实际应用中,多采用插入法。

此外,由于瑞利散射光功率与传输光功率成比例。还可以利用与传输光相反方向的瑞利散射光功率来确定光纤损耗,这种方法称为后向散射法,所用的仪器为光时域反射仪(OTDR),这种仪器采用单端输入和输出,不破坏光纤,使用非常方便,OTDR 不仅可以测量光纤损耗系数和光纤长度,还可以测量连接器和接头的损耗,观察光纤沿线的均匀性和确定故障点的位置,是光纤通信系统工程现场不可缺少的工具之一,但其价格也十分昂贵。

本实验采用插入法来测量 G.652 单模光纤的损耗值。

四、实验内容与步骤

图 5-1-2　LD 光源 P_0　　　　　　图 5-1-3　LD 光源＋待测光纤 P_1

1. 损耗测量

第一步　打开光源和光纤功率计的电源开关,并预热 5 分钟。

第二步 选择光纤功率计与待测信号相对应的波长值,λ键是循环按键,即分别在 1 310、1 550 两个波长值之间循环切换。

第三步 选用一根短标准跳线连接光源和光纤功率计(见图5-1-2)。待测定功率显示值稳定后,按一下功率值线性值 W 和对数值 dBm 转换键("W/dBm"),将显示功率改用 dBm 表示,再按一下参考选择键(Ref),即将此时的功率值作为参考值存入,然后按一下清零键/参考设置键(CLR/set)键,此时显示应为 0.00 dB。

第四步 接入待测光纤,读数即为相对值,也是待测光纤的插入损耗,单位为 dB。

第五步 将测得的插入损耗值除以光纤的长度,即为所测光纤在该波长的单位长度的损耗值。

第六步 选择另外一个波长重新测试。

第七步 多次重复2~6步骤,求平均值。

第八步 更换光纤,重复2~7步骤,测量另外光纤的损耗。

2. 光纤扰模衰减测量

第一步 将待测光纤在扰模器上进行盘绕,重复"损耗测量"的步骤4~8。

第二步 记录数据如表5-1-2所示。

第三步 对比两表格数据,分析光纤盘绕对光纤损耗的影响。

五、实验数据与记录

表 5-1-1 光纤损耗测量

序号	1	2	3	平均值
P_0				
P_1				
光纤长度 L				
损耗系数 α_1				

表 5-1-2 光纤扰模衰减测量

序号	1	2	3	平均值
P_0				
P_1				
光纤长度 L				
损耗系数 α_2				

六、注意事项

(1) 测量时,应保证光纤端面整洁。

(2) 激光具有亮度高、指向性强、功率密度大的特点,直视激光及肌肤直接接触激光容易造成安全隐患。

(3) 本系统用户及激光光源附近的人员必须对激光安全知识有充分了解。

（4）功率计不可离待测光纤太远。

七、思考题

（1）还有哪些方法可以测试光纤的损耗？
（2）除了光纤的损耗，光纤还有哪些重要的参数？

5.2　OTDR 测量实验

一、实验目的

（1）了解 OTDR 的基本原理。
（2）了解并掌握 OTDR 的使用方法。
（3）利用 OTDR 测量，具备一定的问题分析能力。

二、实验仪器

OTDR 光时域反射仪、待测光纤。

三、实验原理

使用 OTDR 测试光纤链路，目的是得到光纤的长度、链路损耗、熔接损耗、熔接点和故障点位置等信息。OTDR 测试是通过发射光脉冲到光纤内，然后在 OTDR 端口接收返回的信息来进行。当光脉冲在光纤内传输时，会由于光纤本身的性质、连接器、接合点、弯曲或其他类似的事件而产生散射、反射。其中一部分的散射和反射就会返回到 OTDR 中。返回的有用信息由 OTDR 的探测器来测量，它们就作为光纤内不同位置上的时间或曲线片断[5]。

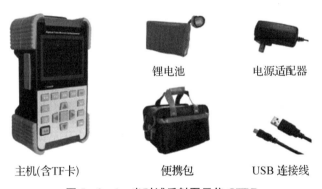

锂电池　　电源适配器

主机（含TF卡）　　便携包　　USB 连接线

图 5‑2‑1　光时域反射图示仪 OTDR

从发射信号到返回信号所用的时间，再确定光在玻璃物质中的速度，就可以计算出距离。以下的公式就说明了 OTDR 是如何测量距离的[6]。

$$d = (c \times t)/2(IOR) \tag{5-2-1}$$

在这个公式里，c 是光在真空中的速度，而 t 是信号发射后到接收到信号（双程）的总时间（两值相乘除以 2 后就是单程的距离）。因为光在玻璃中要比在真空中的速度慢，所以为了精确地测量距离,被测的光纤必须要指明折射率(IOR)。IOR 是由光纤生产商来标明。

OTDR 使用瑞利散射和菲涅尔反射来表征光纤的特性。瑞利散射是由于光信号沿着光纤产生无规律的散射而形成。OTDR 就测量回到 OTDR 端口的一部分散射光。这些背向散射信号就表明了由光纤而导致的衰减(损耗/距离)程度。形成的轨迹是一条向下的曲线,它说明了背向散射的功率不断减小,这是由于经过一段距离的传输后发射和背向散射的信号都有所损耗。

给定了光纤参数后,瑞利散射的功率就可以标明出来,如果波长已知,它就与信号的脉冲宽度成比例:脉冲宽度越长,背向散射功率就越强。瑞利散射的功率还与发射信号的波长有关,波长较短则功率较强。也就是说用 1 310 nm 信号产生的轨迹会比 1 550 nm 信号所产生的轨迹的瑞利背向散射要高。

在高波长区(超过 1 500 nm),瑞利散射会持续减小,但另外一个叫红外线衰减(或吸收)的现象会出现,增加并导致了全部衰减值的增大。因此,1 550 nm 是最低的衰减波长,这也说明了为什么它是作为长距离通信的波长。很自然,这些现象也会影响到 OTDR。作为 1 550 nm 波长的 OTDR,它也具有低的衰减性能,因此,可以进行长距离的测试。而作为高衰减的 1 310 nm 或 1 625 nm 波长,OTDR 的测试距离就必然受到限制,因为测试设备需要在 OTDR 轨迹中测出一个尖峰,而且这个尖峰的尾端会快速地落入到噪音中。

另一方面,菲涅尔反射是离散的反射,它是由整条光纤中的个别点而引起的,这些点是由造成反向系数改变的因素组成,例如玻璃与空气的间隙。在这些点上,会有很强的背向散射光被反射回来。因此,OTDR 就是利用菲涅尔反射的信息来定位连接点,光纤终端或断点。因此,OTDR 的工作原理就类似于一个雷达。它先对光纤发出一个信号,然后观察从某一点上返回来的是什么信息。这个过程会重复地进行,然后将这些结果进行平均并以轨迹的形式来显示,这个轨迹就描绘了在整段光纤内信号的强弱(或光纤的状态)。

1. OTDR 测量过程

用 OTDR 进行光纤测量可分为三步:参数设置、数据获取和曲线分析[7,8]。

(1) 参数设置:

(a) 波长选择(λ):

因不同的波长对应不同的光线特性(包括衰减、微弯等),测试波长一般遵循与系统传输通信波长相对应的原则,即系统开放 1 550 波长,则测试波长为 1 550 nm。

(b) 脉宽(Pulse Width):

脉宽越长,动态测量范围越大,测量距离更长,但在 OTDR 曲线波形中产生的盲区更大;短脉冲注入光平低,但可减小盲区。脉宽周期通常以 *ns* 来表示。

(c) 测量范围(Range):

OTDR 测量范围是指 OTDR 获取数据取样的最大距离,此参数的选择决定了取样分辨率的大小。最佳测量范围为待测光纤长度 1.5~2 倍距离之间。

(d) 平均时间:

由于后向散射光信号极其微弱,一般采用统计平均的方法来提高信噪比,平均时间越长,信噪比越高。例如,3 min 的获得区将比 1 min 的获得区提高 0.8 dB 的动态。但超过 10 min 的获得区,时间对信噪比的改善并不大。一般平均时间不超过 3 min。

（e）光纤参数：

光纤参数的设置包括折射率 n 和后向散射系数 η 的设置。折射率参数与距离测量有关，后向散射系数则影响反射与回波损耗的测量结果。这两个参数通常由光纤生产厂家给出。

参数设置好后，OTDR 即可发送光脉冲并接收由光纤链路散射和反射回来的光，对光电探测器的输出取样，得到 OTDR 曲线，对曲线进行分析即可了解光纤质量。

（2）数据获取：

参数设置好后，按开始键，OTDR 即可发送光脉冲并接收由光纤链路散射和反射回来的光，每隔一定的时间（即取样时间间隔）就对光电探测器的输出取样，所有取样点的连线通过平滑处理构成了该光纤链路的 OTDR 曲线。

（3）曲线分析：

（a）曲线分类：

Ⅰ．盲区

“盲区”又称“死区”，在曲线的最前面，是指受菲涅耳反射的影响，在一定的距离范围内 OTDR 曲线无法反映光纤线路状态的部分。此现象的出现主要是由于光纤链路上菲涅耳反射强信号使得光电探测器饱和，从而需要一定的恢复时间。盲区可发生在 OTDR 面板前的活结头或光纤链路中其他有菲涅耳反射的地方。

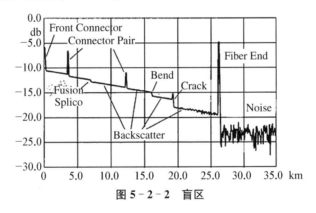

图 5-2-2　盲区

Bellcore 定义了两种盲区：衰减盲区（ADZ）和事件盲区（EDZ）。衰减盲区是指各自的损耗可以分别被测量时的两反射事件间的最小距离，通常衰减盲区是 5～6 倍的脉冲宽度（用距离表示）；事件盲区是指两个反射事件仍可分辨的最小距离，此时到每个事件的距离可测，但每个事件各自的损耗不可测。两种盲区的定义可用图 5-2-3 表示。

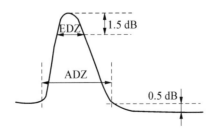

图 5-2-3　衰减盲区（ADZ）与事件盲区（EDZ）的定义（－30 dB 反射）

盲区的大小与脉冲宽度、反身系数、损耗等因素有关。脉宽越短,盲区越小,但短脉冲同时又减小了动态范围,因此,要在盲区和动态范围之间折衷选择脉宽。

Ⅱ. 鬼影:

在 OTDR 曲线上的尖峰有时并不是有真正的连接器或断点引起的菲涅耳反射峰,而是由于离入射端较近且强的反射引起的回音,这种尖峰被称为"鬼影"(一般在曲线中部),如图 5-2-4 所示。入射光脉冲在两个连接器 1,2 之间来回反射,使得在 OTDR 曲线的 G1 处产生一个尖峰(鬼影),图 5-2-4 中终结强反射还可以引起鬼影 G2。有两个特征可用于识别鬼影:曲线上鬼影处未引起明

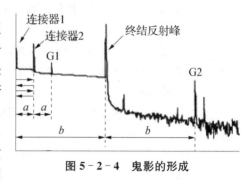

图 5-2-4　鬼影的形成

显损耗;沿着曲线鬼影与始端的距离是强反射事件与始端距离的倍数。

可通过以下方法消除鬼影:在强反射处使用折射率匹配液以减小反射、选择短脉冲宽度以减小注入功率、在强反射之前的光纤中增加衰减。如果引起鬼影的事件位于光纤终结,可绕合适的工具(如铅笔)几圈以衰减反射回始端的光而达到消除鬼影的目的。

Ⅲ. 噪声:曲线的最后为噪声,表现为锯齿形状。

(b) 曲线分析:

大多数现代 OTDR 可进行全自动测量而很少需要用户介入。这种情况下,OTDR 自动探测和测量所有事件、段和光纤终结,并以图形和列表的形式给出测量结果,但有时需要操作者对 OTDR 曲线进行手动分析。距离和段长:距离和光纤段长测量的准确性很大程度上取决于光标的正确置位,精确定位光标时,需扩展窗口,使窗口能显示更多的

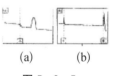

图 5-2-5

细节。测量事件的位置,只需将光标 A 置于事件前缘开始,如图 5-2-5(a)所示;如要测量两事件的距离,则将光标 A、B 分别置于事件前缘开始,如图 5-2-5(b)所示。位置、距离测量的结果将直接显示在屏幕上。

事件损耗:事件损耗包括反射事件和非反射事件损耗的测量。有两种手动测量事件损耗的方法:两点法和 LSA 法。

两点法:置两光标 A、B 于待测事件前、后缘线性电平之上,事件损耗就是这两个光标处后向散射曲线电平之差,如图 5-2-6(a)所示。然而这种方法的准确性受限于曲线平滑度以及使用者正确置位光标能力,如图 5-2-6(b)所示。

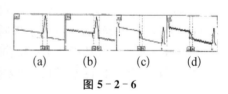

图 5-2-6

LSA 法:置光标 A、B 于待测事件前后缘线性电平之上并尽量靠近待测事件,光标 a、b 于待测事件两边线性电平之上并尽量往两端延伸,但绝对不能包括任何明显的事件,如图 5-2-6(c)所示,仪表通过 LSA(最小二乘近似)法计算出光标 A,a 之间及光标 B、b 之间的 LSA 线,两 LSA 线的延长线在光标 A 上的截距即为该事件的损耗。有些 OTDR 只需将光标 A、B 定位于待测事件前后缘线性电平之上并尽量靠近待测事件,按 LSA 键,仪表自动按照 LSA 法计算出结果。与两点法相比,当曲线含有噪音时,两点法的测量更准确,如图 5-2-6(d)所示。

　　光纤段损耗:手动的光纤段损耗测量也有两种方法:两点法和 LSA 法。其中两点法测量与事件损耗测量相似,两点法用于测量含有明显事件的光纤段(如含有反射和非反射事件的光纤链路)损耗,如图 5-2-7(a)所示。对不含明显事件且多噪音的曲线,两点法则不够准确,如图 5-2-7(b)所示。

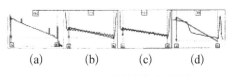

图 5-2-7　光纤段损耗侧量

　　LSA 法是测量不含有明显事件光纤损耗的最好方法,特别适合于含有噪音的曲线,如图 5-2-7(c)所示。与两点法测量事件上损耗一样,LSA 法测量包含有明显事件的光纤段将引起严重的错误,如图 5-2-7(d)所示。

　　反射与光回波损耗:事件的反射 R 是在光纤链路不连续点上反射功率 P_r 与入射功率 P_i 之比。

$$R = 10\lg \frac{P_r}{P_i} (\text{dB}) \tag{5-2-2}$$

　　其值为负。较大的反射在波形曲线上显示为较高的峰。反射大小依赖于连接器、断点和机械连接界面的清洁度、平整度以及折射率差异。理想的光纤/空气界面的反射为 -14 dB,常用的 PC 连接器反射为 -30 至 -50 dB 之间,而 APC 连接器的反射更小,只有 -60 至 -70 dB。测量反射的具体操作各有不同,一般可通过放置一个光标于反射的正前位置,另一个光标置于反射顶,按控制面板上合适的按钮可自动测量反射。

　　光回波损耗(ORL)代表入射光功率 P_i 与从整个光纤链返回的所有反射光功率 P'_r (包括光纤本身后向散射光及所有连接和终结的反射光功率)之比

$$ORL = -10\lg \frac{P'_r}{P_i} \tag{5-2-3}$$

　　对一给定的系统,如果 ORL 过小,则反射回来的光将影响激光器的正常运行,并最终影响探测器对信号的正确解码能力。OTDR 可测量光纤链路总的 ORL,有的 OTDR 还可测量光纤链路任意两点间的 ORL,测量时,只需按相应的键,就能自动显示光标 A、B 间的 ORL。

> 注意:OTDR 详细操作见其操作手册。

四、实验内容与步骤

第一步　利用 OTDR 进行光纤损耗测量实验。
第二步　将待测光纤接入 OTDR,按照 OTDR 操作说明进行各参数测量。
第三步　记录 OTDR 测量的光纤长度 L 及损耗值。

五、实验数据与记录

自行设计表格记录。

六、注意事项

(1) 测量时,应保证光纤端面整洁。

（2）激光具有亮度高、指向性强、功率密度大的特点，直视激光及肌肤直接接触激光容易造成安全隐患。

（3）本系统用户及激光光源附近的人员必须对激光安全知识有充分了解。

七、思考题

（1）OTDR还可以用于测量光纤的什么参数？

（2）OTDR的不足和优点在于何处？

5.3 光无源器件衰减损耗测量实验

一、实验目的

（1）了解光纤衰减器的工作原理及基本结构。

（2）熟悉光纤衰减器在光通信系统中的应用。

二、实验装置

待测光纤、LD光源、光衰减器、光功率计、光纤跳线。

三、实验原理

光衰减器是用来在光纤线路中产生可以控制的衰减的一种无源器件[9,10]。在许多实验或者产品测试中，可能需要测量高功率光信号特性，如果功率过高，比如光放大器的强输出，则测量前，信号需要经过精确衰减，这样做是为了避免仪器损坏或者测量的过载失真。例如在短距离小系统光纤通信中，光衰减器用来防止到达光端机的光功率过大而溢出接收动态范围；在光纤测试系统中，则可用衰减器来取代一段长光纤以模拟长距离传输情形。

图5-3-1 普通的固定衰减器外形

目前，作为衰减器的衰减原理有很多：电光、声光、磁光、液晶、偏振、空间光栏、衰减片、MEMS等原理都能实现衰减原理，但真正在系统中使用的绝大多数却是一种原理非常简单、成本低廉的衰减器，它的外形和光纤法兰盘一模一样，应用的原理是两根光纤的间隙大小不同插损不同，目前这种衰减器的缺点是回损差，精确度偏差，对于高精度要求不足，但由于低廉的成本和适合批量生产，所以目前占有绝对市场，具体外形如图5-3-1所示。

这种衰减器使用的原理是当两根光纤端面间距和角度不同情况下相对时，引入的插损如下式：

$$L_{SMeff} = -10\log\left[\frac{64n_1^2 n_3^2 \sigma}{(n_1+n_3)^4 q}\exp\left(-\frac{\rho u}{q}\right)\right] \qquad (5-3-1)$$

其中，

$$\begin{cases}\rho=(kW_1)^2\\u=(\sigma+1)F^2+2\sigma FG\sin\theta+\sigma(G^2+\sigma+1)\sin^2\theta\\q=G^2+(\sigma+1)^2\\F=d/(kW_1^2)\\G=s/(kW_1^2)\\\sigma=(W_2/W_1)^2\\k=2\pi n_3/\lambda\end{cases}\qquad(5-3-2)$$

n_1：是光纤纤芯的折射率；n_3：光纤端面间的介质折射率；λ：光源的波长；d：横向偏移；s：纵向偏移；θ：对准误差角度；W_1：$1/e$ 发送光纤的模场直径；W_2：$1/e$ 接收光纤的模场直径。实现的办法是在套管中加一个固定厚度的环（固定衰减器），造成两个端面（ferrule）之间的距离 d 固定，而公式 5-3-1 中，如果 d 不同，则在光路中将会引入一个固定的插损（衰减量）。

 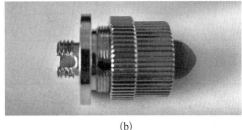

(a) (b)

图 5-3-2　一种间距可调原理的可变衰减器

利用这个方案还可以做可变衰减器（仅仅是可变衰减器诸多方案中的一种，其他的衰减器原理也基本都可以做成可变衰减的，分手动、电控、数字等控制方式），如图 5-3-2(a)所示，中间的定位销可以在划槽中前后移动，这样两个光纤端面就可以得到不同的间距了，固定螺母可以在前后夹住定位销，使得定位销固定在某个位置（如图 5-3-2(b)），这样就得到了某个损耗的固定衰减，从而形成一个简易的可调衰减器，这种衰减器在回损要求不高的系统中广泛使用。

光通信的发展，对光衰减器性能的要求是插入损耗低、回波损耗高、分辨率线性度和重复性好、衰减量可调范围大、衰减精度高、器件体积小、环境性能好。

衰减量和插入损耗是光衰减器的重要技术指标[11-13]。固定光衰减器的重要指标实际上就是其插入损耗（实际中还需要注意波段，不同波长的衰减器是不能通用的，例如 1 310 nm 的 5 dB 衰减器在 1 550 nm 的光路里就不是 5 dB 的衰减），而可变光衰减器除了衰减量外，还有单独的插入损耗指标要求。高质量可变光衰减器的插入损耗在 1.0 dB 以下。一般情况下，普通可变光衰减器的该项指标小于 3.0 dB 即可使用。

图 5-3-3　耦合器插入损耗测试原理示意图

四、实验内容与步骤

第一步　将固定法兰式衰减器接入进行光纤损耗测量实验。
第二步　将可调法兰式衰减器接入进行光纤损耗测量实验。
第三步　耦合器输出光入射至光功率计。
第四步　改变输入波长,重复实验。

五、实验数据与记录

利用耦合器测试实验的过程,自行设计如何测量 FC 适配器、法兰式固定衰减器及法兰式可变衰减器的衰减值(插损),并确定其对应的波长。

（1）FC 适配器

序号	1	2	3	平均值
1 310 nm(dB)				
1 550 nm(dB)				

（2）固定法兰式衰减器

序号	1	2	3	平均值
1 310 nm(dB)				
1 550 nm(dB)				

（3）可调法兰式衰减器：　Max IL：＿＿＿＿dB, Min IL：＿＿＿＿dB

六、注意事项

（1）实验中,严禁用手直接接触光纤端面,此做法将直接导致测量结果的不准确或者光纤端面的损坏。

（2）可调结构件的旋转应该用适当力度缓慢调节,调节过快或用力过猛可能造成精密结构件的永久性损坏或者调节精度降低。

（3）测量时,应保证光纤端面整洁。

（4）激光具有亮度高、指向性强、功率密度大的特点,直视激光及肌肤直接接触激光容易造成安全隐患。

（5）本系统用户及激光光源附近的人员必须对激光安全知识有充分了解。

七、思考题

利用耦合器测试实验的过程,自行设计如何测量 FC 适配器、法兰式固定衰减器及法兰式可变衰减器的衰减值(插损),并确定其对应的波长。

5.4 光纤纤端光强分布测试实验

一、实验目的

(1) 定性了解光纤纤端光场的分布,掌握其测量方法、步骤及计算方法。

(2) 定性和定量掌握光纤传光特性,掌握光纤传感的基础知识。

二、实验仪器

(1) 光纤传感综合实验系统 1 套;

(2) 2♯叠插头对若干。

三、实验原理

对于多模光纤,光纤纤端出射光场分布理论公式由下式给出[14]:

$$\Phi(\vec{r},z)=\frac{I_0}{\pi\sigma^2 a_0^2\left[1+\xi\,(z/a_0)^{3/2}\tan\theta_c\right]^2}\cdot\exp\left\{\frac{-r^2}{\sigma^2 a_0^2\left[1+\xi\,(z/a_0)^{3/2}\tan\theta_c\right]^2}\right\}$$

$$(5-4-1)$$

式中 I_0 为由光源耦合入发送光纤中的光强;$\Phi(\vec{r},z)$ 为纤端光场中位置 $(\vec{r},z)$ 处的光通量密度;a_0 为光纤纤芯半径;σ 为一表征光纤折射率分布的相关参数,实际使用过程中,对于渐变折射率光纤有时取 $\sigma=2^{-1/2}$,对于突变折射率分布的光纤通常取 $\sigma=1$;θ_c 为光纤的最大出射角;ξ 为与光源种类及光源和光纤耦合情况有关的调制参数。

如果将同种光纤置于发送光纤纤端出射光场中作为探测接收器时,所接收到的光强可表示为[14]:

$$I(\vec{r},z)=\iint_S\Phi(\vec{r},z)=\iint_S\frac{I_0}{\pi\omega^2(z)}\cdot\exp\left[\frac{-r^2}{\omega^2(z)}\right]$$

$$(5-4-2)$$

式中:

$$\omega(z)=\sigma a_0\left[1+\xi\left(\frac{z}{a_0}\right)^{3/2}\tan\theta_c\right]$$

$$(5-4-3)$$

这里,S 为接收光面,即纤芯面。

在纤端出射光场的远场区,为了简化计算,可用接收光纤端面中心点处的光强来作为整个纤芯面上的平均光强,在这种近似下,得到在接收光纤终端所探测到的光强公式为[14]:

$$I(\vec{r},z)=\frac{SI_0}{\pi\omega^2(z)}\cdot\exp\left\{\frac{-r^2}{\omega^2(z)}\right\}$$

$$(5-4-4)$$

四、实验内容与步骤

1. 实验内容

(1) 测量光纤纤端光场分布(径向),绘制光纤纤端光强分布曲线(径向)。

(2) 测量光纤纤端光场分布(轴向),绘制光纤纤端光强分布曲线(轴向)。

2. 实验步骤

第一步 调节纤端的定位螺母,使光纤端面位置合适,以便更好地测试轴向或径向光场分布。

第二步 准直实验组件,适当调节光源,记下此时的输出电压值和横向调节杆的读数。

第三步 保持光源不变,调节横向调节杆,每 0.5 mm 记录调节杆的读数和对应的输出电压值。

第四步 绘制输出信号的大小随横向调节距离变化的特性曲线。

第五步 改变光源输出,重复第三步、第四步。

第六步 关闭电源,还原实验器材。

五、实验数据与处理

表 5-4-1 径向纤端光场分布测试

纵向调节读数(mm)								
输出电压值(mV)								
纵向调节读数(mm)								
输出电压值(mV)								

表 5-4-2 轴向光场分布测试记录表

调节杆读数(mm)								
输出电压值(mV)								

六、注意事项

(1) 实验中,严禁用手直接接触光纤端面,此做法将直接导致测量结果的不准确或者光纤端面的损坏。

(2) 可调结构件的旋转应该用适当力度缓慢调节,调节过快或用力过猛可能造成精密结构件的永久性损坏或者调节精度降低。

(3) 电位器的旋转应该力度适中,使用蛮力操作可能造成电位器不可逆转的损坏。

(4) 为方便更换,所有 IC 器件均设有 IC 插座,但严禁在通电状态下拔插 IC 器件,此操作可能造成器件的损毁或实验箱的整体损坏。

(5) 本实验仪器含光敏感器件,实验过程中不要随意晃动,尽量减少外界光源对本实验设备的干扰,有条件的话,可以在暗室使用本实验设备,效果更好。

(6) 实验开始,首先必须进行调零处理,同时,实验过程中应尽量避免触动光纤等光器件,以免对实验数据的准确性造成不必要的影响。

（7）一旦发生意外事故或者实验中出现可能对人体或者实验设备造成伤害或损毁的异常时,应立即切断电源,并如实向指导老师汇报情况。待故障排除之后方可继续进行实验。

七、思考题

分析轴向和径向光强分布曲线,说明光强分布规律。

5.5 　利用光纤位移传感器实验

一、实验目的

（1）进一步培养学生对传感器实验系统的认识。
（2）定量分析对射式光纤位移传感器光强随位移变化的函数关系。
（3）了解利用反射式光纤传感器测量位移的方法。
（4）探索利用光纤传感器测量位移的其他方法。

二、实验仪器

（1）光纤传感综合实验系统 1 套；
（2）2♯叠插头对若干；
（3）对射式光纤位移传感器 1 个；
（4）透射式光纤位移传感器 1 个；
（4）反射镜 1 个。

三、实验原理

对于多模光纤,光纤纤端出射光场分布理论公式（5-5-1）由下式给出[14]：

$$\Phi(\vec{r},z)=\frac{I_0}{\pi\sigma^2 a_0^2\left[1+\xi\left(z/a_0\right)^{3/2}\tan\theta_c\right]^2}\cdot\exp\left\{\frac{-r^2}{\sigma^2 a_0^2\left[1+\xi\left(z/a_0\right)^{3/2}\tan\theta_c\right]^2}\right\}$$

$$(5-5-1)$$

式中 I_0 为由光源耦合入发送光纤中的光强；$\Phi(\vec{r},z)$ 为纤端光场中位置 $(\vec{r},z)$ 处的光通量密度；a_0 为光纤纤芯半径；σ 为一表征光纤折射率分布的相关参数,实际使用过程中,对于渐变折射率光纤有时取 $\sigma=2^{-1/2}$,对于突变折射率分布的光纤通常取 $\sigma=1$；θ_c 为光纤的最大出射角；ξ 为与光源种类及光源和光纤耦合情况有关的调制参数。

如果将同种光纤置于发送光纤纤端出射光场中作为探测接收器时,所接收到的光强可表示为：

$$I(\vec{r},z)=\iint\limits_{S}\Phi(\vec{r},z)=\iint\limits_{S}\frac{I_0}{\pi\omega^2(z)}\cdot\exp\left[\frac{-r^2}{\omega^2(z)}\right] \qquad (5-5-2)$$

式中：

$$\omega(z) = \sigma a_0 \left[1 + \xi \left(\frac{z}{a_0} \right)^{3/2} \tan\theta_c \right] \qquad (5-5-3)$$

这里，S 为接收光面，即纤芯面。

在纤端出射光场的远场区，为简便计算，可用接收光纤端面中心点处的光强来作为整个纤芯面上的平均光强，在这种近似下，得到在接收光纤终端所探测到的光强公式为[14]：

$$I(\vec{r}, z) = \frac{SI_0}{\pi\omega^2(z)} \cdot \exp\left\{ \frac{-r^2}{\omega^2(z)} \right\} \qquad (5-5-4)$$

上述利用对射式光纤位移传感器[15]测量物体位移的原理和方法，仔细分析会发现，对射式测量位移的方法有一定的局限性，它要求运动物体必须携带发射或者接收光纤，这在实际的位移测量中往往是做不到的，比如要测量从眼前开过的汽车或者火车的速度的时候，我们就无法用对射式来完成。

那么是不是说光纤位移传感器的应用就限制在这里，无法超越呢？回答是否定的，人们总能发现一些新的方法或方式来解决这个问题。我们能不能把光纤位移传感器的装置稍做改进来解决这个问题呢？在《传感器》的课程中我们学习过最基础的应变桥电路，利用两个相同应变片放在电桥的不同位置，从而实现输出结果的 2 倍放大的效果。那么我们对光纤位移传感器的应用也可以从这个方向出发。上面说的光纤位移传感器的局限性其实最根本的是由于光线的直线传播。相信很多人小时候都玩过用镜子反射太阳光的游戏，同样，如果我们将光纤发射的光线通过物体反射到接收光纤上，那么发射光纤和接收光纤就可以不用随被测物体运动而完成测量任务。

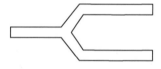

图 5-5-1　反射式光纤位移
传感器示意图

现在人们将发射光纤和接收光纤做在同一根光纤上，做成反射式光纤位移传感器[16]，如图 5-5-1 所示。它将发射纤芯与接收纤芯用一个包层包裹，在另一端，将二者分开，再用两个包层包裹，分成发射和接收光纤。

四、实验内容与步骤

1. 实验内容

（1）测量对射式光纤位移传感器光强随位移变化的函数关系。
（2）利用读图法测量物体位移，验证实验曲线。
（3）测量反射式光纤位移传感器光强随位移变化的函数关系。
（4）利用读图法测量物体位移，验证实验曲线。

2. 实验步骤

第一步　调节发射光纤和接收光纤在组件上的位置。
第二步　准直实验系统。
第三步　调节横向调节杆，使发射和接收光纤的纤端刚好接近，注意不要过于靠近，以免损坏光纤纤端。
第四步　调节横向调节杆，观察电压表读数，每 0.1 mm 记录一组数据到表 5-5-1 中

（表格需扩展）。

第五步　在坐标纸上绘制光强随位移变化的曲线，并分析其规律。

第六步　关闭电源，还原实验设备。

五、实验数据与记录

表 5 - 5 - 1　对射式光纤光强随位移变化测试记录

横向位移(mm)							
电压表读数(mV)							
横向位移(mm)							
电压表读数(mV)							

表 5 - 5 - 2　反射式光纤光强随位移变化测试记录

调节杆读数(mm)							
电压表读数(mV)							

六、注意事项

（1）实验中，严禁用手直接接触光纤端面，此做法将直接导致测量结果的不准确或者光纤端面的损坏。

（2）可调结构件的旋转应该用适当力度缓慢调节，调节过快或用力过猛可能造成精密结构件的永久性损坏或者调节精度降低。

（3）电位器的旋转应该力度适中，使用蛮力操作可能造成电位器不可逆转的损坏。

（4）为方便更换，所有 IC 器件均设有 IC 插座，但严禁在通电状态下拔插 IC 器件，此操作可能造成器件的损毁或实验箱的整体损坏。

（5）本实验仪器含光敏感器件，实验过程中不要随意晃动，尽量减少外界光源对本实验设备的干扰，有条件的话，可以在暗室使用本实验设备，效果更好。

（6）实验开始，首先必须进行调零处理，同时，实验过程中应尽量避免触动光纤等光器件，以免对实验数据的准确性造成不必要的影响。

（7）一旦发生意外事故或者实验中出现可能对人体或者实验设备造成伤害或损毁的异常时，应立即切断电源，并如实向指导老师汇报情况，待故障排除之后方可继续进行实验。

七、思考题

（1）完成实验后，可以调节横向调节杆到某一位置，用读图法读出该位移的理论值，并与实际的读数相比较，有差异吗？若不一致，请问是什么所导致？

（2）同样条件下，反射式光纤位移传感器和对射式光纤位移传感器的精度哪个更高？为什么？

5.6 光纤微弯测量实验

一、实验目的

(1) 探讨光纤微弯传感器的原理。
(2) 培养学生独立思考的能力和创新思维的能力。

二、实验仪器

我们想利用光纤微弯传感器[17,18]测量位移。发射和接收装置,我们的实验箱上面都有,这里要做的就是设计使光纤变形的结构以及位移结构。

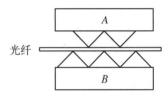

图 5-6-1 光纤微弯测量实验装置设计图

初步设计的变形结构如图 5-6-1 所示:

物体 A 与 B 带有齿状结构,随着 A 与 B 的位置的靠近,光纤的形变也随之变大,输出光的强度也随之变小,从而完成光纤微弯测量位移的过程。

三、实验原理

无论是什么类别的传感器实验,最终的结果是要检测出信号的变化量的大小,并以此来衡量被测量的大小,光纤传感器也是如此。通过前面的实验,我们知道了光纤传输过程中影响光敏器件接收信号强弱的几个因素,主要是:

(1) 发射与接收光纤之间的距离大小将直接影响接收光敏三极管输出信号的大小;

(2) 发射与接收光纤的准直程度,或者说二者的角度,直接影响接收光敏三极管输出信号的大小;

(3) 发射光纤信号的强弱,将直接影响接收光敏三极管输出信号的大小;

(4) 发射与接收光纤之间的传输介质的不同对光敏三极管输出信号的大小有影响;

(5) 光纤本身的传光性能的强弱将导致输出信号的大小不同,当然,对于同一根光纤而言,其传光性能一般是不变的;

(6) 相对上面第五点而言,如果光纤本身的传光性能发生改变,则输出信号肯定发生改变。

这里,光纤微弯传感器原理主要是上面说的第六点,即光纤本身发生形变之后,输出信号的大小发生改变,经过标定之后,用输出信号变化的大小来表示光纤形变的大小。下面我们就讨论光纤形变导致传光性能变化的原理[19]。

一般正常情况下,由于光纤和包层的材质的不同,在一根直的光纤里面光线 a 发生全反射的光路示意图如图 5-6-2 所示。

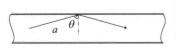

图 5-6-2 全反射光路示意图

图 5-6-2 中的 θ 角是光线 a 在当前光纤中的临界角,当由于某种原因导致光纤发生弯曲,而导致光线 a 与光纤和包层的临界面的夹角减小,从而使光线的全反射变成了部分反射、部分折射入包层,进入包层的部分就是损失的部分,

如图 5 - 6 - 3 所示。

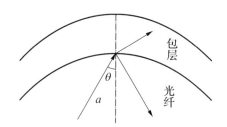

图 5 - 6 - 3　光纤弯曲后光路图(包层折射率小于光纤)

这样原光线 a 实际传出的能量就会小于原能量。随着弯曲量的大小变化,折射的能量大小也会不同,这样,传出的能量大小也就有变化。弯曲越大,传出的光能量越小。

如果这个弯曲是人为造成的,即我们利用外界对光纤造成的弯曲来测量外部变量,比如压力、位移等,那么经过一定的标定过程之后,利用光纤的微弯来测量这些变量就变得可行了。

四、实验内容与步骤

第一步　将光纤微弯的结构的发射和接收光纤分别接到光源和接收端。

第二步　调整实验组件,适当调节光源,记下光纤无形变的时候的读数。

第三步　调节螺旋测微器,改变光纤形变,每 0.1 mm 记录一组调节杆上刻度和电压表的读数,填入表 5 - 6 - 1。

第四步　在坐标纸上绘制光纤形变位移与电压值变化的曲线,并分析曲线的特点及原因。

第五步　关闭电源,还原实验器材。

五、实验数据与处理

表 5 - 6 - 1

调节杆读数(mm)								
电压表读数(mV)								

六、注意事项

(1) 实验中,严禁用手直接接触光纤端面,此做法将直接导致测量结果的不准确或者光纤端面的损坏。

(2) 可调结构件的旋转应该用适当力度缓慢调节,调节过快或用力过猛可能造成精密结构件的永久性损坏或者调节精度降低。

(3) 电位器的旋转应该力度适中,使用蛮力操作可能造成电位器不可逆转的损坏。

(4) 为方便更换,所有 IC 器件均设有 IC 插座,但严禁在通电状态下拔插 IC 器件,此操作可能造成器件的损毁或实验箱的整体损坏。

(5) 本实验仪器含光敏感器件,实验过程中不要随意晃动,尽量减少外界光源对本实验设备的干扰,有条件的话,可以在暗室使用本实验设备,效果更好。

(6) 实验开始,首先必须进行调零处理,同时,实验过程中应尽量避免触动光纤等光器件,以免对实验数据的准确性造成不必要的影响。

(7) 一旦发生意外事故或者实验中出现可能对人体或者实验设备造成伤害或损毁的异常时,应立即切断电源,并如实向指导老师汇报情况。待故障排除之后方可继续进行实验。

七、思考题

完成实验后,可以调节横向调节杆到某一位置,用读图法读出该位移的理论值,并与实际的读数相比较,有差异吗? 若不一致,请问是什么所导致?

5.7 光纤端面处理、耦合及熔接实验

一、实验目的

(1) 掌握光纤头平端面的处理技术。

(2) 掌握光纤之间的耦合、调试技术,了解光纤横向和纵向偏差对光纤耦合损耗的影响。

(3) 掌握光纤熔接的基本技术。

二、实验仪器

需要用到的工具:熔接机;切割刀;米勒钳;酒精棉;剪刀;跳线;热缩套管。

(1) 光纤熔接机 1 台;

(2) 光纤切割刀 1 台;

(3) 光纤剥皮钳 1 把;

(4) 裸光纤 1 米;

(5) 裸纤适配器 2 个;

(6) 1 310/1 550 稳定光源 1 个;

(7) 光功率计 1 个;

(8) 单模光跳线 1 根。

三、实验原理

光纤端面[20]的处理是一项基本技术,其形式有两种:平面光纤头和微透镜光纤头。前

者多用于各种光无源器件与光纤之间的接续。后者主要用于光纤与光源、光探测器之间的耦合。光纤端面处理质量的好坏直接影响到接续后的光纤损耗和光纤与光源或光探测器的耦合效率。因此,这项实验是其他后续实验的基础,直接影响到后续其他实验的实验效果。

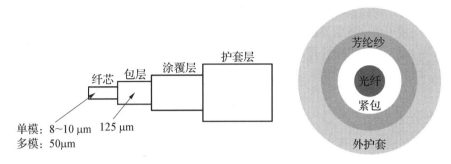

图 5-7-1　光纤截面结构图

光纤端面处理的基本步骤为:(1) 光纤涂覆层的剥除;(2) 光纤头的制备;(3) 光纤头的检验。

1. 涂覆层的剥除

一般光纤的结构是由四层组成,即纤芯、包层、涂覆层和套塑层。真正的光传输介质是纤芯层和包层,涂覆层和套塑层只是起保护作用。因此,在制备光纤头之前,需要剥除光纤的套塑层和涂覆层,使光纤的包层裸露出来。

剥除方法一种是用刀片切削,使光纤头与刀口之间成一个小的角度。用左手拇指将光纤头压在刀口上,右手拉动光纤即可剥除套塑层。但是这种方法要求有一定的技巧,不能用力过猛,将包层和纤芯损伤。

另一种比较简便的方法是将光纤头在塑料溶剂中浸泡几分钟,然后用脱脂棉擦除套塑层。涂覆层也可以类似剥除,但必须用脱脂棉蘸乙醇-乙醚的混合溶液将光纤头清洗干净。另外,现在也有专用的剥除工具。

2. 光纤头的制备

对于平面光纤头的基本要求是光纤端面应该是一个平整的镜面而且必须与光纤的纤轴垂直。对于石英材质的光纤,制备平面光纤头常用的方法有:加热法、切割法和研磨法[20]。

"加热法"是一种原始但是简单的方法,适合于直径 100 μm 以上的粗光纤。将已剥除涂覆层的光纤头在热源上均匀加热,然后迅即用镊子夹持弯曲折断即可。此种方法是利用光纤受局部加热产生的应力突变,使其沿径向解离,但是成功率比较低。需要一定经验才可制备较好的光纤头。

"切割法"是一种现在普遍使用而且方便的方法。使用钻石或金刚石的特殊材质制成的光纤切割刀在已处理过的光纤头侧面垂直于纤轴划出一道小口,然后加弯曲应力拉动光纤使其沿切口断面折断。

由于"加热法"和"切割法"处理不能保证与光纤端面纤轴垂直。"研磨法"则是一种更为精密的光纤端面制备技术,其可以达到很高的精度,使光纤端面更接近于理想镜面。一般光纤端面与光纤纤轴的倾斜角度在几十秒以下。但是此种方法难度较高,涉及极为复杂的光学加工技术。

3. 光纤头质量的检验

光纤微透镜[21]质量的好坏可依据其与 LD 耦合时的损耗来判定。

检验平面光纤端面的最好办法就是向光纤注入 He‑Ne 光,观察由光纤输出的光斑质量。一个好的光纤端面其输出光斑应该是圆对称的,边缘清晰且与光纤轴线方向垂直。如果光纤端面质量不高,则光斑就会发生散射或倾斜。如果条件允许,还可以采用更精密的检测方法,用高倍率显微镜进行检验。首先正面观察光纤端面,应该是均匀、无裂痕、圆周轮廓清晰。然后侧面观察光纤,其端部边缘应齐整、无凹陷或尖辟,且边缘与光纤轴线垂直。

4. 光纤的连接

光纤的连接质量,损耗的大小直接关系到光传输的性能。光纤的连接方式有固定连接和活动连接两种方式[22]。光纤的固定连接按照标准,多模光纤的接续损耗应小于 0.1～0.2 dB,单模光纤的接续损耗应小于 0.05～0.1 dB。在光纤的固定连接中造成连接损耗的原因有:

(1) 两光纤的纤轴错位;

(2) 两光纤的芯径不同;

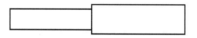

(3) 两光纤的数值孔径不同;

(4) 两光纤因折射率不同造成的场分布差异;

(5) 两光纤角向位移;

(6) 两光纤包层与纤芯不同造成的纤芯轴错位。

光纤的连接有两种方法:V 型槽法和电弧熔接。V 型槽法连接质量不高,现在一般采用光纤熔接机接续,接续方法在实验步骤中介绍。

5. 光纤熔接质量测试

用光功率计直接测试 LD 激光二极管输出的光功率,记为 P_1;再将 LD 激光二极管的输出端通过熔接好的光纤接到光功率计上,测得此时的光功率值记为 P_2,最后根据公式计算焊点损耗[22]:

$$\alpha = -10\log(P_2/P_1) \qquad (5-7-1)$$

四、实验内容

(1) 光纤端面处理基本操作实验;

（2）光纤耦合技术基本操作实验；

（3）光纤熔接技术基本操作实验；

（4）光功率耗损法对光纤熔接质量测试。

五、实验步骤

1. 光纤熔接操作实验（详细操作可见操作视频）

第一步　工具准备：熔接机；切割刀；米勒钳；酒精棉；光纤；热缩套管。

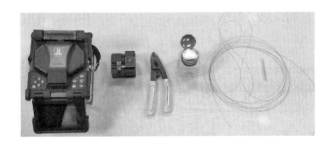

第二步　轻轻按住光纤熔接机开关机键，开机指示灯亮后松手。

第三步　在确认热缩套管内无脏物后，将光纤穿入热缩套管。

第四步　用米勒钳剥除光纤涂覆层，长度 4 cm。

第五步　用酒精棉清洁光纤表面 3 次，达到无附着物状态。

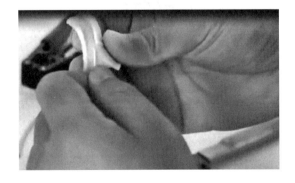

第六步　将干净的光纤放入切割刀的导向槽，涂覆层的前端对齐切割刀刻度尺 16 mm 到 12 mm 之间的位置。

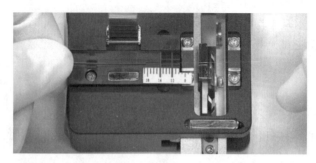

第七步　将切割好的两根光纤分别放入熔接机的夹具内。安放时不要碰到光纤端面，并保持光纤端面在电极棒和 V 型槽之间。

第八步　盖上防风罩，开始熔接。

第九步　掀开防风罩，依次打开左右夹具压板，取出光纤。

第十步　然后将热缩套管移动到熔接点，并确保热缩套管两端包住光纤涂覆层。

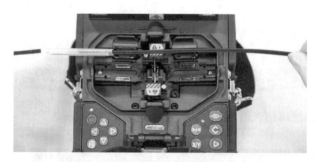

第十一步　将套上热缩套管的光纤放入加热器内，然后盖上加热器盖板，同时加热指示灯点亮，机器将自动开始加热热缩套管。

第十二步　当加热指示灯熄灭，热缩完成。掀开加热器盖板，取出光纤，放入冷却托盘。

2. 光功率耗损法对光纤熔接质量测试

光纤熔接质量测试[22]。光纤熔接完成后，若光纤熔接机没有测试连接损耗的功能，则还需要用其他方式测试其连接损耗，以确定熔接的质量。其测试的原理框图如图 5-7-2 所示。

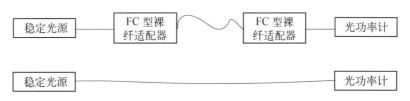

图 5-7-2　带 FC 型接口光跳线连接损耗测试方框图

用光功率计直接测试 LD 激光二极管输出的光功率,记为 P_1;再将 LD 激光二极管的输出端通过熔接好的光纤接到光功率计上,测得此时得光功率值记为 P_2;最后根据公式计算焊点损耗:

$$\alpha = -10\log(P_2/P_1) \tag{5-7-2}$$

六、注意事项

(1) 实验操作之前,请详细阅读光纤熔接机使用说明书。

(2) 学生请严格按照实验指导老师的要求进行操作,以免造成不必要的损失。

(3) 注意节约使用裸光纤。

七、思考题

(1) 光纤的纵向与横向偏差哪种对光纤耦合效率的影响大? 结合实验谈谈感性认识,并作理论解释。

(2) 就本实验而言,以上测得的焊点损耗是否就是焊点的实际耗损?

5.8　光纤光栅传感实验

一、实验目的

(1) 了解光纤光栅解调的原理;

(2) 了解光纤光栅传感的基本原理;

(3) 掌握利用光纤光栅传感器测量位移、温度、振动。

二、实验仪器

光纤光栅传感器、光纤光栅解调仪、激振器、功率放大器、信号源。

1. 光纤光栅解调仪介绍

实验所用的光纤光栅解调仪为 TFBGD-210 光纤光栅解调仪,该解调仪是一款便携式解调仪,内部使用激光光源,光源波长范围为 1 510~1 590 nm,光功率输出具有强度高且稳定的优点;界面操作简易灵活,可以显示光栅光谱。该解调仪有 2 个独立光学通道,波长扫描频率可达到 100 Hz,波长分辨率为 1 pm;该解调仪可以独立进行测量,也可以用以太网同计算机进行通信。

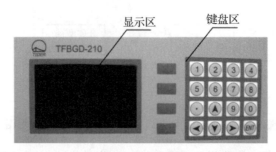

图 5-8-1　光纤光栅解调仪操作界面示意图

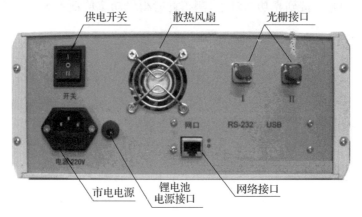

图 5-8-2　光纤光栅解调仪背面结构图

解调仪与计算机通信时,其操作程序用 LabView 编写,其最高数据采集频率为 100 Hz,可以对两个光学通道的六个光栅的数据实现同时采集和存储,也可以实现单个光学通道上的多个光纤光栅的数据采集和存储。

2. 光纤光栅传感实验系统

悬臂梁的结构如图 5-8-3 所示,x 为光纤光栅与悬臂梁的固定端的距离。L 为悬臂梁主梁梁长,x_0 为光纤光栅固定端的距离,a 为悬臂梁主梁厚度,b 为悬臂梁主梁宽度。悬臂梁自由端受到外界作用力时,会发生偏移,当悬臂梁偏离平衡位置的位移不太大时,可看作自由端在垂直于悬臂梁轴向的方向上的位移[23]。

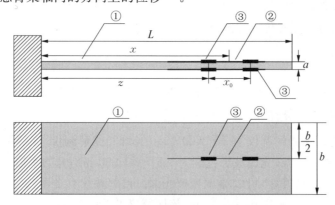

① 主梁;② 光纤布拉格光栅;③ 光纤光栅固定端。

图 5-8-3　悬臂梁结构示意图

图 5‑8‑4　光纤光栅传感器结构图

通过对自由端偏离平衡位置的距离测量,可以制作出压力、位移、振动传感器,实现对相关参数的测量。

三、实验原理

Hill 等人在 1978 年用氩离子激光器在锗硅光纤上用驻波持续曝光制作成第一个光纤布拉格光栅[24],引起了很多学者对其研究和应用的广泛关注,由于光纤光栅的写入技术不成熟,光纤光栅的应用受到了很大的限制。1993 年,Hill 等人提出了紫外光垂直照射相位模板形成的衍射条纹曝光氢载光纤写入光纤布拉格光栅的相位掩模法,使得光纤光栅真正走向实用化和产业化。

光纤布拉格光栅在传感领域具有非常广泛的应用,可以用于应变、温度、压力、加速度、强磁场、力等的准分布式测量[2]。相比其传统的传感器,光纤布拉格光栅传感器具有很多优点:

第一,光纤布拉格光栅传感器是通过探测光纤光栅的中心波长的漂移量来测量被测量的变化的,其对光源的光强的变化不敏感,也不受光纤结合部分产生的光强损失的影响,因此可以用光纤布拉格光栅传感器实现一种绝对测量的方法。

第二,光纤布拉格光栅的结构较小,可以适应于一些要求传感器传感探头尺寸比较小的场合。例如有机体温度的分布、建筑物的应力分布等等。

第三,光纤布拉格光栅是一种光无源器件,能避免电磁干扰,电绝缘性能好,可以适用于一些要求不能用电参量测量的场合,例如油库等。

第四,光纤布拉格光栅制作比较方便,只需对纤芯的折射率分布做些改变就能得到不同参数的光纤布拉格光栅;制作成本较低,可以大规模地生产。

第五,光纤布拉格光栅传感器具有很高的精度和灵敏度。

第六,光纤布拉格光栅可以采用波分复用技术、空分复用技术、时分复用技术等,从而使光纤布拉格光栅可以方便地应用于准分布式传感系统中。

1. 光纤光栅的光学特性

光纤光栅是一种参数周期性变化的波导,其纵向折射率的变化将引起不同光波模式之间的耦合,并且可以通过将一个光纤模式的功率部分或完全地转移到另一个光纤模式中去来改变入射光的频谱,在光纤布拉格光栅中,纤芯中的入射基模被耦合到反向传输模中,这

依赖于由光栅及不同传输常数决定的相位条件[25],即

$$K = \beta_1 - \beta_2 = 2\pi/\Lambda \qquad (5-8-1)$$

式中,Λ 是由模式 1 耦合到模式 2 所需的光栅周期,β_1,β_2 分别是模式 1 和模式 2 的传输常数。

光纤布拉格光栅的光栅周期很小($\Lambda < 1\ \mu m$),其结构示意图如图 5-8-5 所示。

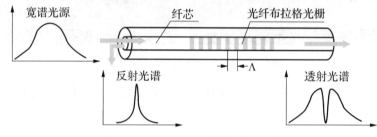

图 5-8-5　Bragg 光栅结构示意图

若要将正向传播导波模式耦合到反向传播导波模式,从前面给的相位匹配条件可得:

$$2\pi/\Lambda = \beta_1 - \beta_2 = \beta_{01} - (-\beta_{01}) = 2\beta_{01} \qquad (5-8-2)$$

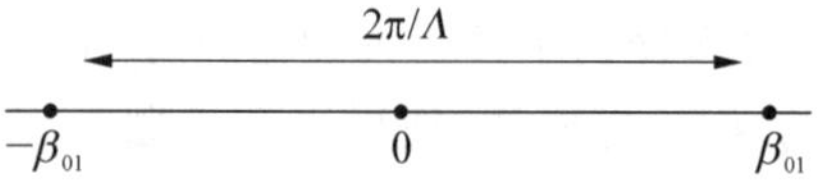

图 5-8-6　FBG 的相位匹配条件

光纤布拉格光栅的基本特性就是一个反射式光学滤波器,如图 5-8-6 所示,反射峰值波长称为布拉格波长,满足:

$$\lambda_B = 2n_{\mathrm{eff}}\Lambda \qquad (5-8-3)$$

式中,λ_B 为光纤布拉格光栅的中心波长,n_{eff} 为光纤纤芯的有效折射率。

光纤光栅因其体积小、质量轻、易制作、能埋入人工结构、易于复用等优点在传感器领域受到广泛关注。其可以用于测量一些重要的物理参量、光纤通信系统中的无源器件等。

光纤布拉格光栅可以广泛应用于测量压力、应变、温度以及动态电磁场等,测量的基本原理是光纤布拉格光栅的中心波长总是随外界环境参数的变化而变化。此次试验主要与光纤光栅能感应应变有关。其测量原理如下。

光纤布拉格光栅的波长漂移 $\Delta\lambda_{BS}$ 和其所受到的轴向应变 $\Delta\varepsilon$ 的关系如式(5-8-4)所示[25]

$$\Delta\lambda_{BS} = \lambda_B (1 - \rho_a)\Delta\varepsilon \qquad (5-8-4)$$

式中 $\rho_a = \dfrac{n^2}{2}[\rho_{12} - \nu(\rho_{11} - \rho_{12})]$,为光纤的弹光系数。

对于硅光纤中写入的光纤布拉格光栅的测量灵敏度。1989 年 Moery 等人测得中心波长为 800 nm 的光纤布拉格光栅,其波长-应变的灵敏度大约是 0.64 pm·$\mu\varepsilon^{-1}$;中心波长为 1 320 nm 的光纤布拉格光栅,其波长-应变的灵敏度大约是 1 pm·$\mu\varepsilon^{-1}$;1995 年,Rao 等人测得中心波长为 1 550 nm 的光纤布拉格光栅,其波长-应变的灵敏度为 1.15 pm·$\mu\varepsilon^{-1}$。

加速度、位移、力、压强等物理量都可以转变成应力来测量,式(5-8-4)也适用于这些参数的测量。

2. 光纤布拉格光栅解调原理

光纤布拉格光栅解调系统利用光纤光栅的平均折射率和栅格周期对外界参量的敏感特性,将外界参量的变化量转化为其光纤布拉格光栅中心波长的漂移量来确定待测物理量的变化[26]。

在解调系统中,让宽谱光入射光纤光栅传感系统,宽谱光源的光信号经耦合器分为两路:第一路作为入射光进入光纤布拉格光栅阵列,经光栅反射,反射光携带光纤光栅的传感信息进入光解调电路;第二路作为参考光通过光波长标准具,进入光解调电路。用锯齿波信号连续改变 F-P 腔的腔长,扫描经光纤光栅反射回来的信号,当反射光中心波长与 F-P 腔的腔长相匹配时,光信号探测器探测的光信号最强,否则探测信号非常弱。解调电路将得到的信号电压经过放大、滤波和整形后,再通过数据采集和信号处理,就可以解调出每个光栅的波长。测得波长的变化就可以得出所测物理量的变化量。图 5-8-7 是基于 F-P 腔的布拉格光纤光栅解调原理图。图 5-8-8 是入射光谱和反射光谱的图像。

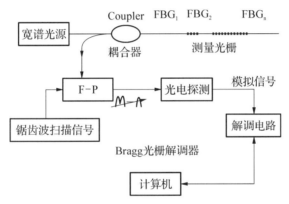

图 5-8-7　基于 F-P 腔的布拉格光纤光栅解调原理图

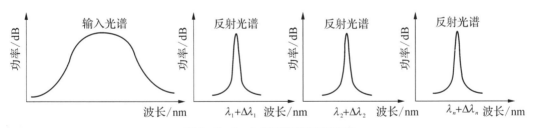

图 5-8-8　入射光谱和反射光谱

3. 光纤光栅传感测量原理

(1)压力的测量原理

光纤布拉格光栅的波长漂移量 $\Delta\lambda_{BP}$ 与所受到的压力变化 ΔP 的关系由式(5-8-5)给出[27]:

$$\frac{\Delta\lambda_{BP}}{\lambda_B}=\frac{\Delta(n\Lambda)}{\Lambda}=\left(\frac{1}{\Lambda}\times\frac{\partial\Lambda}{\partial P}+\frac{1}{n}\times\frac{\partial n}{\partial P}\right)\Delta P \qquad (5-8-5)$$

光纤在受压力时光纤直径会发生微小的变化,会使得光传输延迟发生微小变化,但这种变化相对于光纤折射率和物理长度的变化一般是可以忽略的。

光纤长度变化的计算式为：

$$\frac{\Delta L}{L} = -\frac{(1-2\nu)}{E}P \tag{5-8-6}$$

式中，E 是光纤的杨氏模量，ν 是泊松系数。

由式(5-8-6)得：

$$\frac{1}{\Lambda} \times \frac{\partial \Lambda}{\partial P} = -\frac{(1-2\nu)}{E} \tag{5-8-7}$$

折射率变化的计算式为：

$$\frac{\Delta n}{n} = \frac{n^2 P}{2E}(1-2\nu)(2\rho_{12}+\rho_{11}) \tag{5-8-8}$$

式中，ρ_{11} 和 ρ_{12} 分别是光纤的光学应力张量分量。

由式(5-8-8)得：

$$\frac{1}{n} \times \frac{\partial n}{\partial P} = \frac{n^2}{2E}(1-2\nu)(2\rho_{12}+\rho_{11}) \tag{5-8-9}$$

将式(5-8-6)和式(5-8-7)代入式(5-8-5)中，可以得到波长-压力灵敏度关系为：

$$\Delta\lambda_{BP} = \lambda_B \left[-\frac{(1-2\nu)}{E} + \frac{n^2 P}{2E}(1-2\nu)(2\rho_{12}+\rho_{11}) \right]\Delta P \tag{5-8-10}$$

(2)应变的测量原理

光纤布拉格光栅的波长漂移 $\Delta\lambda_{BS}$ 和其所受到的轴向应变 $\Delta\varepsilon$ 的关系如式(5-8-11)所示[27]

$$\Delta\lambda_{BS} = \lambda_B(1-\rho_a)\Delta\varepsilon \tag{5-8-11}$$

式中 $\rho_a = \frac{n^2}{2}[\rho_{12}-\nu(\rho_{11}-\rho_{12})]$，为光纤的弹光系数。

对于硅光纤中写入的光纤布拉格光栅的测量灵敏度。1989 年 Moery 等人测得中心波长为 800 nm 的光纤布拉格光栅，其波长-应变的灵敏度大约是 0.64 pm/$\mu\varepsilon$；中心波长为 1 320 nm 的光纤布拉格光栅，其波长-应变的灵敏度大约是 1 pm/$\mu\varepsilon$；1995 年，Rao 等人测得中心波长为 1 550 nm 的光纤布拉格光栅，其波长-应变的灵敏度为 1.15 pm/$\mu\varepsilon$。

加速度、位移、力、压强等物理量都可以转变成应力来测量，式(5-8-11)也适用于这些参数的测量。

(3) 温度的测量原理

光纤布拉格光栅的波长漂移 $\Delta\lambda_{BT}$ 和温度变化 ΔT 的关系如式(5-8-12)所示[28]

$$\Delta\lambda_{BT} = \lambda_B(1+\xi)\Delta T \tag{5-8-12}$$

式中 ξ 是光纤的热光系数。

对于硅光纤写入的光纤布里格光栅的温度的灵敏度，1989 年 Moery 等人实验测得中心波长为 830 nm 的光纤布拉格光栅,其波长-温度的灵敏度大约是 6.8 pm/℃;中心波长为 1 320 nm 的光纤布拉格光栅,其波长-温度的灵敏度大约是 10 pm/℃;1995 年,Rao 等人测得中心波长为 1 550 nm 的光纤布拉格光栅,其波长-温度灵敏度为 13 pm/℃。

在实际应用中,测量压力和应变时环境温度的变化是不可能忽略的,因此,在测量时不可能忽略温度对光纤光栅中心波长漂移的影响。一般情况下,用一个光纤布拉格光栅不可能同时分离出应变或是压力和温度变化对光纤布拉格光栅的中心波长造成的漂移。为解决这个问题,可以设置一个不受应力或是压力影响测量温度变化的参考布拉格光纤光栅,那么由温度引起的不准确量可以通过参考光纤布拉格光栅来纠正。

（4）光纤位移传感器原理

布拉格光栅条件满足[27]:

$$\lambda_B = 2n_{eff}\Lambda \tag{5-8-13}$$

式中,λ_B 是光纤布拉格光栅的中心波长,n_{eff} 是光纤纤芯对光纤布拉格光栅的有效折射率。上式表明,光纤布拉格光栅背向反射的中心波长 λ_B 取决于光栅周期 Λ 和纤芯的有效折射率 n_{eff}。光纤光栅在受到外界因素如温度、应力等的影响时,其光栅周期和纤芯的有效折射率会发生改变。

在式(5-8-13)的基础上,可以推导出应变对光纤布拉格光栅中心波长的变化量为:

$$\Delta\lambda_B = 2\left(\Lambda\frac{\partial n_{eff}}{\partial l} + n_{eff}\frac{\partial\Lambda}{\partial l}\right)\Delta l + 2\left(\Lambda\frac{\partial n_{eff}}{\partial T} + n_{eff}\frac{\partial\Lambda}{\partial T}\right)\Delta T \tag{5-8-14}$$

应力引起的光栅光纤中心波长的变化可以表示为:

$$\Delta\lambda_B = \lambda_B(1-\rho_e)\varepsilon_z \tag{5-8-15}$$

式中,ε_z 为轴向应变,ρ_e 为弹光系数,

$$\rho_e = \frac{n_{eff}}{2}[\rho_{12} - \nu(\rho_{11}+\rho_{12})] \tag{5-8-16}$$

式中,ν 为泊松比,ρ_{11} 和 ρ_{12} 为光学应力张量的分量。

在环境温度不变的情况下,光纤布拉格光栅的中心波长变化与悬臂梁的轴向应变呈正比。

当悬臂梁自由端因受力产生漂移时,由材料力学的知识可知,悬臂梁表面会发生应变,该应变会加载到粘贴在其表面的光纤布拉格光栅上,从而使光纤光栅产生轴向应变。

四、实验内容

（1）制作光纤光栅位移传感器,并定标。

（2）制作光纤光栅倾角传感器,并定标。

（3）使用已经制作完成的光纤光栅位移传感器对悬臂梁振动的参数进行测量,包括悬臂梁振动的固有频率、衰减系数和 Q 值,并测量其频率响应曲线。

（4）制作温度传感器,并定标。

五、实验步骤

1. 光纤光栅测位移

第一步　将悬臂梁安装在支架的左端,并将螺旋测微仪安装在支架的右端进行组装,组装完成后将其放在光学隔振平台上,将光纤光栅固定在悬臂梁上。

第二步　将光纤光栅的光栅部分粘贴在悬臂梁上下两个表面上,构成差分式测量结构。

第三步　光纤光栅的两头分别与悬臂梁部和光纤光栅解调仪相连并接通电源。

第四步　旋转螺旋测微仪的旋钮使悬臂梁的自由端发生偏移,每隔 0.5 mm 记录一次波长(光纤光栅解调仪读取波长示数),直至悬臂梁形变最大限度。

第五步　根据记录的数据画出波长漂移量与悬梁臂自由端位移的函数关系曲线。

2. 悬臂梁自由振动测试

第一步　将高精度电子称重仪的电源打开,预热半个小时。

第二步　将第一次实验所用仪器从支架上取下来。

第三步　将悬挂钢尺悬挂在横梁上并固定好,然后将横梁安置在支架上,按照第一次实验的方法将光纤光栅的光栅部分粘贴在横梁上。

第四步　将重物悬挂于悬臂梁末端并测其摆长,重物应固定好。

第五步　给悬臂梁自由端施加一个压力,让其偏离平衡位置,然后撤去压力让其振动。

第六步　用软件记录其自由振动时光纤光栅波长的数值。

第七步　更换重物,重复第四、五、六步。

第八步　处理记录的数据,其不同安装方式下的自由振动固有频率、阻尼振动系数和 Q 值。

3. 光纤光栅测倾角

第一步　将高精度电子称重仪的电源打开,预热半个小时。

第二步　将第一次实验所用仪器从支架上取下来。

第三步　将悬挂钢尺悬挂在横梁上并固定好,然后将横梁安置在支架上,按照第一次实验的方法将光纤光栅的光栅部分粘贴在横梁上。

第四步　将重物悬挂于悬臂梁末端并测其摆长,重物应固定好。

第五步　改变支架的倾角,记录波长示数,直至角度可调最大。

第六步　将重物卸下并称其重量。

第七步　更换重物重复四、五、六步。

第八步　处理记录的数据,分析不同摆长和重物随倾角变化的关系。

4. 温度测量

第一步　将光纤光栅温度传感器与解调仪连接,并置于量桶中。

第二步　给量桶中的水加热。

第三步　记录光纤光栅的波长,并用水银温度计测量光纤光栅传感器所在位置的温度。

第四步　每隔一摄氏度测读一次光纤光栅的波长值。

第五步　处理记录的数据,得到温度变化与波长的关系。

5. 压力测量

第一步 将悬臂梁安装在支架的左端,并将秤盘安装在支架的右端进行组装,组装完成后将其放在光学隔振平台上,将光纤光栅固定在悬臂梁上。

第二步 将光纤光栅的光栅部分粘贴在悬臂梁上下两个表面上,构成差分式测量结构。

第三步 光纤光栅的两头分别与悬臂梁部和光纤光栅解调仪相连并接通电源。

第四步 将钢珠一颗一颗放入秤盘中使悬臂梁的自由端发生偏移,每放入 3 颗记录一次波长(光纤光栅解调仪读取波长示数),直至悬臂梁形变最大限度。

第五步 根据记录的数据画出波长漂移量与悬梁臂自由端位移的函数关系曲线。

6. 分布传感测量

第一步 按照下图,使用两根光纤将传感器接在一起,然后光纤光栅的两头分别与悬臂梁部和光纤光栅解调仪相连并接通电源。

第二步 改变任意传感器物理量,观察中心波长的变化。

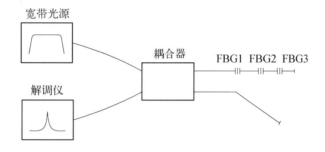

六、实验报告要求

1. 光纤光栅测位移

第一组记录数据为 $X = 19$ mm,$\lambda = 1\ 548.010$ nm,此时悬臂梁自由端没有位移。

表 5 - 8 - 1 波长漂移与悬臂梁自由端位移的关系

ΔX(mm)							
$\Delta\lambda$(nm)							
ΔX(mm)							
$\Delta\lambda$(nm)							
ΔX(mm)							
$\Delta\lambda$(nm)							

2. 光纤光栅侧倾角

(2) 摆长 $L =$_____,重物 $m =$_____:

当倾角为零时,光纤光栅的反射波长为_____nm。

表 5-8-2　波长漂移与支架倾角的关系

θ(度)					
Δλ(nm)					
θ(度)					
Δλ(nm)					

5.9 干涉型光纤水听技术实验

一、实验目的

1. 掌握光纤水听器的原理及应用。
2. 掌握光纤水听器的使用方法。
3. 能够使用光纤水听器进行简单的测量。

二、实验仪器

激光器、干涉型水听器、光电探测器。实验装置示意图如图 5-9-1 所示：

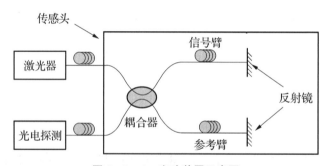

图 5-9-1　实验装置示意图

三、实验原理

1. 干涉型光纤水听器基本原理及特点

光纤水听器[29]是一种建立在光纤、光电子技术基础上的水下声信号传感器。它通过高灵敏度的光学相干检测,将水声振动转换成光信号,通过光纤传至信号处理系统,提取声信号信息。

其中干涉型光纤水听器技术最为成熟,如图 5-9-1 所示,其基本原理:由激光器发出的激光经光纤耦合器分为两路,一路构成光纤干涉仪的传感臂,接受声波的调制,另一路则构成参考臂,不接受声波的调制,或者接受声波调制,与传感臂的调制相反,接受声波调制的光信号经后端反射膜反射后返回光纤耦合器,发生干涉,干涉的光信号经光电探测器转换为电信号,由信号处理就可以获取声波的信息。干涉型光纤水听器灵敏度高的主要奥秘在于传感光纤的长度变化对水声声压的微小波动异常敏感。它通常采用气背心轴结构,将传感光纤缠绕到一个随声压波动膨胀收缩的柔顺心轴上,心轴与传感光纤在声波的作用下产生伸缩变化,光纤长度随即发生变化,从而检测到水声声压的微小波动。根据声波的拾取方式,干涉型光纤水听器可分为标量干涉型光纤水听器和矢量干涉型光纤水听器。两者的主要区别在于单独一个标量干涉型水听器只能感受声波有无,无法判断声波的方向,其指向性图为圆形;而单独一个矢量干涉型水听器不仅能感受声波的有无,还能判断声波的方向,其典型的指向性图为"8"字形。

2. 干涉型光纤水听器相关定义

(1) 声压灵敏度

光纤水听器输出端的输出量 U_p 与光纤水听器接收面上的声压 p 的比值,即[30]:

$$M_p = U_p / p \qquad (5-9-1)$$

(2) 声压灵敏度[级]

光纤水听器声压灵敏度值 M_p 与基准声压灵敏度值 M_{pr}(一般取 1 个单位输出量/μPa)的比以 10 为底的对数乘以 20,单位为分贝 dB,即[30]:

$$M = 20\lg(M_p / M_{pr}) \qquad (5-9-2)$$

(3) 声压相移灵敏度

声信号引起的光相移量 ϕ_s 与引起光相移时的声信号的声压 p 的比值,单位为弧度每帕,rad/μPa,即[30]:

$$M_{p\phi} = \phi_s / p \qquad (5-9-3)$$

(4) 声压相移灵敏度[级]

光纤水听器声压相移灵敏度值 $M_{p\phi}$ 与基准灵敏度值 $M_{p\phi r}$(一般取 1 rad/μPa)的比以 10 为底的对数乘以 20,单位为分贝 dB,即[30]:

$$M_{p\phi} = 20\lg(M_{p\phi} / M_{p\phi r}) \qquad (5-9-4)$$

(5) 加速度相移灵敏度

加速度信号引起的光相移量 ϕ_a 与引起光相移的加速度信号的加速度 a 的比值,单位为弧度秒平方每米(rad · s^2/m),即[30]:

$$M_{a\phi} = \phi_a / a \qquad (5-9-5)$$

(6) 加速度相移灵敏度[级]

光纤水听器加速度相移灵敏度级 $M_{a\phi}$ 与基准加速度相移灵敏度值 $M_{a\phi r}$(一般取 1 rad/g)的比以 10 为底的对数乘以 20,单位为分贝,dB,即[30]:

$$M_{a\phi} = 20\lg(M_{a\phi} / M_{a\phi r}) \qquad (5-9-6)$$

(7) 等效噪声压

等效噪声压是平行于光纤水听器的主轴传播的平面正弦式行波,使光纤水听器产生的输出电压(方均根值)等于带宽 1 Hz 的噪声电压(方均根植)时所具有的声压(方均根植)。

四、实验内容

按图5-9-2的实验装置图,依次连接好实验设备,确保连接正确,然后对干涉型光纤水听器的相关特性进行测量。

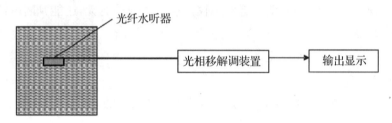

图5-9-2 干涉型光纤水听器测试原理框图

1. 声压相移灵敏度[级]特性测量

光纤水听器声压相移灵敏度[级]测试框图见图5-9-2。光相移解调装置由检测机构标定,其中 k 为光相移解调装置标定系数,标定系数 k 在测量过程中保持不变。

声压相移灵敏度按公式(5-9-7)计算:

$$M_{p\phi}=S_\phi/(k \cdot p) \tag{5-9-7}$$

S_ϕ 为光相移解调装置后的输出量,单位为 V(数字输出时 1 rad=1 V)

声压相移灵敏度[级]按式(5-9-4)计算。

在 10 Hz~2 000 Hz 范围内,按 1/3 倍频程频率间隔测量声压相移灵敏度,记录其中的最大值和最小值,其差值为声压相移灵敏度起伏。

2. 加速度相移灵敏度[级]特性测量

光纤水听器加速度相移灵敏度[级]测试框图见图5-9-3。光相移解调装置由检测机构标定,其中 k 为光相移。

图5-9-3 干涉型光纤水听器加速度灵敏度测试原理框图

解调装置标定系数,标定系数 k 在测量过程中保持不变。将光纤水听器和加速度计置于振动台上,振动方向沿光纤水听器轴向。

加速度相移灵敏度按公式(5-9-8)计算:

$$M_{a\phi}=S_\phi/(a \cdot k) \tag{5-9-8}$$

加速度相移灵敏度[级]按公式(5-9-6)计算。

3. 光纤水听器温度突变试验

试验温度等级:

(a) 低温:-30 ℃±3 ℃。

(b) 高温:60 ℃±2 ℃。

(c) 水温:10 ℃±5 ℃。

试验条件:

试验箱应便于被试光纤水听器的迅速转移。

试验箱应能保持试验所规定的温度。

水槽容积应不小于被试光纤水听器体积的 5 倍,水温能控制在 10 ℃±5 ℃范围内。

试验程序:

第一步　将光纤水听器放入 10 ℃±5 ℃的水槽中,保温 1 h,使光纤水听器达到温度稳定。

第二步　将光纤水听器从水槽中取出,擦干水后立即放入-30 ℃±3 ℃的低温箱中,保温 1 h,使光纤水听器达到温度稳定。

第三步　将光纤水听器从低温箱中取出,立即放入 10 ℃±5 ℃的水槽中,保温 1 h,使光纤水听器达到温度稳定。

第四步　将光纤水听器从水槽中取出,立即放入 60 ℃±2 ℃的高温箱中,保温 1 h,使光纤水听器达到温度稳定。

第五步　将光纤水听器从高温箱中取出,立即放入 10 ℃±5 ℃的水槽中,保温 1 h,使光纤水听器达到温度稳定。

以上构成一次温度突变循环。

五、实验内容与记录

自行设计表格记录。

六、注意事项

(1) 光纤水听器声压相移灵敏度起伏应不大于±1.5 dB

(2) 光纤水听器加速度相移灵敏度应不大于-30 dB。

参考文献

[1] GB/T 15972.20—2021,光纤试验方法规范,第 20 部分:尺寸参数的测量方法和试验程序,光纤几何参数[S].

[2] 李一鸣,涂建坤,项华中,江斌,郑刚.光纤灰度分布的高斯函数拟合法测量光纤几何参数[J].光电工程,2020,47(04):34-41.

[3] Marcuse D. Principles of Optical Fiber Measurements[M]. Elsevier, 2012.

[4] 郑书信.光纤损耗机理研究[J].西北建筑工程学院学报,1995(04):55-58.

[5] 胡红武. OTDR 系统波形的分析及其在光纤测量中的应用[J]. 激光杂志,2010,31(5):31-32.

[6] 方瑜. 光时域反射计(OTDR)距离测量结果不确定度评定[A]. 2008 年江苏省计量测试学术论文集[C].江苏省计量测试学会,2008:3.

[7] Philen D L, White I A, Kuhl J F, et al. Single-mode Fiber OTDR: Experiment and Theory[J]. IEEE Transactions on Microwave Theory and Techniques, 1982,30(10): 1487-1496.

[8] Koyamada Y, Imahama M, Kubota K, et al. Fiber-optic Distributed Strain and Temperature

Sensing with Very High Measurand Resolution over Long Range Using Coherent OTDR[J]. Journal of Lightwave Technology, 2009, 27(9): 1142 - 1146.

[9] 彭家琪.可调光衰减器专利技术综述[J].科技创新与应用,2019(16):9 - 11.

[10] 朱少丽. 光无源器件工艺分析及结构改进研究[D]. 西南大学,2004.

[11] IEC 61300 - 3 - 45 - 2011,光纤互连器件和无源元件.基本试验和测量规程.第 3～45 部分:检验和测量.随机成对多模光纤连接器的衰减[S].

[12] BS EN 61300 - 3 - 7 - 2001,光纤互连设备和无源元件.基本试验和测量程序.检验和测量.衰减和回波损耗的波长相关性[S].

[13] Tomasi T, De Munari I, Lista V, et al. Passive Optical Components: From Degradation Data to Reliability Assessment[C]//Reliability of Optical Fiber Components, Devices, Systems, and Networks. International Society for Optics and Photonics, 2003, 4940: 186 - 194.

[14] 苑立波,赵世刚,吕厚均.光纤端出射光场的场强分布[J].黑龙江大学自然科学学报,1993(01):78 - 84.

[15] 苏珊,侯钰龙,刘文怡,张会新,刘佳.光纤位移传感器综述[J].传感器与微系统,2015,34(10):1 - 3,7.

[16] Zheng J, Albin S. Self-referenced Reflective Intensity Modulated Fiber Optic Displacement Sensor[J]. Optical Engineering, 1999, 38(2): 227 - 232.

[17] 刘艳,刘勇,朱震,李保生,王安.光纤微弯传感器技术的发展与应用研究[J].传感器与微系统,2006(08):1 - 3.

[18] Donlagić D, Završnik M. Fiber-optic Microbend Sensor Structure[J]. Optics Letters, 1997, 22(11): 837 - 839.

[19] Luo F, Liu J, Ma N, et al. A Fiber Optic Microbend Sensor for Distributed Sensing Application in the Structural Strain Monitoring[J]. Sensors and Actuators A: Physical, 1999, 75(1): 41 - 44.

[20] 赵新彦,陈陶,丁志雄.光纤端面参数自动化测量系统的研究[J].光学仪器,2009,31(04):1 - 6.

[21] 王玉莲. 光纤微透镜的制作及其特性研究[D].安徽大学,2019.

[22] 袁枫.高质量的光纤熔接和精确的熔接损耗在线测试(一)[J].智能建筑与城市信息,2006(06):121 - 123.

[23] 刘鹏辉. 基于光纤光栅传感系统的解调与定位研究[D].长春工业大学,2021.

[24] Hill K O, Meltz G. Fiber Bragg Grating Technology Fundamentals and Overview[J]. Journal of Lightwave Technology, 1997, 15(8): 1263 - 1276.

[25] 梁晓花. 基于有限元法的光纤 Bragg 光栅的光学特性分析[D].南京航空航天大学,2013.

[26] 李靖,刘微,谷勇. 光纤布拉格光栅传感器解调系统[J]. 红外,2008,29(1):37 - 40.

[27] 黄建辉,赵洋. 光纤布拉格光栅传感器实现应力测量的最新进展[J]. 光电子·激光,2000,11(2):216 - 220.

[28] 周春新,曾庆科,秦子雄,等. 光纤光栅应变-温度传感器的原理及进展[J]. 激光与光电子学进展,2006,43(10):53 - 58.

[29] 孟洲,陈伟,王建飞,胡晓阳,陈默,路阳,陈羽,张一弛.光纤水听器技术的研究进展[J].激光与光电子学进展,2021,58(13):123 - 143.

[30] 陈毅.评价光纤水听器探头的性能参数[J].声学技术,2012,31(01):102 - 105.

第6章

光电图像处理实验

6.1 图像信息点运算实验

一、实验目的

点运算是图像处理中最基本的处理方法,通过一系列基础实验,让学生对图像处理技术有一定认识。

二、实验内容

(1) 理解灰度直方图的含义;
(2) 掌握灰度的线性变换方法,理解其含义;
(3) 彩色图像黑白化处理实验;
(4) 图像二值化实验,理解其原理及含义;
(5) 直方图均衡变化实验。

三、实验仪器

表 6 - 1 - 1　实验仪器表

名称	数量
MSW - MW4A01A 光电技术综合实验平台	一台
CCD&CMOS 模块	一套
计算机	一台
USB 2.0 数据线	一根
连接线	若干

四、实验原理

1. 灰度直方图

灰度直方图是用来表达一副图像灰度级分布情况的统计表,直方图只展示具有某一灰度的像素数,并不提示哪些像素固定在图像的某一区域上。横轴代表的是图像中的亮度,由左向右,从全黑逐渐过渡到全白;纵轴代表的则是图像中处于这个亮度范围的像素的相对数量[1]。

2. 灰度线性变化

灰度变换可增大图像动态范围,扩展图像对比度,提高清晰度,是图像增强的重要手段。灰度变换包含线性变换和非线性变换。在曝光不足或过度的情况下,图像恢复可能会局限在一个很小的范围内,此时得到的可能是一个模糊不清且似乎没有灰度层次的图像。用一个线性单值函数对图像中的每一个像素做线性扩展,可有效改善图像视觉效果[2]。本次实验主要研究线性变化。令原始图像 $f(i,j)$ 的灰度范围为 $[a,b]$,线性变换后图像 $F(i,j)$ 的灰度范围为 $[a_1,b_1]$,则 $f(i,j)$ 和 $F(i,j)$ 之间存在以下关系:

$$F(i,j)=a_1+\frac{b_1-a_1}{b-a}[f(i,j)-a] \qquad (6-1-1)$$

或表示为:

$$F(x)=A\times f(x)+B \qquad (6-1-2)$$

其中 $f(x)$ 为原灰度值,$F(x)$ 为线性变化后的灰度值。

另一种情况是图像中的大部分像素的灰度级在 $[a,b]$ 范围内,小部分像素分布在小于 a 和大于 b 的区间内,此时可用下式做变换:

$$F(i,j)=\begin{cases} a_1 & f(i,j)<a \\ a_1+\dfrac{b_1-a_1}{b-a} & a\leqslant f(i,j)<b \\ b_1 & f(i,j)\geqslant b \end{cases} \qquad (6-1-3)$$

由于这两种两端"截取式"的变换使小于灰度级 a 和大于灰度级 b 的像素强行压缩为 a_1 和 b_1,因而会造成一部分信息丢失。不过,有时为了某种应用,做这种"牺牲"是值得的,如利用遥感资料分析降水时,在预处理中去掉非气象信息,既可以减少运算量,又可以提高分析精度。

3. 图像二值化处理

图像的二值化处理就是将图像上的像素点的灰度值设置为 0 或 255,也就是使整个图像呈现出明显的黑白效果。将 256 个亮度等级的灰度图像通过适当的阈值选取而获得仍然可以反映图像整体和局部特征的二值化图像[3]。

所有灰度大于或等于阈值的像素被判定为属于特定物体,其灰度值为 255,否则这些像素点被排除在物体区域以外,灰度值为 0,表示背景或者例外的物体区域。

具体操作过程是先由用户设定一个阈值 T_{th},如果图像中某像素单元的灰度值小于该阈值,则该像素单元的灰度值变换为 0,否则其灰度值为 255。变换函数为[4]:

$$f(x)=\begin{cases} 0 & x<T_{th} \\ 255 & x\geqslant T_{th} \end{cases} \qquad (6-1-4)$$

图像二值化处理还有一个是窗口二值化处理,它的操作和阈值变换类似。该变换过程是先设置窗口 $(M\leqslant x\leqslant N)$,$x$ 值小于下限 M 的像素单元的灰度值变换为 0,大于上限 N 的像素单元的灰度值变换为 255,而处于窗口中的灰度值保持不变。灰度窗口变换函数为

$$f(x) = \begin{cases} 0 & x < M \\ x & M \leqslant x \leqslant N \\ 255 & x > N \end{cases} \tag{6-1-5}$$

4. 直方图均衡化实验

直方图均衡化是最常见的间接对比度增强方法之一。直方图均衡化处理的"中心思想"是把原始图像的灰度直方图从比较集中的某个灰度区间变成在全部灰度范围内的均匀分布[5]。直方图均衡化是通过对图像进行非线性拉伸,重新分配图像像素值,使一定灰度范围内的像素数量大致相同,简单来说,直方图均衡化就是把给定图像的直方图分布改变成"均匀"分布的直方图分布。

这种方法通常用来增加许多图像的局部对比度,尤其是当图像的有用数据的对比度相当接近的时候。通过这种方法,亮度可以更好地在直方图上分布。这样就可以用于增强局部的对比度而不影响整体的对比度,直方图均衡化通过有效地扩展常用的亮度来实现这种功能。

这种方法对于背景和前景都太亮或者太暗的图像非常有用,尤其是可以带来 X 光图像中更好的骨骼结构显示以及曝光过度或者曝光不足照片中更好的细节。一个主要优势是它是一个相当直观的技术并且是可逆操作,如果已知均衡化函数,那么就可以恢复原始的直方图,并且计算量也不大。缺点是它对处理的数据不加选择,可能会增加背景杂讯的对比度并且降低有用信号的对比度。

直方图均衡化的基本思想是把原始图的直方图变换为均匀分布的形式,这样就增加了像素灰度值的动态范围,从而可达到增强图像整体对比度的效果。设原始图像在 (x,y) 处的灰度为 f,改变后的图像为 g,则对图像增强的方法可表述为将在 (x,y) 处的灰度 f 映射为 g。在灰度直方图均衡化处理中对图像的映射函数可定义为[6]:$g = EQ(f)$,这个映射函数 $EQ(f)$ 必须满足两个条件(其中 L 为图像的灰度级数):

(1) $EQ(f)$ 在 $0 \leqslant f \leqslant L-1$ 范围内是一个单值单增函数。这是为了保证增强处理没有打乱原始图像的灰度排列次序,原图各灰度级在变换后仍保持从黑到白(或从白到黑)的排列。

(2) 对于 $0 \leqslant f \leqslant L-1$,有 $0 \leqslant g \leqslant L-1$,这个条件保证了变换前后灰度值动态范围的一致性。

直方图均衡化映射函数为:

$$g = EQ[f] = \frac{(\sum_{i=0}^{f} N[i]) \times 255}{\text{High} \times \text{Width}} \tag{6-1-6}$$

式中 f 为原图像像素灰度值($0 \sim 255$),经过灰度均衡运算,f 的值变为灰度均衡值 g,N 为原图像各灰度值对应的像元数量,High 为图像的高度(单位是像元数),Width 为图像的宽度(单位是像元数)。

例如原图像像元灰度值为 100 的像素点,即将公式(6-1-6)中的 f 换成 100,得到的 g 即为新的灰度值。在实际处理变换时,一般先对原始图像的灰度情况进行统计分析,并计算出原始直方图分布,然后根据计算出的累计直方图分布求出灰度映射关系[7]。在重复上述步骤得到源图像所有灰度级到目标图像灰度级的映射关系后,按照这个映射关系对源图像各点像素进行灰度转换,即可完成对源图的直方图均衡化。

五、实验步骤

第一步 将外置 CCD 和被测物放置屏固定到螺杆支座上,调节螺杆至适当高度,使得外置 CCD 镜头对准物屏中心,然后拧紧固定螺母,安装完成后效果图参见图 6-1-1。

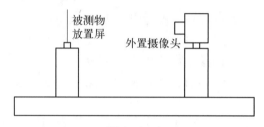

图 6-1-1

第二步 用 USB 2.0 数据线将面阵 CCD 和计算机连接。

第三步 打开计算机的电源开关,并确认"CCD&CMOS 传感器综合实验平台"的软件已经安装,若未安装,则先将软件安装。

第四步 给实验设备上电。

第五步 摄像为外置状态,采集指示灯点亮表明采集外置 CCD 摄像头的图像信号。

第六步 将所需要观测的如图 6-1-2 所示的图片安装在"被测物放置屏"上,将外置面阵 CCD 摄像头的镜头盖打开。

第七步 运行"彩色面阵 CCD 综合实验平台"程序,选择实验列表中的"图像信息点运算实验",如图 6-1-3 所示。

图 6-1-2

图 6-1-3
图像信息点运算实验 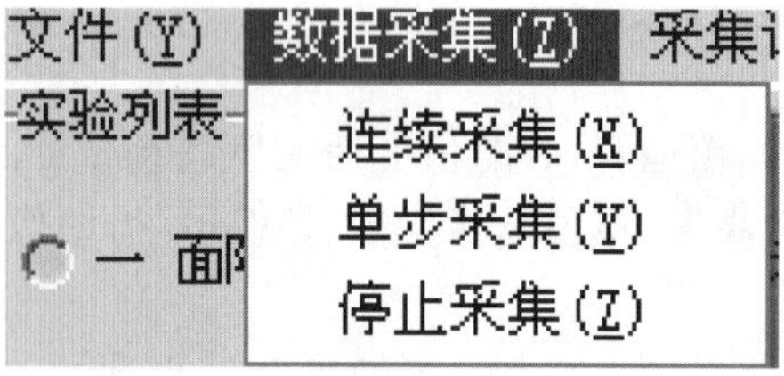

第八步 选择如图 6-1-4 所示界面上的"连续采集"命令,观察采集到的实际图像,观测图像的成像质量,若不清晰,调整摄像头与被测图片的相对位置;或对摄像机的成像物镜进行调焦。调焦之前要用小螺丝刀将镜头的固定螺丝松开,镜头便可以进行转动调焦,直到显示器上的图像变得清晰,然后拧紧固定螺丝。

文件(Y) 数据采集(Z) 采集
实验列表
连续采集(X)
单步采集(Y)
停止采集(Z)
○ 一 面

图 6-1-4

第九步 选择图 6-1-4 中的"停止采集"命令,将采集到的图片通过选择如图 6-1-7 所示的"保存图片"命令进行保存,命名为 Test1_1。

第十步 点击如图 6-1-5 所示的"直方图"按钮,观察其直方图,结合前面的实验原理说明,掌握灰度直方图含义。

| 直方图 | 灰度线性变换 | 反色效果 | 黑白效果 | 二值化 | 窗口二值化 | 灰度均衡 |

图 6-1-5

第十一步 寻找任意彩色图片,采集其图像,观察其直方图,分别理解其红色、绿色、蓝色直方图的含义。

第十二步 换回如图 6-1-2 所示的图片到被测物放置屏上,重新采集一幅图,点击如图 6-1-5 所示的"灰度线性变换"按钮,输入不同的斜率和截距值,如图 6-1-6 所示,观察图片的变化情况,了解其含义。例如,输入斜率为 2,截距为 0,将变换后的图片通过选择如图 6-1-7 所示所示的"保存图片"命令进行保存,命名为 Test1_2。

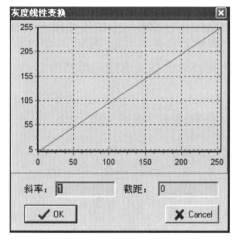

图 6-1-6

图 6-1-7

第十三步 重新采集一幅图,点击如图 6-1-5 所示的"反色效果"按钮,观察图片的变化情况,弄清反色和灰度线性变换的关系,将变换后的图片通过选择如图 6-1-7 的"保存图片"命令进行保存,命名为 Test1_3。

第十四步 将如图 6-1-8 所示的图片安装在"被测物放置屏"上,采集停止后,将图片通过选择如图 6-1-7 的"保存图片"命令进行保存,命名为 Test1_4。点击如图 6-1-5 所示的"黑白效果"按钮,观察图片的变化情况,将变换后的图片通过选择如图 6-1-7 的"保存图片"命令进行保存,命名为 Test1_5,用鼠标在 Test1_5 上移动,尤其是几个彩色圆圈的地方,观察软件左下角的 RGB 亮度值及灰度值的变化情况,再通过如图 6-1-7 中所示的"打开图片"打开图片 Test1_4,用鼠标在 Test1_4 上几个彩色圆圈的地方移动,观察软件左下角的 RGB 亮度值及灰度值的变化

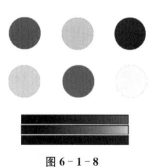

图 6-1-8

情况,和之前在图片 Test1_5 上的数值进行对比,理解黑白图片和彩色图片的区别,推导出 R、G、B 亮度值和黑白灰度值的关系。

第十五步 重新将如图 6-1-2 所示的图片安装在"被测物放置屏"上,采集停止后,点

击如图 6-1-5 所示的"二值化"按钮,输入不同的灰度阈值,如图 6-1-9 所示,掌握二值化的原理,找到合适的二值化阈值,使得图片可以滤除掉背景的干扰,将变换后的图片通过选择如图 6-1-7 所示的"保存图片"命令进行保存,命名为 Test1_6。

图 6-1-9

第十六步 重新采集一幅图,点击如图 6-1-5 所示的"窗口二值化"按钮,输入其界限范围,如图 6-1-10 所示,掌握窗口二值化的原理。思考窗口二值化处理和二值化处理的区别,适用于哪些领域。通过窗口二值化可以降低背景色的干扰,例如,下限设为 100,上限设为 200,观察变化后的图片是否变清晰了,将变换后的图片通过选择如图 6-1-7 所示的"保存图片"命令进行保存,命名为 Test1_7。

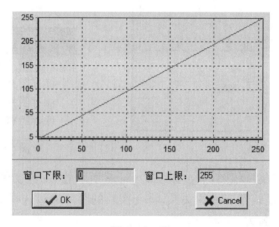

图 6-1-10

第十七步 重新采集一幅图,点击如图 6-1-5 所示的"灰度均衡"按钮,观察图片的变化情况,理解灰度均衡的作用,将变换后的图片通过选择如图 6-1-7 所示的"保存图片"命令进行保存,命名为 Test1_8。

第十八步 关机结束。

(1)将所需要保存的数据或文件进行保存处理;

(2)关闭实验仪的电源;

(3)盖好镜头盖;

(4)退出软件,关闭计算机;

(5)从螺杆支座上取下被测物放置屏及外置摄像头,取下图片,放回箱内,整理好所有连接线。

六、实验结果

(1)观察灰度直方图,通过实际图像分析,写出灰度直方图横坐标、纵坐标的含义。采集到的原始图片效果如下。

(2)进行灰度线性化实验,选择斜率为 2,截距为 0 时,图像变换效果如下,说明为什么会出现这样的变化。

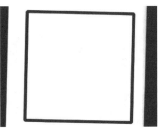

(3)进行反色处理实验,图像变换效果如下,思考灰度线性变化和反色处理的原理,写出当斜率和截距取值为多少时,灰度线性变化的效果等同于反色处理。

(4)进行黑白化处理实验,图像变化前后的效果如下,并且通过软件左下角的相关数据,试推导出 R、G、B 亮度值和灰度值的关系式。

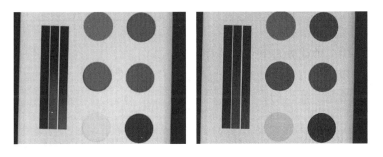

（5）进行二值化处理实验,滤除掉背景色后的图片效果如下,思考当阈值选择在怎么样的一个范围时可以使得图像滤除干扰。

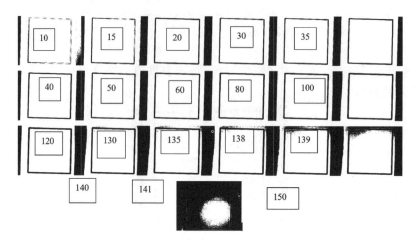

阈值范围在 **20～140**

（6）进行窗口二值化实验,图像变化效果如下。

从左至右依次为:下限 10,上限 50;下限 100,上限 200;下限 150,上限 200。

（7）进行直方图均衡化实验,图像变化效果如下。

七、思考题

（1）图像处理中二值化处理有什么作用?

（2）二值化和窗口二值化有什么区别,我们为什么需要窗口二值化?

（3）图像均衡适用于什么场合?

6.2 图像空间变换实验

一、实验目的

掌握图像的空间变换方法,加深对图像处理的理解。

二、实验内容

(1)图像的平移变化实验,掌握其方法;
(2)图像的旋转实验,掌握其方法;
(3)图像的水平/垂直镜像实验,掌握其方法;
(4)图像的缩放实验,掌握其方法。

三、实验仪器

表6-2-1 实验仪器表

名称	数量
MSW-MW4A01A 光电技术综合实验平台	一台
CCD&CMOS 模块	一套
计算机	一台
USB 2.0 数据线	一根
连接线	若干

四、实验原理

1. 图像的平移

首先我们来看一个点的平移,图像的平移即将所有的点都做同一方向距离的平移得到。设初始坐标为(x_0,y_0)的点经过平移$(\Delta x,\Delta y)$(以向右,向下为正方向)后,坐标变为(x_1,y_1),这两点之间的关系式是$x_1=x_0+\Delta x$,$y_1=y_0+\Delta y$,以矩阵的形式表示为[8]:

$$\begin{bmatrix} x_1 \\ y_1 \\ 1 \end{bmatrix} = \begin{bmatrix} 1 & 0 & 0 \\ 0 & 1 & 0 \\ \Delta x & \Delta y & 1 \end{bmatrix} \begin{bmatrix} x_0 \\ y_0 \\ 1 \end{bmatrix} \tag{6-2-1}$$

如果平移后新图中有点不是原图中的点,通常的做法是把该点的RGB值统一设成(0,0,0)或者(255,255,255)。

2. 图像的旋转

如图6-2-1所示,为图像旋转的坐标系示意图,点(x_0,y_0)经过旋转θ角后的坐标为(x_1,y_1)[9]。
设旋转前点(x_0,y_0)为

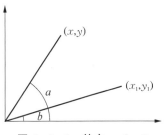

图6-2-1 其中a-b=θ

$$\begin{cases} x_0 = r\cos a \\ y_0 = r\sin a \end{cases} \qquad (6-2-2)$$

旋转后的坐标变为

$$\begin{cases} x_1 = r\cos(a-\theta) = x_0\cos\theta + y_0\sin\theta \\ y_1 = r\sin(a-\theta) = -x_0\sin\theta + y_0\cos\theta \end{cases} \qquad (6-2-3)$$

3. 图像的镜像

图像的镜像变换可分为两种：水平镜像与垂直镜像。图像的水平镜像操作是将图像左半部分和右半部分以图像垂直中轴线为中心进行对换，图像的垂直镜像操作是将图像上半部分和下半部分以图像水平中轴线为中心进行对换。

设原图像的宽度为 w，高度为 h，变换后，图像的宽度和高度不变。水平镜像变换如下式所示[10]：

$$\begin{bmatrix} x_0 \\ y_0 \\ 1 \end{bmatrix} = \begin{bmatrix} -1 & 0 & 0 \\ 0 & 1 & 0 \\ w & 0 & 1 \end{bmatrix} \begin{bmatrix} x_1 \\ y_1 \\ 1 \end{bmatrix} \qquad (6-2-4)$$

垂直镜像变换如下式所示：

$$\begin{bmatrix} x_0 \\ y_0 \\ 1 \end{bmatrix} = \begin{bmatrix} 1 & 0 & 0 \\ 0 & -1 & 0 \\ 0 & h & 1 \end{bmatrix} \begin{bmatrix} x_1 \\ y_1 \\ 1 \end{bmatrix} \qquad (6-2-5)$$

4. 图像的放缩

假设放大因子为 a，则缩放的变换矩阵为

$$\begin{bmatrix} x_0 \\ y_0 \\ 1 \end{bmatrix} = \begin{bmatrix} 1/a & 0 & 0 \\ 0 & 1/a & 0 \\ 0 & h & 1 \end{bmatrix} \begin{bmatrix} x_1 \\ y_1 \\ 1 \end{bmatrix} \qquad (6-2-6)$$

五、实验步骤

第一步　将外置 CCD 和被测物放置屏固定到螺杆支座上，调节螺杆至适当高度，使得外置 CCD 镜头对准物屏中心，然后拧紧固定螺母，安装完成。

第二步　用 USB 2.0 数据线将面阵 CCD 和计算机连接。

第三步　打开计算机的电源开关，并确认"CCD&CMOS 传感器综合实验平台"的软件已经安装，若未安装，则先将软件安装。

第四步　给实验设备上电。

第五步　摄像为外置状态，采集指示灯点亮表明采集外置 CCD 摄像头的图像信号。

第六步　将用户所需要观测的如图 6-2-2 所示的图片安装在"被测物放置屏"上，将外置面阵 CCD 摄像头的镜头盖打开。

图 6-2-2

第七步　运行"彩色面阵 CCD 综合实验平台"程序,选择实验列表中的"图像空间变换实验",如图 6-2-3 所示。

第八步　选择如图 6-2-4 所示界面上的"连续采集"命令,观察采集到的实际图像,观测图像的成像质量,若不清晰,调整摄像头与被测图片的相对位置;或对摄像机的成像物镜进行调焦。调焦之前要用小螺丝刀将镜头的固定螺丝松开,镜头便可以进行转动调焦,直到显示器上的图像变得清晰,然后拧紧固定螺丝。

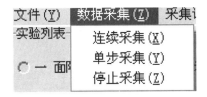

图 6-2-3　　　　　　　　图 6-2-4

第九步　选择图 6-2-4 所示的"停止采集"命令,将图片通过选择如图 6-2-5 所示的"保存图片"命令进行保存,命名为 Test2_1。

第十步　点击如图 6-2-6 所示的"图像移动"按钮,在弹出的如图 6-2-7 所示的对话框中输入移动距离(注意其 XY 坐标轴方向),然后观察图像的变化,思考图像移动原点是选取的哪个点。

图 6-2-5

图 6-2-6

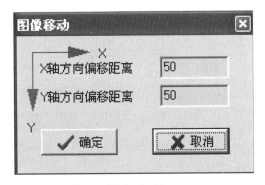

图 6-2-7

第十一步　重新采集一幅图,点击如图 6-2-6 所示的"图像移动"按钮,在弹出的如图 6-2-8 所示的对话框中输入旋转角度,然后观察图像的变化,思考其变化算法应该是怎样的。变换后的图片通过选择如图 6-2-5 所示的"保存图片"命令进行保存,命名为 Test2_2。

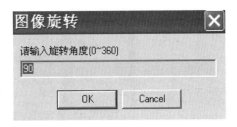

图 6-2-8

第十二步　重新采集一幅图,点击如图 6-2-6 所示的"水平镜像"按钮,观察图像的变化,理解其变化原理。变换后的图片通过选择如图 6-2-5 所示的"保存图片"命令进行保存,命名为 Test2_3。

第十三步　重新采集一幅图,点击如图 6-2-6 所示的"垂直镜像"按钮,观察图像的变化,理解其变化原理。变换后的图片通过选择如图 6-2-5 所示的"保存图片"命令进行保存,命名为 Test2_4。

第十四步　重新采集一幅图,点击如图 6-2-6 所示的"图像缩放"按钮,在弹出的如图 6-2-9 所示的对话框中输入 X,Y 方向的缩放系数,然后观察图像的变化,理解其变化原理。

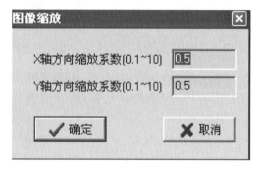

图 6-2-9

第十五步　关机结束。

(1) 将所需要保存的数据或文件进行保存处理;

(2) 关闭实验仪的电源;

(3) 盖好镜头盖;

(4) 退出软件,关闭计算机;

(5) 从螺杆支座上取下被测物放置屏及外置摄像头,取下图片,放回箱内,整理好所有连接线。

六、实验结果

注意:以下结果仅供参考,非标准结果。

(1) 进行图像旋转实验,图像变化效果如下。

（2）进行图像水平镜像实验，图像变化效果如下。

（3）进行图像垂直镜像实验，图像变化效果如下。

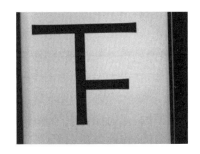

七、思考题

（1）图像旋转处理中旋转中心点一般如何选取？
（2）常用的图像空间变换有哪几种，简述这几种变换算法的原理。
（3）图像的旋转会引起图像的失真吗？为什么？

6.3 图像增强和清晰处理实验

一、实验目的

数字图像增强技术是数字图像处理中的一个重要方面，它从 20 世纪 60 年代出现以来已经经历了图像灰度映射、图像噪声平滑、图像轮廓锐化及图像灰度假彩色和伪彩色等几个主要阶段。本次实验通过图像的平滑、中值滤波及梯度锐化实验，让学生对数字图像增强技术有一个直观的认识。

二、实验内容

（1）图像的亮度、对比度变化实验；
（2）图像的平滑实验；
（3）图像的中值滤波实验；
（4）图像的梯度锐化实验。

三、实验仪器

表 6 - 3 - 1　实验仪器表

名称	数量
MSW‐MW4A01A 光电技术综合实验平台	一台
CCD&CMOS 模块	一套
计算机	一台
USB 2.0 数据线	一根
连接线	若干

四、实验原理

一般情况下，各类图像系统中图像的传送和转换（如成像、复制、扫描、传输以及显示等）总会导致图像某些质量的降低。例如，在摄像时，光学系统的失真、相对运动、大气流动等都会使图像模糊[12]；在传输过程中，由于噪声污染，图像质量会有所下降。对这些降质图像的改善处理方法是不考虑图像降质的原因，只将图像中感兴趣的特征有选择地突出，而衰减其次要信息。此类方法能提高图像的可读性，改善后的图像不一定逼近原始图像，如改善后的图像可能会突出目标的轮廓、衰减各种噪声等，将黑白图像转换成彩色图像等，通常称为图像增强技术。

图像的增强技术通常又有两类方法，空间域法和频率域法[11]。空间域法主要是在空间域中对图像像素灰度值进行运算处理。而变换域法处理技术是在图像的某种变换域内，对图像的变换系数进行运算，并做某种修正，然后通过逆变换获得图像增强效果。

1. 图像的平滑

大部分图像噪声，如由敏感元件、传输通道、整量化器等引起的噪声，多半是随机的，它们对某一像素点的影响都可以被看作是孤立的，因此，与邻近各点相比，该点灰度值将有显著的不同。基于这一分析，我们可以采用平滑模板[12]。

平滑模板的思想是通过一点和周围几个点的运算（通常为平均运算）来去除突然变化的点，从而滤掉一定的噪声，但图像会有一定程度的模糊。如何减少图像模糊是图像平滑处理技术主要研究的问题之一，它取决于噪声本身的特性。一般情况下通过选择不同的模板来消除不同的噪声。如图 6 - 3 - 1 所示，$f(i,j)$ 表示 (i,j) 点的实际灰度值，以它为中心我们取一个 $N \times N$ 的窗口（$N = 3,5,7,\cdots$），图中 $N = 3$，窗口内像素组成的点集以 A 来表示，经平滑后，像素 (i,j) 的对应输出为

$$g(i,j) = \frac{1}{N \times N} \sum_{(x,y) \leftarrow A} f(x,y) \qquad (6 - 3 - 1)$$

$f(i,j)$

图 6 - 3 - 1

　　邻域平均法的平均作用会引起模糊现象,模糊程度与邻域半径成正比。为了尽可能减少模糊失真,有人提出了"超限邻域平均法",即如果某个像素的灰度值大于其邻域像素的平均值,且达到一定水平,则判断该像素为噪声,继而用邻域像素的平均值取代这一像素值。

　　在操作中,我们对窗口的大小及门限的选择要慎重,T 太大,易使图像模糊。在实际应用中,我们一般用 3×3 窗口,而且还可以对邻域中各个像素乘以不同的权重然后再平均,由此得到不同的加权矩阵。以下给出常用的几种加权矩阵:

$$\boldsymbol{H}_1=\frac{1}{9}\begin{bmatrix}1&1&1\\1&1&1\\1&1&1\end{bmatrix},\boldsymbol{H}_2=\frac{1}{10}\begin{bmatrix}1&1&1\\1&2&1\\1&1&1\end{bmatrix},\boldsymbol{H}_3=\frac{1}{16}\begin{bmatrix}1&2&1\\2&4&2\\1&2&1\end{bmatrix},\boldsymbol{H}_4=\frac{1}{8}\begin{bmatrix}1&1&1\\1&0&1\\1&1&1\end{bmatrix}$$

$$(6-3-2)$$

2. 中值滤波

　　在图像处理中,可能需要去除噪声,常用的有邻域平均法,即用窗口在图像上滑动,并且把窗口中心对应的图像中的像素值修改为邻域(即窗口)的代数平均值。但是图像边缘轮廓包含有大量的高频信息,而邻域平均法实质上是一个低通滤波器,直接使用邻域平均法会使得边界变模糊。后来有人提出邻域加权平均法作为改进,给窗口内不同位置的像素设不同的权,从而可以减少模糊性而较好地保留边缘信息。为了既能去除噪声,又能保留边界信息,可以使用中值滤波算法。

　　中值滤波是由图基(Turky)在 1971 年提出的,中值滤波的原理是把序列或数字图像中的一点的值,用该点邻域中各点值的中值来替代。对于序列而言,中值的定义是这样的[13]:

　　若 $x_1,x_2,\cdots,x_n$ 为一组序列,先把其按大小排列为:

$$x_{i1}\leqslant x_{i2}\leqslant x_{i3}\cdots\leqslant x_{in} \qquad (6-3-3)$$

则该序列的中值 y 为

$$y=\mathrm{Med}\{x_1,x_2,\cdots,x_n\}=\begin{cases}x_{i(\frac{n+1}{2})} & n\ \text{为奇数}\\[2mm]\dfrac{1}{2}\left[x_{i\frac{n}{2}}+x_{i(\frac{n+1}{2})}\right] & n\ \text{为偶数}\end{cases} \qquad (6-3-4)$$

式(6-3-4)中,若把一个点的特定长度或形状的邻域作为窗口,在一维情况下,中值滤波器是一个含有奇数个像素的滑动窗口。窗口正中间的那个像素的值用窗口各像素值的中值来代替。对于奇数个元素,中值是指按大小排序后中间的数值。对于偶数个元素,中值是指将像元灰度值排序后中间两个像元灰度值的平均值。这样一来,噪声(明亮区的少数暗点或暗区少数明亮点要么是最小值,要么是最大值,取中间值可以直接丢弃这些值而不参与运算)就可以被去除,而能较好保留边缘信息。

　　针对图像的中值滤波的过程为:首先将模板内(窗口)所涵盖的像素按灰度值由小到大排列,再取序列中间点的值作为中值,并以此值作为滤波器的输出值。在很强的脉冲干扰下,因为这些灰度值的干扰值与其邻近像素的灰度值有很大的差异,因此,经排序后取中值的结果是强迫将此干扰点变成与其邻近的某些像素的灰度值一样,从而达到去除干扰的效果。应当注意的是中值滤波的过程是一个非线性的操作过程,它既能保持图像的轮廓,又能消除强干扰脉冲噪声。

中值滤波除直接采用图像像素作中值外,还可采用其他的方法,例如,平滑锐化滤波就含有取中值和样点计算的过程。另一种方法是先计算周边像素灰度的平均值,若所考虑像素的灰度与此平均值的差异超过一定临界值时,则判定此像素为干扰,该点的值应采用先前计算所得的平均值来替代,若不超出临界则用该点实际像素的灰度值作为滤波器的输出,此种方法更接近于人眼的实际感觉。利用中值滤波法消除图像噪声要经过如下过程:(1) 输入图像;(2) 加入模拟噪声;(3) 中值滤波。中值滤波对于消除高斯白噪声效果不是特别理想[14],但对消除随机干扰噪声效果却非常好。因此,中值滤波在图像处理中是比较理想的滤波电路。

为了演示中值滤波器的工作过程,我们给下面的数组加上观察窗 3,重复边界的数值:

$$x = \begin{bmatrix} 2 & 8 & 0 & 6 & 3 \end{bmatrix}$$
$$y[1] = \text{Median}[2 \quad 2 \quad 8 \quad 0] = 2$$
$$y[1] = \text{Median}[2 \quad 8 \quad 0 \quad 6] = 6 = \text{Median}[2 \quad 6 \quad 8 \quad 0] \qquad (6-3-5)$$
$$y[1] = \text{Median}[8 \quad 0 \quad 6 \quad 3] = \text{Median}[3 \quad 6 \quad 8 \quad 0]$$
$$y[1] = \text{Median}[6 \quad 3 \quad 3] = \text{Median}[3 \quad 3 \quad 6]$$

于是 $y = \begin{bmatrix} 2 & 6 & 6 & 3 \end{bmatrix}$,其中 y 是 x 的中值滤波输出。

3. 图像的锐化

图像锐化处理的目的是使模糊图像变得更加清晰起来。通常,它针对引起图像模糊的原因进行相应的锐化处理,它也属于图像复原的内容。这里只介绍一般的去除图像模糊的算法。图像的模糊实质就是图像进行平均或积分运算造成的,因此,可以对图像进行逆运算,如微分运算,使图像清晰化。从频谱角度来分析,图像模糊的实质是其高频分量被衰减,因而可以通过高通滤波操作来使图像清晰化。但要注意,能够进行锐化处理的图像必须有较高的信噪比,否则,噪声的增加量比信号还要大,使得锐化后的图像信噪比反而更低。因此,一般是先去除或减轻噪声后再进行锐化处理。

图像锐化处理有两种方法,一是微分法,二是高通滤波法。后者的工作原理和低通滤波相似,不再详细介绍。下面主要介绍两种常用的微分锐化方法,梯度锐化和拉普拉斯锐化[15]。

(1) 梯度锐化

设图像为 $f(x,y)$,定义 $f(x,y)$ 在点处的梯度矢量 $\boldsymbol{G}[f(x,y)]$ 为[16]

$$\overline{\boldsymbol{G}}[f(x,y)] = \begin{bmatrix} \dfrac{\partial f}{\partial x} \\ \dfrac{\partial f}{\partial y} \end{bmatrix} \qquad (6-3-6)$$

梯度有两个重要的性质:

(a) 梯度的方向在函数 $f(x,y)$ 最大变化率方向上;

(b) 梯度的幅度用 $G[f(x,y)] = \sqrt{\left(\dfrac{\partial f}{\partial x}\right)^2 + \left(\dfrac{\partial f}{\partial y}\right)^2}$ 表示。可见,梯度的数值就是在其

最大变化率方向上的单位距离所增加的量。

对于离散的数字,上式可以改写为

$$G[f(i,j)] = \sqrt{[f(i,j)-f(i+1,j)]^2 + [f(i,j)-f(i,j+1)]^2} \quad (6-3-7)$$

通常也可近似为下面两种形式

$$G[f(i,j)] = \sqrt{[f(i,j)-f(i+1,j+1)]^2 + [f(i+1,j)-f(i,j+1)]^2}$$
$$(6-3-8)$$

$$G[f(i,j)] \cong |f(i,j)-f(i+1,j+1)+|f(i+1,j)-f(i,j+1)|| \quad (6-3-9)$$

上面两个公式称为罗伯特(Roberts)梯度。

如果直接采用梯度值 $G[f(x,y)]$ 来表示图像,即令 $f(x,y)=G[f(x,y)]$,则由上式可见,在图像变化缓慢的地方其值很小(对应图像较暗处),而在线条轮廓等变化较快的地方值很大。图像在经过梯度运算后更加清晰,实现锐化图像的目的。

(2) 拉普拉斯锐化

拉普拉斯运算也是偏导数运算的线性组合,而且是一种各向同性(旋转不变性)的线性运算。设 $\nabla^2 f$ 为拉普拉斯算子,它为[15]

$$\nabla^2 f = \frac{\partial^2 f}{\partial x^2} + \frac{\partial^2 f}{\partial y^2} \quad (6-3-10)$$

用模板可表示为

$$\begin{bmatrix} -1 & -1 & -1 \\ -1 & 9 & -1 \\ -1 & -1 & -1 \end{bmatrix} \quad (6-3-11)$$

容易看出拉普拉斯模板的含义,先将自身与周围的 8 个像素相减,表示自身与周围像素的差别,再将这个差别加上自身作为新像素的灰度。可见,如果一片暗区出现了一个亮点,那么锐化处理的结果是这个亮点变得更亮,增加了图像的噪声。因为图像中的边缘就是那些灰度发生跳变的区域,所以锐化模板在边缘检测中很有用。

4. 亮度及对比度

在图像处理中,亮度和对比度的具体定义是:亮度是单种颜色的相对明暗程度,通常使用从 0%(黑色)至 100%(白色)的百分比来度量[16]。对比度指的是一幅图像中明暗区域最亮的白和最暗的黑之间不同亮度层级的测量,差异范围越大代表对比越大,差异范围越小代表对比越小,对比率 $120:1$ 就可容易地显示生动、丰富的色彩,当对比率高达 $300:1$ 时,便可支持各阶的颜色。

我们以 24 位黑白图像为例子,灰度值 $0-255$,一共 256 种深度来表示。如果我们把它画在一个二维坐标上,比如我们将像素的色深作为横坐标,输出色深作为纵坐标的话,那么经过原点 $(0,0)$ 的 $45°$ 斜线就表示它的对比度正好为 1。这样很容易就可以写出它的直线方程:$Out=In\times1$,系数 1 就是对比度的概念,如果把直线加上一个偏移量变成 B,那么它的直线方程就成为:$Out=In\times1+(ab)$,偏移量 (ab) 就是亮度的增量。

五、实验步骤

第一步 将外置 CCD 和被测物放置屏固定到螺杆支座上,调节螺杆至适当高度,使得外置 CCD 镜头对准物屏中心,然后拧紧固定螺母,安装完成。

第二步 用 USB 2.0 数据线将面阵 CCD 和计算机连接。

第三步 打开计算机的电源开关,并确认"CCD&CMOS 传感器综合实验平台"的软件已经安装,若未安装,则先将软件安装。

第四步 给实验设备上电。

第五步 摄像为外置状态,采集指示灯点亮表明采集外置 CCD 摄像头的图像信号。

第六步 将用户所需要观测的如图 6-3-2 所示的图片安装在"被测物放置屏"上,将外置面阵 CCD 摄像头的镜头盖打开。

第七步 运行"彩色面阵 CCD 综合实验平台"程序;选择实验列表中的"图像增强和清晰处理实验",如图 6-3-3 所示。

图 6-3-2   图 6-3-3

第八步 选择如图 6-3-4 所示界面上的"连续采集"命令,观察采集到的实际图像,观测图像的成像质量,若不清晰,调整摄像头与被测图片的相对位置,或对摄像机的成像物镜进行调焦。调焦之前要用小螺丝刀将镜头的固定螺丝松开,镜头便可以进行转动调焦,直到显示器上的图像清晰,然后拧紧固定螺丝。

第九步 选择图 6-3-4 中的"停止采集"命令,将图片通过选择如图 6-3-5 所示的"保存图片"命令进行保存,命名为 Test3_1。

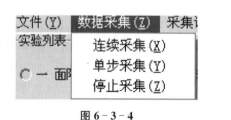

图 6-3-4   图 6-3-5

第十步 点击图 6-3-6 中的"亮度调节"按钮,在弹出的如图 6-3-7 所示的对话框中输入想增减的亮度值,然后观察图像的变化,加强对亮度概念的理解,将亮度增加 100 后的图片通过选择如图 6-3-5 所示的"保存图片"命令进行保存,命名为 Test3_2。

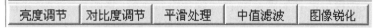

图 6 - 3 - 6

图 6 - 3 - 7

　　第十一步　重新采集一幅图,点击图
6 - 3 - 6 中的"对比度调节"按钮,在弹出的如图
6 - 3 - 8 所示的对话框中输入想增减的对比度
值,然后观察图像的变化,加强对对比度概念的
理解,将对比度增加 100 后的图片通过选择如图
6 - 3 - 5 所示的"保存图片"命令进行保存,命名
为 Test3_3。

图 6 - 3 - 8

　　第十二步　将 Test3_2 和 Test3_3 两幅图
片进行比较,理解亮度调节和对比度调节各自的特点。

　　第十三步　重新采集一幅图,点击如图 6 - 3 - 6 中的"图像锐化"按钮,在弹出的如图
6 - 3 - 9 所示的对话框中选择梯度锐化,然后观察图像的变化,为了观察更加形象,可以换
取实验仪中提供的其他图片或自选图片进行观察,将图 6 - 3 - 2 经梯度锐化变换后的图片
通过选择如图 6 - 3 - 5 所示的"保存图片"命令进行保存,命名为 Test3_4。

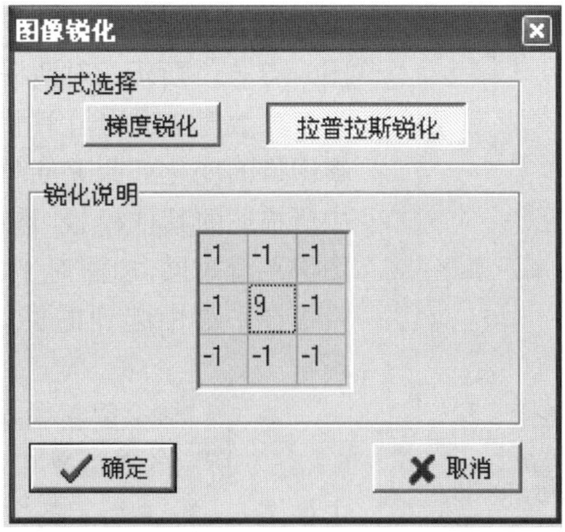

图 6 - 3 - 9

　　第十四步　重新采集一幅图,点击如图 6 - 3 - 6 所示的"图像锐化"按钮,在弹出的如
图 6 - 3 - 9 所示的对话框中选择拉普拉斯锐化,然后观察图像的变化,为了观察更加形象,

可以换取实验仪中提供的其他图片或自选图片进行观察,将图 6-3-2 经拉普拉斯锐化变换后的图片通过选择如图 6-3-5 所示的"保存图片"命令进行保存,命名为 Test3_5。

第十五步 比较 Test3_4 和 Test3_5 两张图片,结合基本原理章节中对两者算法的描述,思考变换结果为什么会有差异。

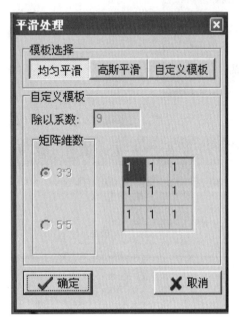

图 6-3-10

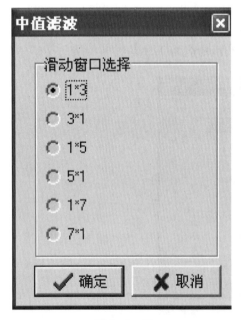

图 6-3-11

第十六步 重新采集一幅图,首先进行如图 6-3-9 所示的对话框中的拉普拉斯锐化,此时图片上出现了噪声,然后点击如图 6-3-6 中的"平滑处理"按钮,在弹出的如图 6-3-10 所示的对话框中选择均匀平滑,观察图像的变化,将变换后的图片通过选择如图 6-3-5 所示的"保存图片"命令进行保存,命名为 Test3_6。

第十七步 重新采集一幅图,首先进行如图 6-3-9 所示的对话框中的拉普拉斯锐化,此时图片上出现了噪声,然后点击如图 6-3-6 中的"平滑处理"按钮,在弹出的如图 6-3-10 所示的对话框中选择高斯平滑,观察图像的变化,将变换后的图片通过选择如图 6-3-5 所示的"保存图片"命令进行保存,命名为 Test3_7。

第十八步 比较 Test3_6 和 Test3_7 两幅图片,结合均匀平滑和高斯平滑各自的模板及实验原理中对平滑处理的讲解,思考模板在平滑中的作用。

第十九步 重新采集一幅图,首先进行如图 6-3-9 所示的对话框中的拉普拉斯锐化,然后点击如图 6-3-6 中的"平滑处理"按钮,在弹出的如图 6-3-10 所示的对话框中选择自定义模板,手动设置参数值构建均匀平滑模板和高斯平滑模板,观察图像的变化效果是否同前。我们还可以尝试式中所描述的其他模板,选择不同的模板大小,观察图像平滑效果,加深对平滑概念的理解,同时掌握模板在平滑中起到的作用,理解不同模板带来的影响。

第二十步 重新采集一幅图,首先进行如图 6-3-9 所示的对话框中的拉普拉斯锐化,然后点击如图 6-3-6 所示的"中值滤波"按钮,在弹出的如图 6-3-11 所示的对话框中分别选择不同的滤波滑动窗口,观察图像的变化,比较不同的滤波滑动窗口对图片滤波效果的区别,为了对比效果更加明显,可以换取实验仪提供的其他图片或自选图片进行观察,加强对中值滤波的理解。

第二十一步 关机结束。

（1）将所需要保存的数据或文件进行保存处理；

（2）关闭实验仪的电源；

（3）盖好镜头盖；

（4）退出软件，关闭计算机；

（5）从螺杆支座上取下被测物放置屏及外置摄像头，取下图片，放回箱内，整理好所有连接线。

六、实验结果

> **注意**：以下结果仅供参考，非标准结果。

（1）采集的原始图像效果如下。

（2）进行100的亮度调节，图像变化效果如下。

（3）进行100的对比度调节，图像变化效果如下。

（4）进行图像梯度锐化实验，图像变化效果如下。

(5) 进行图像拉普拉斯锐化实验,图像变化效果如下。

(6) 进行均匀平滑处理实验,图像变化效果如下。

(7) 进行高斯平滑处理实验,图像变化效果如下。

七、思考题

(1) 思考一下,我们为什么要进行图像处理。

(2) 在图像处理中,大家最熟悉的就是对于图像的亮度和对比度的调整了。那么这两者有什么区别?

(3) 中值滤波中,窗口的大小对于滤波效果是否有影响,是不是窗口越大,效果越好?

6.4 图像边缘检测及二值形态学操作实验

一、实验目的

图像传感器用于尺寸测量的技术是非常有效的非接触检测技术,被广泛地应用于各种加工件的在线检测和高精度、高速度的检测技术领域,而图像的边缘检测与轮廓信息处理又是尺寸测量的基础。因此,掌握其原理及方法十分重要。形态学的基本思想是使用具有一定形态的结构元素来度量和提取图像中的对应形状,从而达到对图像进行分析和识别的目的。数学形态学可以用来简化图像数据,保持图像的基本形状特性,同时去掉图像中与研究目的无关的部分。使用形态学操作可以完成增强对比度、消除噪声、细化、骨架化、填充和分割等常用图像处理任务。

二、实验内容

(1)分别利用 Robert 算子、Sobel 算子、Prewitt 算子、Kirsch 算子及高斯-拉普拉斯算子进行图像边缘检测,比较各自的优劣;

(2)图像的轮廓信息提取实验;

(3)通过膨胀、腐蚀两种基本的数学形态学运算来熟悉二值形态学操作。

三、实验仪器

表 6 - 4 - 1 实验仪器表

名称	数量
MSW - MW4A01A 光电技术综合实验平台	一台
CCD&CMOS 模块	一套
计算机	一台
USB 2.0 数据线	一根
连接线	若干

四、实验原理

1. 图像的边缘检测及轮廓处理

图像的特征指图像场中可用作为标志的属性。它可以分为图像的统计特征和图像的视觉特征等两类。图像的统计特征是指一些人为定义的特征,通过变换才能得到。如图像的直方图、频谱等等;图像的视觉特征指人的视觉可直接感受到的自然特征,如区域的亮度、纹理或轮廓等。利用这两类特征把图像分解成一系列有意义的目标或区域的过程称为图像的分割。

图像的边缘是图像的最基本特征。所谓边缘(或边沿)是指其周围像素灰度有阶跃变化或屋顶变化的那些像素的集合。边缘广泛存在于物体与背景之间、物体与物体之间、基元与基元之间。因此,它是图像分割所依赖的重要特征。物体的边缘是由灰度不连续性所反映的。经典的边缘提取方法是考察图像的每个像素在某个邻域内灰度的变化,利用边缘邻近的一阶或二阶方向导数找出相应的变化规律提取出边缘,再用简单的方法检测边缘,以便达到某种目的,例如图像自动检测的目的。这种方法称为边缘检测局部算子法。

边缘检测是图像处理和计算机视觉中的基本问题,边缘检测的目的是标识数字图像中亮度变化明显的点。图像属性中的显著变化通常反映了属性的重要事件和变化。这些包括深度上的不连续、表面方向不连续、物质属性变化和场景照明变化。边缘检测是图像处理和计算机视觉中,尤其是特征提取中的一个研究领域。

图像边缘检测大幅度地减少了数据量,并且剔除了可以认为不相关的信息,保留了图像重要的结构属性。有许多方法用于边缘检测,它们的绝大部分可以划分为两类:基于查找的一类和基于零穿越的一类。基于查找的方法通过寻找图像一阶导数中的最大和最小值来检测边界,通常是将边界定位在梯度最大的方向。基于零穿越的方法通过寻找图像二阶导数零穿越来寻找边界,通常是 Laplacian 过零点或者非线性差分表示的过零点。下面介绍几种常用的边缘检测算子。

(1) Roberts 边缘检测算子

Roberts 边缘检测算子是一种利用局部差分算子寻找边缘的算子。算子函数为[17]:

$$g(x,y)=\{[\sqrt{f(x,y)}-\sqrt{(x+1,y+1)}]^2+\sqrt{f(x+1,y)}-\sqrt{(x,y+1)}]^2\}^{\frac{1}{2}}$$

$$(6-4-1)$$

式中 $f(x,y)$ 为具有整数像素坐标的输入图像,平方根运算使该处理类似于人类视觉系统发生的过程。

(2) Sobel 边缘算子

Sobel 边缘算子是由两个卷积核形成[18]。图像中的每个点都用这两个核做卷积,一个核对通常的垂直边缘影响最大,而另一个对水平边缘影响最大。两个卷积的最大值作为该点的输出位。运算结果是一幅边缘幅度图像。两个卷积核如下:

```
-1  -2  -1      -1   0   1
 0   0   0      -2   0   2
 1   2   1      -1   0  -1
```

(3) Prewitt 边缘算子

Prewiit 边缘算子同样也由两个卷积核构成[19]。和使用 Sobel 算子的方法一样,图像中的每个点都用这两个核进行卷积,取最大值作为输出。Prewitt 算子也产生一幅边缘幅度图像。其卷积核如下:

```
-1  -1  -1      1   0  -1
 0   0   0      1   0  -1
 1   1   1      1   0  -1
```

(4) Krisch 边缘算子

Kirsh 边缘算子由 8 个卷积核构成[20]。用这 8 个卷积核对图像中的每个点都进行卷积,每个卷积核都对某个特定边缘方向作出最大响应,所有 8 个方向中的最大值作为边缘幅度图像的输出。

$$
\begin{array}{ccc ccc ccc}
+5 & +5 & +5 & -3 & +5 & +5 & -3 & -3 & +5 & -3 & -3 & -3 \\
-3 & 0 & -3 & -3 & 0 & +5 & -3 & 0 & +5 & -3 & 0 & +5 \\
-3 & -3 & -3 & -3 & -3 & -3 & -3 & -3 & +5 & -3 & +5 & +5 \\
\end{array}
$$

$$
\begin{array}{ccc ccc ccc}
-3 & -3 & -3 & -3 & -3 & -3 & +5 & -3 & -3 & +5 & +5 & +5 \\
-3 & 0 & -3 & +5 & 0 & -3 & +5 & 0 & -3 & +5 & 0 & -3 \\
+5 & +5 & +5 & +5 & +5 & -3 & +5 & -3 & -3 & -3 & -3 & -3 \\
\end{array}
$$

（5）高斯-拉普拉斯算子

由于噪声点对边缘检测有一定的影响,所以高斯-拉普拉斯算子是效果较好的边缘检测器。常用的高斯-拉普拉斯算子如下[20]:

$$
\begin{array}{ccccc}
-2 & -4 & -4 & -4 & -2 \\
-4 & 0 & 8 & 0 & -4 \\
-4 & 8 & 24 & 8 & -4 \\
-4 & 0 & 8 & 0 & -4 \\
-2 & -4 & -4 & -4 & -2 \\
\end{array}
$$

（6）轮廓提取

轮廓提取的算法非常简单,就是掏空内部点:如果原图中有一点为黑,且它的 8 个相邻点都是黑色时(此时该点是内部点),则将该点删除。

2. 二值形态学操作

最初形态学是生物学中研究动物和植物结构的一个分支,后来也用数学形态学来表示以形态为基础的图像分析数学工具。形态学的基本思想是使用具有一定形态的结构元素来度量和提取图像中的对应形状,从而达到对图像进行分析和识别的目的。数学形态学可以用来简化图像数据,保持图像的基本形状特性,同时去掉图像中与研究目的无关的部分。

数学形态学的数学基础和使用的语言是集合论。其基本运算有四种:膨胀、腐蚀、开启和闭合,基于这些基本运算还可以推导和组合成各种数学形态学运算方法。二值形态学中的运算对象是集合,通常给出一个图像集合和一个结构元素集合,利用结构元素对图像进行操作。这里要注意,实际运算中所使用的两个集合不能看成是互相对等的:如果 A 是图像集合,B 是结构元素,形态学运算将是用 B 对 A 进行操作。结构元素是一个用来定义形态操作中所用到的邻域的形状和大小的矩阵,该矩阵仅由 0 和 1 组成,可以具有任意的大小和维数,数值 1 代表邻域内的像素,形态学运算都是对数值为 1 的区域进行的运算。

使用同一个结构元素对图像先进行腐蚀然后再进行膨胀的运算称为开启,先进行膨胀然后再进行腐蚀的运算称为闭合。由此可见,膨胀和腐蚀操作是形态学中最基本的运算,本次实验仅涉及膨胀和腐蚀,开启和闭合可以课下进行学习。

（1）膨胀

膨胀的运算符为"$\oplus$",图像集合 A 用结构元素 B 来膨胀,记作 $A \oplus B$,其定义为[22]:

$$
A \oplus B = \{x \mid [(\hat{B})_x \cap A] \neq 空集\} \tag{6-4-2}
$$

其中,$\hat{B}$ 表示 B 的映像,即与 B 关于原点对称的集合。上式表明,用 B 对 A 进行膨胀的过程是这样的:首先对 B 做关于原点的映射,再将其映像平移 x,当 A 与 B 映像的交集不为空集时,B 的原点就是膨胀集合的像素。也就是说,用 B 来膨胀 A 得到的集合是 $\hat{B}$ 位移与 A 至少有一个非零元素相交时的原点的位置集合。因而式(6-4-2)也可以写成:

$$A \oplus B = \{x \mid [(B)_x \cap \hat{A}] \subseteq A\} \tag{6-4-3}$$

如果将 B 看成是一个卷积模板,膨胀就是对 B 作关于原点的映像,然后再将映像连续地在 A 上移动而实现的。图 6-4-1 给出了膨胀运算的一个示意图,其中"+"号表示原点。(a) 图表示集合 A;(b) 图表示集合 B;(c) 图表示 B 的映像;(d) 图表示膨胀结果。

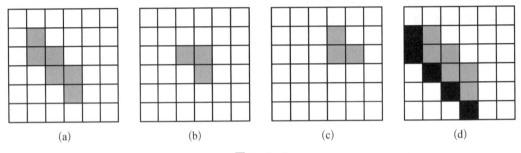

图 6-4-1

图 6-4-1(a)中的阴影部分为 A,(b)中的阴影部分为 B,(c)中的阴影部分为 B 的映像,而(d)中的阴影部分表示 $A \oplus B$,其中深色阴影表示图像膨胀后扩张的部分。

(2) 腐蚀

腐蚀的运算符是"Θ",A 用 B 来腐蚀记作 $A\Theta B$,其定义为[22]:

$$A \Theta B = \{x \mid (B)_x \subseteq A\} \tag{6-4-4}$$

式(6-4-4)表明,A 用 B 腐蚀的结果是所有满足"将 B 平移 x 后,B 仍全部包含在 A 中"的 x 的集合,从直观上看就是 B 经过平移后全部包含在 A 中的原点组成的集合。图6-4-2 为一个腐蚀运算的示意图。其中(a)图表示集合 A,(b)图表示集合 B,(c)图表示腐蚀结果。

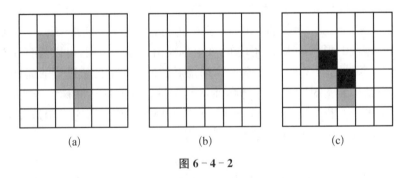

图 6-4-2

图 6-4-2(a)中的阴影部分为 A,(b)中的阴影部分为 B,(c)中的深色阴影部分表示 $A\Theta B$。

(3) 膨胀和腐蚀的对偶性

膨胀和腐蚀这两种操作有着密切的关系:使用结构元素对图像进行腐蚀操作相当于使

用该结构元素的映像对图像背景进行膨胀操作,反之亦然。这也就是说

$$(A \oplus B)^C = A^C \ominus B^C \tag{6-4-5}$$

$$A^C \oplus B^C = (A \ominus B)^C \tag{6-4-6}$$

膨胀和腐蚀的对偶性可以从图 6-4-3 中体现出来。图 6-4-3(a)、(b)就是图 6-4-1 中的 A 及其膨胀结果,图 6-4-3(c)则是图 6-4-3(a)的背景图像,图 6-4-3(d)是使用图 6-4-1 所示的结构元素对图 6-4-3(c)进行腐蚀的结果,显然图 6-4-3(d)就是(b)的背景图像。

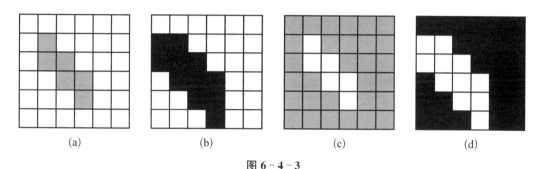

图 6-4-3

图 6-4-3 中(a)为集合 A,(b)为腐蚀结果,(c)为 A 的背景图像,(d)为背景图像的腐蚀结果。在图像处理中我们为什么要进行膨胀腐蚀操作呢,膨胀一般是给图像中的对象边界添加像素,而腐蚀则是删除对象边界像素。在形态学的膨胀和腐蚀操作中,输出图像中所有给定像素的状态都是通过对输入图像中相应像素及其邻域内一定的规则来确定的。进行膨胀操作时,输出像素值是输入图像相应像素邻域内所有像素的最大值。而在腐蚀操作中,输出像素值是输入图像相应像素邻域内的所有像素的最小值。

五、实验步骤

第一步　将外置 CCD 和被测物放置屏固定到螺杆支座上,调节螺杆至适当高度,使得外置 CCD 镜头对准物屏中心,然后拧紧固定螺母,安装完成。

第二步　用 USB 2.0 数据线将面阵 CCD 和计算机连接。

第三步　打开计算机的电源开关,并确认"CCD&CMOS 传感器综合实验平台"的软件已经安装,若未安装,则先将软件安装。

第四步　给实验设备上电。

第五步　摄像为外置状态,采集指示灯点亮表明采集外置 CCD 摄像头的图像信号。

第六步　将用户所需要观测的如图 6-4-4 所示的图片安装在"被测物放置屏"上,将外置面阵 CCD 摄像头的镜头盖打开。

图 6-4-4

第七步　运行"彩色面阵 CCD 综合实验平台"程序;选择实验列表中的"图像边缘检测及二值形态学操作实验",如图 6-4-5 所示。

第八步　选择如图 6-4-6 所示界面上的"连续采集"命令,观察采集到的实际图像,观

测图像的成像质量,若不清晰,调整摄像头与被测图片的相对位置;或对摄像机的成像物镜进行调焦。调焦之前要用小螺丝刀将镜头的固定螺丝松开,镜头便可以进行转动调焦,直到显示器上的图像清晰,然后拧紧固定螺丝。

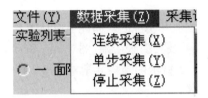

图 6 - 4 - 5

图 6 - 4 - 6

第九步　选择图 6 - 4 - 6 中的"停止采集"命令。

第十步　点击如图 6 - 4 - 7 所示中的"边缘检测"按钮,在弹出的如图 6 - 4 - 8 所示的对话框中选择 Sobel 算子观察图像的变化,将变换后的图片通过选择如图 6 - 4 - 9 所示的"保存图片"命令进行保存,命名为 Test4_1。

图 6 - 4 - 7

图 6 - 4 - 8

图 6 - 4 - 9

第十一步　重新采集一幅图,点击如图 6 - 4 - 7 所示的"边缘检测"按钮,在弹出的如图 6 - 4 - 8 所示的对话框中选择 Prewitt 算子,观察图像的变化,将变换后的图片通过选择如图 6 - 4 - 9 所示的"保存图片"命令进行保存,命名为 Test4_2。

第十二步　重新采集一幅图,点击如图 6 - 4 - 7 所示的"边缘检测"按钮,在弹出的如图 6 - 4 - 8 所示的对话框中选择 Kirsch 算子,观察图像的变化,将变换后的图片通过选择如图 6 - 4 - 9 所示的"保存图片"命令进行保存,命名为 Test4_3。

第十三步　重新采集一幅图,点击如图 6 - 4 - 7 所示的"边缘检测"按钮,在弹出的如图 6 - 4 - 8 所示的对话框中选择高斯拉普拉斯算子,观察图像的变化,将变换后的图片通过选择如图 6 - 4 - 9 所示的"保存图片"命令进行保存,命名为 Test4_4。

第十四步　将 Test4_1、Test4_2、Test4_3、Test4_4 四幅图片进行比较,结合实验原理中对边缘检测的讲解及对四种边缘检测算子的描述,思考四种边缘检测算子的区别,其各自有什么特点。

第十五步　重新采集一幅图,点击如图 6 - 4 - 7 所示的"抖动效果"按钮,观察图片发生抖动的区域,思考抖动对边缘造成的影响。在已发生抖动效果的图片上分别再用四种边缘检测算子进行边缘检测,对比之前保存的图片。

第十六步　重新采集一幅图,点击如图 6-4-7 所示的"轮廓提取"按钮,观察图片发生的变化,轮廓提取是否完整,将变换后的图片通过选择如图 6-4-9 所示的"保存图片"命令进行保存,命名为 Test4_5。为了观察效果更加明显,还可以换取实验仪提供的其他图片或自选图片进行多次观察。

第十七步　重新采集一幅图,点击如图 6-4-7 所示的"膨胀效果"按钮,观察图像的变化,为了观察效果更明显,可以进行多次膨胀处理,结合实验原理中对该二值形态学操作的描述,理解其原理,将变换后的图片通过选择如图 6-4-9 所示的"保存图片"命令进行保存,命名为 Test4_6。

第十八步　重新采集一幅图,点击如图 6-4-7 所示的"腐蚀效果"按钮,观察图像的变化,为观察效果明显,可以进行多次腐蚀处理,结合实验原理中对该二值形态学操作的描述,理解其原理,将变换后的图片通过选择如图 6-4-9 所示的"保存图片"命令进行保存,命名为 Test4_7。

第十九步　比较 Test4_6 和 Test4_7 两幅图,结合实验原理中对两者的描述,思考膨胀和腐蚀这两种基本的二值形态学操作之间的关系及各自的特点,思考两种操作能否作为逆操作。

第二十步　为了效果更加明显,可以换取自选彩色图片进行观察,图案越复杂,效果越明显。

第二十一步　关机结束。

(1) 将所需要保存的数据或文件进行保存处理;

(2) 关闭实验仪的电源;

(3) 盖好镜头盖;

(4) 退出软件,关闭计算机;

(5) 从螺杆支座上取下被测物放置屏及外置摄像头,取下图片,放回箱内,整理好所有连接线。

六、实验结果

注意:以下结果仅供参考,非标准结果。

(1) 进行 Sobel 算子边缘检测实验,图像变化效果如下。

(2) 进行 Prewitt 算子边缘检测实验,图像变化效果如下。

（3）进行 Kirsch 算子边缘检测实验，图像变化效果如下。

（4）进行高斯拉普拉斯算子边缘检测实验，图像变化效果如下。

（5）进行轮廓提取实验，图像变化效果如下。

（6）进行 5 次膨胀效果实验，图像变化效果如下。

（7）进行 5 次腐蚀效果实验,图像变化效果如下。

七、思考题

（1）常用的边缘检测算子有哪几种,它们各自有什么特点?（以下给出参考,同学们可以结合起来进行思考）

（2）通过本次四种边缘检测实验,我们可以得出哪些结论?（下面仅作为参考,同学们可通过采集不同的图像来得出自己的结论）

（3）图像处理中的膨胀与腐蚀有什么作用?

6.5　图像分割及图像处理实验

一、实验目的

图像分割是按照具体应用的要求和图像的内容将图像分割为一块块区域,目的是将感兴趣的对象提取出来。图像分割技术偏重于图像分析,旨在提取图像中感兴趣的信息。本次实验通过一些基础的图像分割,让学生了解典型的图像分析方法。在图像分割中阈值 T 的选取十分关键,实验中同时给出一些常用阈值选取方法来观察不同的效果。图像处理技术随着人们追求更好的视觉效果也得到了飞速发展,通过一些基本的图像处理方法,让学生对之产生兴趣。

二、实验内容

（1）灰度阈值分割实验;

（2）阈值选取算法:大律法、最大熵法、势能差法;

（3）差影检测实验;

（4）典型图像处理方法实验:非锐度屏蔽滤镜、浮雕及图像变形。

三、实验仪器

表 6 - 5 - 1　实验仪器表

名称	数量
MSW - MW4A01A 光电技术综合实验平台	一台
CCD&CMOS 模块	一套

名称	数量
计算机	一台
USB 2.0 数据线	一根
连接线	若干

四、实验原理

1. 灰度阈值分割

图像分割技术相对于人类的视觉系统而言,是一个非常简单的操作。如当我们看一幅图像时,我们所感兴趣的对象好像一下子从周围背景中跳出来,这个过程几乎是瞬间的[23]。因为人眼识别对象的过程是并行处理,而不是对一个个像素进行识别。另外,我们会利用已学到的知识和经验把整个感兴趣的对象一下子从其他不相关的对象中分离出来,但是利用计算机进行图像分割处理不是一件简单的事情,即使最简单的不考虑相邻像素之间的相关性的方法,也需要对一个个像素进行处理,如灰度阈值分割技术。传统的图像分割技术一般分为三类:

(1) 基于像素灰度值的分割技术,如图像直方图分割技术。直方图技术的局限性在于只告诉我们像素灰度值变化的范围,但并没有告诉我们图像中灰度分布的空间情况,应用于对比度增强的情况。

(2) 基于区域的分割技术。这种技术把图像分割成一个个区域,每个区域中的像素具有相同的性质。区域生长法就属于这种技术:查看一个像素的邻近像素是否具有相似的性质,如果是,就扩展区域的面积。

(3) 基于边界的分割技术。边缘所围成区域的内部与外部特性不一样,借此可以进行图像分割。这里主要就基于像素灰度值的分割技术进行讲解。

灰度阈值分割法主要应用于图像中组成感兴趣对象的灰度值是均匀的并且和背景的灰度值不一样的情况。我们事先决定一个阈值,当一个像素的灰度值超过这个阈值时,我们就认为这个像素属于我们所感兴趣的对象。反之属于背景部分。这种方法得到的结果是二值图,由此可以计算所感兴趣的像素的数目,测量感兴趣对象的面积或其他一些几何特征,最后和一些标准模板做匹配运算。

这种方法的关键是怎么选择阈值 T,一种简便的方法是检查图像的直方图,然后选择一个合适的阈值。如果图像适合这种分割法,那么图像的直方图在表示对象和背景的小范围灰度值附近会出现一个高峰值。适合这种分割法的图像的直方图应该是双极模式。我们可以在两个峰值之间的低谷处找到一个合适的阈值。但要注意的是,这种单一的方法不适合于由许多不同纹理组成一块块区域的图像。

还有一种方法是把图像变成二值图像,如果图像 $f(x,y)$ 的灰度级范围是 (a,b),设 T 是 a 和 b 之间的一个数,那么变换后的 $f_t(x,y)$ 可由下式表示[24]:

$$f_t(x,y) = \begin{cases} 1 & f(x,y) \geqslant T \\ 0 & f(x,y) < T \end{cases} \qquad (6-5-1)$$

另一种方法是把规定的灰度级范围变换为 1,而范围以外的灰度变换为 0。l,m 是灰度级范围 (a,b) 之间的两个数且 $l<m$

$$f_{l,m}(x,y)=\begin{cases} 0 & f(x,y)<l \\ 1 & l\leqslant f(x,y)\leqslant m \\ 0 & f(x,y)>m \end{cases} \tag{6-5-2}$$

此外,还有一种半阈值法,是将灰度级低于某一阈值的像素灰度变换为零,而其余的灰度级不变。总之,设置灰度级阈值的方法不仅可以提取物体,也可以提取目标的轮廓。

上述方法都以图像直方图为基础设置阈值。显然,从直方图上妥善地选择 T 值,对正确划分出感兴趣区域和背景是非常重要的。

2. 常用的阈值选择算法

(1) 大律法(也叫最大类间方差法)

大律法的基本思想是对像素进行划分,通过使划分得到的各类之间的距离达到最大,来确定其合适的门限。设图像 f 中灰度值 i 的像素的数目为 n_i,总像素为

$$N=\sum_{i=0}^{L-1}n_i \tag{6-5-3}$$

各灰度出现的概率为

$$P_i=\frac{n_i}{N} \tag{6-5-4}$$

设灰度 k 为门限,将图像分为两个区域,灰度为 $0\sim k$ 的像素和灰度为 $k+1\sim L-1$ 的像素分别属于区域 A 和 B,则区域 A 和 B 的概率分别为:

$$\omega_A=\sum_{i=0}^{k}p_i \tag{6-5-5}$$

$$\omega_B=\sum_{i=k+1}^{L-1}p_i \tag{6-5-6}$$

区域 A 和 B 的平均灰度为:

$$\mu_A=\frac{1}{\omega_A}\sum_{i=0}^{k}ip_i \tag{6-5-7}$$

$$\mu_B=\frac{1}{\omega_B}\sum_{i=k+1}^{L-1}ip_i \tag{6-5-8}$$

全图的灰度为:

$$\mu=\sum_{i=0}^{L-1}ip_i=\omega_A\mu_A+\omega_B\mu_B \tag{6-5-9}$$

两个区域的总体方差为

$$\sigma^2=\omega_A(\mu_A-\mu)^2+\omega_B(\mu_B-\mu)^2 \tag{6-5-10}$$

按照最大类间方差的准则，从 0 至 $L-1$ 改变 k，并计算类间方差，使方差最大的 k 值即为区域分割的门限。

(2) 最大熵阈值分割法

利用图像灰度直方图的熵来自动获取阈值的思想最先由 T. Pun 于 1980 年提出。将 Shannon 熵概念应用于图像分割时，依据是使图像中目标与背景分布的信息量最大，通过分析图像灰度直方图的熵，找到最佳阈值[26]。对于灰度范围为 $|0,1,\cdots,L-1|$ 的图像，假设图中灰度级低于 t 的像素点构成目标区域(O)，灰度级高于 t 的像素点构成背景区域(B)，那么各概率在其本区域的分布分别为：

$$O \ 区:p_i/p_t,i=0,1,\cdots,t \qquad\qquad (6-5-11)$$
$$B \ 区:p_i/(1-p_t),i=t+1,t+2,\cdots,L-1$$

其中 $p_t=\sum\limits_{i=0}^{t}p_i$

对于数字图像，目标区域和背景区域的熵分别定义为：

$$H_o(t)=-\sum_i\frac{p_i}{p_t}\lg\frac{p_i}{p_t} \qquad\qquad (6-5-12)$$

式中：$i=0,1,\cdots,t$

$$H_B(t)=-\sum_i\frac{p_i}{1-p_t}\lg\frac{p_i}{1-p_t} \qquad\qquad (6-5-13)$$

式中：$i=t+1,t+2,\cdots,L-1$

则熵函数定义为：

$$\phi(t)=H_o(t)+H_B(t)=\lg\frac{p_i}{1-p_t}+\frac{H_t}{p_t}+\frac{H_L-H_t}{1-p_t} \qquad\qquad (6-5-14)$$

式中：$H_t=-\sum_i p_i\lg p_i(i=0,1,\cdots,t),H_L=-\sum_i p_i\lg p_i(i=0,1,\cdots,L-1)$

当熵函数取得最大值时对应的灰度值 t^* 就是所求的最佳阈值，即

$$t^*=\mathrm{argmax}\{\phi(t)\} \qquad\qquad (6-5-15)$$

(3) 势能差法(力场转换方法)

Hurley 等人模仿自然界的电磁力场过程，提出了一种力场转换理论[26]。在该理论中，整幅图像被转换为一个力场，该力场的形成是通过假定图像上每一个像素点对其他所有像素点均施加一个等方向性的力；这种力与像素灰度成正比，与像素间距离的平方成反比。由此，就存在一个与力场相关的势能面。

在待检测的物体周围放置一组单位亮度的测试像素点，它们呈封闭形将物体包围。每一个测试像素点在力场的拉动下朝着潜在势阱运动，直至到达平衡位置，即势阱的中心，其产生的运动轨迹形成场线。由于在每一点的力场是唯一的，所有到达给定点的场线都会沿着同样的路径，并从该点继续向前运动从而形成"渠"。

该方法中特征点数量和位置不受初始点位置选取的影响，但初始点数量不能太少，否

则会导致势阱丢失,而且在分辨率较低情况下仍能获取力场结构。这样可以先利用较低的分辨率定位目标,然后在较高分辨率下进一步提取特征信息。它还具有抗噪声能力,在受到高斯噪声的干扰下力场结构基本不变。该方法具有很强的鲁棒性,这项技术的好处在于并不需要一个对目标拓扑结构的清晰描述,对阱的提取仅仅是场线以及观察到的最终坐标。而若考虑到渠的形状和最终能量表面的形状,则可以提高描述细节程度,以达到任意需求。

3. 差影检测

所谓差影检测法实际上是图像的相减运算(又称减影技术),是指把同一景物在不同时间拍摄的图像或同一景物在不同波段拍摄的图像相减的处理方法。差值图像能突出图像间的差异信息。常用于动态监测、运动目标检测、运动物体的跟踪、图像背景消除及目标识别等工作。

图像进行加、减运算的数学表达式为[27]:

$$f_3(x,y)=f_1(x,y)+f_2(x,y)$$
$$f_3(x,y)=f_1(x,y)-f_2(x,y) \qquad (6-5-16)$$

式中 $f_1(x,y)$, $f_2(x,y)$ 为输入图像,而 $f_3(x,y)$ 为输出图像。

图像相加的重要应用是对同一场景的多幅图像求平均值。它常被用来有效地降低随机噪声的影响。图像相加也可以将一幅图像的内容叠加到另一幅图像上去,以达到二次曝光的效果。图像相减可用于去除一幅图像中不需要的图案,如缓慢变化的背景阴影、周期性的噪声或在图像上每一像素处均已知的附加污染等。减法也可用于检测同一场景的两幅图像之间的变化。例如,通过对某场景序列图像的减运算,可检测物体运动速度参数等。

利用遥感图像进行动态监测时,用差值图像可发现森林火灾、洪水泛滥及监测灾情的变化,估计财产损失等;也能用以监测河口、海岸的泥沙淤积及监视江河、湖泊、海岸等的污染。利用差值图像还能发现图像上的云和阴影,鉴别出耕作地及不同的作物覆盖情况;利用同一地面上的物体在各波段的亮度差异,识别地面上的物体。利用减影技术消除图像背景也有很明显的效果。在临床医学上有很多重要的应用,如在血管造影技术中肾动脉造影术对诊断肾脏疾病就有独特效果。为了减少误诊,人们希望提供反映游离血管的清晰图像。通常,在造影剂注入后,虽然能够看出肾动脉血管的形状及分布,但由于肾脏周围血管受到脊椎及其他组织影像的重叠,难以得到理想的游离血管图像。为此,人们摄制肾动脉造影前后两幅图像,相减,便能把脊椎及其他组织的影像剪掉,仅保留血管图像。若再进行对比度增强及彩色增强等处理,就能得到更加清晰的游离血管图像。类似的技术也可用于诊断印刷线路板及集成电路掩模的缺陷。

4. 非锐度屏蔽滤镜

一般而言,图像在经过扫描或色彩校正之后都会产生轻微的模糊(Blurring)现象,有时图像原稿本身就模糊,在经过调整后可能就更加模糊了。使用非锐度屏蔽滤镜处理可以消除这种模糊的现象。非锐度屏蔽滤镜的原则是它会侦测任何二个有相当亮度差异的光点,然后适量提高那些光点的明亮对比,以加强其锐利度,同时用户还可指定有多少相邻光点会受到 Unsharp Mask 的影响。

非锐度屏蔽滤镜到底起到什么作用,事实上 Unsharp 不能真正提高锐度,它只是提高物体边缘的对比度,将一些过渡的影响视觉清晰的中间层次去掉,让眼睛看得更清晰。

5. 浮雕

浮雕是雕塑与绘画结合的产物,用压缩的办法来处理对象,依靠透视等因素来表现三维空间,并只供一面或两面观看。而图像处理中的浮雕处理就可以达到这种效果,比如一朵鲜艳的花,再美,呈现在图片上也只是平面的。但是如果变成浮雕的效果,那就立体很多,更加具有特点。在特定场合中,在图像中添加浮雕效果,可以让图像更美观。

6. 图像变形

近几年来图像变形技术得到了广泛的应用,图像变形具有非常有效的视觉效果,常被用在教育和娱乐业上。传统的图像变形方法除了 Beien&Neely 提出的基于特征的图像变形方法外,还有抠像和淡入淡出方法、二维"粒子系统"方法等。图像或图形的变形技术本质上就是寻找一个从源图像/图形到目标图像/图形间的 1-1 变换。本次实验给出了一些基本的变化手段,让学生有一定的了解。

五、实验步骤

第一步 将外置 CCD 和被测物放置屏固定到螺杆支座上,调节螺杆至适当高度,使得外置 CCD 镜头对准物屏中心,然后拧紧固定螺母,安装完成。

第二步 用 USB 2.0 数据线将面阵 CCD 和计算机连接。

第三步 打开计算机的电源开关,并确认"CCD&CMOS 传感器综合实验平台"的软件已经安装,若未安装,则先将软件安装。

第四步 给实验设备上电。

第五步 摄像为外置状态,采集指示指示灯点亮表明采集外置 CCD 摄像头的图像信号。

第六步 将用户所需要观测的如图 6-5-1 所示的图片安装在"被测物放置屏"上,将外置面阵 CCD 摄像头的镜头盖打开。

第七步 运行"彩色面阵 CCD 综合实验平台"程序;选择实验列表中的"图像分割及图像处理实验",如图 6-5-2 所示。

图 6-5-1

图 6-5-2

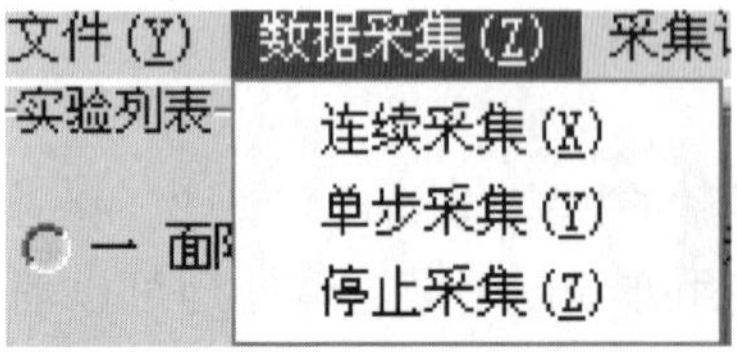

图 6-5-3

第八步 选择如图 6-5-3 所示界面上的"连续采集"命令,观察采集到的实际图像,观测图像的成像质量,若不清晰,调整摄像头与被测图片的相对位置,或对摄像机的成像物镜进行调焦。调焦之前要用小螺丝刀将镜头的固定螺丝松开,镜头便可以进行转动调焦,直到显示器上的图像清晰,然后拧紧固定螺丝。

第九步 选择图 6-5-3 中的"停止采集"命令。

第十步　点击如图 6-5-4 所示的"图像分割"按钮,在弹出的如图 6-5-5 所示的对话框中手动输入自定义阈值,点击自定义阈值按钮,观察图像的变化。

图 6-5-4

图 6-5-5

第十一步　重新采集图片,输入不同的阈值,比较不同的阈值选取对图像分割带来的影响。

第十二步　重新采集一幅图,点击如图 6-5-5 所示的"最大熵法"按钮,观察图像的变化,结合实验原理中对该算法的描述,理解其原理,将变换后的图片通过选择如图 6-5-6 所示的"保存图片"命令进行保存,命名为 Test5_1。

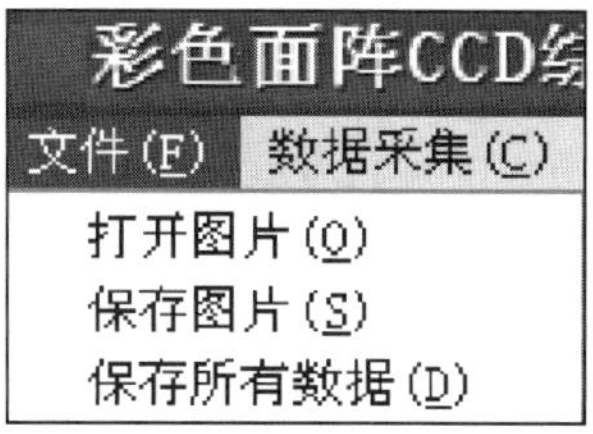

图 6-5-6

第十三步　重新采集一幅图,点击如图 6-5-5 所示的"势能差法"按钮,观察图像的变化,结合实验原理中对该算法的描述,理解其原理,将变换后的图片通过选择如图 6-5-6 所示的"保存图片"命令进行保存,命名为 Test5_2。

第十四步　重新采集一幅图,点击如图 6-5-5 所示的"大律法"按钮,观察图像的变化,结合实验原理中对该算法的描述,理解其原理,将变换后的图片通过选择如图 6-5-6 所示的"保存图片"命令进行保存,命名为 Test5_3。

第十五步　将 Test5_1、Test5_2、Test5_3 三幅图片进行比较,结合实验原理相关部分的讲解,思考三种典型阈值选取算法对图像分割带来的影响,其各自有什么特点。

第十六步　重新采集一幅图,点击如图 6-5-5 所示的"最大熵法"按钮,然后点击图 6-5-4 所示的"差影检测"按钮,在弹出的文件选取框中选取 Test5_2,此时进行差影检测的两幅图片即为利用最大熵和势能差两种阈值法分别得到的图片。显示的差值图像能突出这两种阈值选取法带来的差异信息,将变换后的图片通过选择如图 6-5-6 所示的"保存图片"命令进行保存,命名为 Test5_4。

第十七步　新采集一幅图,点击如图 6-5-5 所示的"最大熵法"按钮,然后点击如图 6-5-4 所示的"差影检测"按钮,在弹出的文件选取框中选取 Test5_1,此时进行差影检测的都为利用最大熵阈值法得到的图片,观察此时的差值图,加深对差影检测的理解。思考差影检测一般用于什么场合。

第十八步 重新采集一幅图,点击如图 6-5-4 所示的"非锐度屏蔽滤镜"按钮,为使效果更加明显,可以重复点击数次,观察图像的变化,思考对图像进行非锐度屏蔽滤镜处理有什么帮助。将变换后的图片通过选择如图 6-5-6 所示的"保存图片"命令进行保存,命名为 Test5_5。

第十九步 重新采集一幅图,点击如图 6-5-4 所示的"浮雕效果"按钮,观察图像的变化,思考对图像进行怎样的处理可以产生立体效果。将变换后的图片通过选择如图 6-5-6 所示的"保存图片"命令进行保存,命名为 Test5_6。

图 6-5-7

第二十步 重新采集一幅图,点击如图 6-5-4 所示的"变形处理"按钮,在弹出的如图 6-5-7 所示的对话框中选择凹陷效果,观察图像的变化,将变换后的图片通过选择如图 6-5-6 所示的"保存图片"命令进行保存,命名为 Test5_7。

第二十一步 重新采集一幅图,点击如图 6-5-4 所示的"变形处理"按钮,在弹出的如图 6-5-7 所示的对话框中选择鼓胀效果,观察图像的变化,将变换后的图片通过选择如图 6-5-6 所示的"保存图片"命令进行保存,命名为 Test5_8。

第二十二步 重新采集一幅图,点击如图 6-5-4 所示的"变形处理"按钮,在弹出的如图 6-5-7 所示的对话框中选择扭曲效果,观察图像的变化,将变换后的图片通过选择如图 6-5-6 所示的"保存图片"命令进行保存,命名为 Test5_9。

第二十三步 重新采集一幅图,点击如图 6-5-4 所示的"变形处理"按钮,在弹出的如图 6-5-7 所示的对话框中选择圆筒效果,观察图像的变化,将变换后的图片通过选择如图 6-5-6 所示的"保存图片"命令进行保存,命名为 Test5_10。

第二十四步 重新采集一幅图,点击如图 6-5-4 所示的"变形处理"按钮,在弹出的如图 6-5-7 所示的对话框中选择水纹效果,观察图像的变化,将变换后的图片通过选择如图 6-5-6 所示的"保存图片"命令进行保存,命名为 Test5_11。

第二十五步 关机结束。

(1) 将所需要保存的数据或文件进行保存处理;

(2) 关闭实验仪的电源;

(3) 盖好镜头盖;

(4) 退出软件,关闭计算机;

(5) 从螺杆支座上取下被测物放置屏及外置摄像头,取下图片,放回箱内,整理好所有连接线。

六、实验结果

注意: 以下结果仅供参考,非标准结果。

(1) 进行图像分割实验,选择最大熵法阈值选择法,图像变化效果如下。

（2）进行图像分割实验，选择势能差法阈值选择法，图像变化效果如下。

（3）进行图像分割实验，选择大律法阈值选择法，图像变化效果如下。

（4）进行差影检测实验，图像变化效果如下。

（5）进行非锐度屏蔽滤镜实验，图像变化效果如下。

（6）进行浮雕效果实验，图像变化效果如下。

（7）进行变形处理实验,选择凹陷效果,图像变化效果如下。

（8）进行变形处理实验,选择膨胀效果,图像变化效果如下。

（9）进行变形处理实验,选择扭曲效果,图像变化效果如下。

（10）进行变形处理实验,选择圆筒效果,图像变化效果如下。

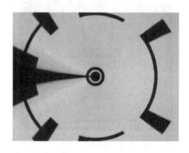

（11）进行变形处理实验，选择水纹效果，图像变化效果如下。

七、思考题

（1）图像分析和图像处理是不是一个概念，如果不是，两者有什么不同？
（2）不同的分割技术在选取上有什么原则？
（3）非锐度屏蔽滤镜在图像处理中有什么作用？

6.6 彩色摄像机色彩模式实验

一、实验目的

（1）了解彩色面阵 CCD 的工作方法、彩色图像视频信号的组成及传输方法。
（2）理解 RGB、YUV 及其他常用色彩模式。

二、实验内容

（1）统计一幅图像中的颜色总数；
（2）RGB 色彩模式分解和合成；
（3）HSL 色彩模式分解和合成；
（4）YUV 及其他色彩模式分解和合成。

三、实验仪器

表 6 - 6 - 1 实验仪器表

名称	数量
MSW - MW4A01A 光电技术综合实验平台	一台
CCD&CMOS 模块	一套
计算机	一台
USB 2.0 数据线	一根
连接线	若干

四、实验原理

目前单片CCD彩色摄像机基本上是家用摄录一体机的形式,其摄像机部分的基本组成包括变焦镜头、CCD摄像器件、亮度处理电路、色度处理电路、镜头控制电路、同步信号发生器、稳压电源、导像器电路、操作控制电路等。CCD摄像器件的感光面上覆盖有棋盘格滤色片,使不同感光单元上照射不同的色光,以便从CCD芯片上提取和分离出彩色信号。CCD驱动脉冲发生器主要产生CCD工作时所需的水平和垂直驱动脉冲以及取样脉冲等,经驱动放大器放大后驱动CCD器件的光电荷运动。

单片式CCD摄像机要使用光学滤色器,对色光进行相应的彩色编码,以使用一片CCD器件产生出R、G、B三种基色信号或Y、$R-Y$、$B-Y$信号束。

1. 单片CCD摄像机的彩色编码原理

目前家用单片CCD摄像机广泛采用图6-6-1所示的由Y(黄)、M(紫)、C(青)和G(绿)组成的补色棋盘格滤色器排列方式(这里Y'不是指亮度Y)。

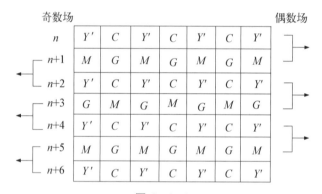

图6-6-1

图中第n行是黄色与青色滤色器相间放置;第$n+1$行是紫色与绿色滤色器相间放置;第$n+1$行与n行完全一致;第$n+3$行显然与$n+1$行一样是紫色和绿色相间放置,但两者相差$180°$(相位颠倒过来)。这种单片CCD采用的是场积累方式读取信号电荷。

图两侧的箭头表示奇数场和偶数场(或叫第一场和第二场)的读取方式。设在奇数场n行和$n+1$行混合后同时读取,$n+1$行和$n+3$行混合后同时读取;在偶数场$n+1$行和$n+2$行混合后同时读取,$n+3$行和$n+4$行混合后同时读取。下面我们看一下如何从读取的信号电荷中提取亮度信号Y以及色差信号$R-Y$和$B-Y$。

2. 亮度信号的提取

根据相加混色原理可知:红色和蓝色相加得紫色;红色和绿色相加得黄色;绿色和蓝色相加得青色。这种相加混合关系可简单表示为:

$$M=R+B$$
$$Y'=R+C$$
$$C=G+B \tag{6-6-1}$$

如果拍摄亮度均匀的白色物体时,奇数场前两排(n行和$n+1$行)合成信号为:

$$(Y'+M)+(C+M)=(R+G+R+B)+(G+B+G)=2R+3G+2B \quad (6\text{-}6\text{-}2)$$

奇数场次两排($n+1$ 行与 $n+3$ 行)合成信号为:

$$(Y'+G)+(C+M)=(R+G+G)+(G+B+R+G)=2R+3G+2B \quad (6\text{-}6\text{-}3)$$

以后的合成信号均与前面重复。同理,偶数场前两排($n+1$ 行 $n+2$ 行)和次两排($n+3$ 行和 $n+4$ 行)的合成信号也均等于 $2R+3G+2B$,其实这就是亮度信号的表达式。只要合理设计各滤色器的光谱响应曲线,$2R+3G+2B$ 信号就可以十分接近于亮度信号。因此,只要将相邻两行相加读取,便可以直接得到亮度信号 $Y=2R+3G+2B$ 输出。

3. 色差信号的提取

色差信号提取要比亮度信号复杂得多。由于棋盘格状滤色器的设置,CCD 表面上不同感光点接收到的色光不同,使每行读取信号具有一定的规律性,根据这一规律性通过运算电路处理才能获得色差信号[28]。

在奇数场工作期间,n 行和 $n+1$ 行的信号电荷被读取。在这一行周期内,取样保持器 1 输出的信号均为青加绿$(C+G)=(C+G+B)=2G+B$ 信号,取样保持器 2 输出的均为黄加紫$(Y'+M)=(R+G+B)=2R+G+B$ 信号。这两个信号经差分放大器做减法运算,其结果为:$(2R+G+B)-(2G+B)=2R-G$。由于绿色光谱曲线十分接近于亮度信号的光谱曲线,所以 $2R-B$ 相当于 $2R-Y$。同时控制 R 路平衡电路的增益,可改变红路信号的幅度,因此,可把差分放大器输出 $2R-B$ 充当 $R-Y$ 色差信号输出。

在下一行周期内,$n+2$ 和 $n+3$ 行的信号电荷被读取。信号经差分放大器相减得:$R+2G-(G+R+2B)=G-2B$。同样,由于绿色信号接近于亮度信号,再通过控制 B 路增益,就可以认为 $-(2B-G)=-(B-Y)$,经倒相后就可以得到 $(B-Y)$ 色差信号。

以上是奇数场情况,偶数场情况相同,这里不再一一分析。这种将滤色器按棋盘格排列的彩色编码方式简单易行,具有较高的分辨力和灵敏度,但 $R-Y$ 和 $B-Y$ 两个色差信号每行交替出现,需经行延时线和切换电路才能得到两个连续的色差信号,这种方式因此称为行顺序彩色编码方式。

4. RGB 色彩模式

对彩色 CCD 的颜色获取有了一定的了解后,我们来看看 RGB 色彩模式。RGB 色彩模式是工业界的一种颜色标准,是通过对红(R)、绿(G)、蓝(B)三个颜色通道的变化以及它们相互之间的叠加来得到各式各样的颜色的,RGB 即是代表红、绿、蓝三个通道的颜色,这个标准几乎包括了人类视力所能感知的所有颜色,是目前运用最广的颜色系统之一。

RGB 色彩模式使用 RGB 模型为图像中每一个像素的 RGB 分量分配一个 0~255 范围内的强度值。例如,纯红色 R 值为 255,G 值为 0,B 值为 0;灰色的 R、G、B 三个值相等(除了 0 和 255);白色的 R、G、B 都为 255;黑色的 R、G、B 都为 0。RGB 图像只使用三种颜色,就可以使它们按照不同的比例混合,在屏幕上重现 16 777 216 种颜色。

在 RGB 模式下,每种 RGB 成分都可使用从 0(黑色)到 255(白色)的值。例如,亮红色使用 R 值 246、G 值 20 和 B 值 50。当所有三种成分值相等时,产生灰色阴影。当所有成分的值均为 255 时,结果是纯白色;当该值为 0 时,结果是纯黑色。对于彩色图像,它的显示来源于 R、G、B 三原色亮度的组合。针对目标的单色亮度、对比度,可以人为地分为"0~

"255"，共 256 个亮度等级。"0"级表示不含有此单色，"255"级表示最高的亮度，或此像元中此色的含量为 100%。根据 R、G、B 的不同组合，就能表示出 $256 \times 256 \times 256$（约 1 600 万）种颜色。当一幅图像中的每个像素单元被赋予不同的 R、G、B 值，就能显示出五彩缤纷的颜色，形成彩色图像。

5. YUV 色彩模式

YUV（亦称 YcrCb）是被欧洲电视系统所采用的一种颜色编码方法（属于 PAL）。在现代彩色电视系统中，通常采用三管彩色摄影机或彩色 CCD 摄影机进行取像[29]，然后把取得的彩色图像信号经分色、分别放大校正后得到 RGB，再经过矩阵变换电路得到亮度信号 Y 和两个色差信号 $R-Y$（即 U）、$B-Y$（即 V），最后发送端将亮度和色差三个信号分别进行编码，用同一信道发送出去。这种色彩的表示方法就是所谓的 YUV 色彩空间表示。采用 YUV 色彩空间的重要性是它的亮度信号 Y 和色度信号 U、V 是分离的。如果只有 Y 信号分量而没有 U、V 信号分量，那么这样表示的图像就是黑白灰度图像。彩色电视采用 YUV 空间正是为了用亮度信号 Y 解决彩色电视机与黑白电视机的相容问题，使黑白电视机也能接收彩色电视信号。其中"Y"表示明亮度（Luminance 或 Luma），也就是灰阶值；而"U"和"V"表示的则是色度（Chrominance 或 Chroma），作用是描述影像色彩及饱和度，用于指定像素的颜色。"亮度"是通过 RGB 输入信号来创建的，方法是将 RGB 信号的特定部分叠加到一起。"色度"则定义了颜色的两个方面——色调与饱和度，分别用 Cr 和 CB 来表示。其中，Cr 反映了 RGB 输入信号红色部分与 RGB 信号亮度值之间的差异，而 CB 反映的是 RGB 输入信号蓝色部分与 RGB 信号亮度值之间的差异。

YUV 与 RGB 相互转换的公式如下（RGB 取值范围均为 0～255）：

$$Y=0.299R+0.587G+0.114B$$

$$U=-0.147R-0.289G+0.436B$$

$$V=0.615R-0.515G-0.100B$$

6. HSL 色彩模式

HSL 色彩模式是工业界的一种颜色标准，是通过对色调（Hue）、饱和度（Saturation）、亮度（Lum）三个颜色通道的变化以及它们相互之间的叠加来得到各式各样的颜色的，HSL 即代表色调、饱和度、亮度三个通道的颜色，这个标准几乎包括了人类视力所能感知的所有颜色，是目前运用最广的颜色系统之一。

HSL 色彩模式使用 HSL 模型为图像中每一个像素的 HSL 分量分配一个 0～255 范围内的强度值。HSL 图像只使用三种通道，就可以使它们按照不同的比例混合，在屏幕上重现 16 777 216 种颜色。

7. YIQ 色彩模式

YIQ 色彩空间通常被北美的电视系统所采用，属于 NTSC（National Television Standards Committee）系统。这里 Y 不是指黄色，而是指颜色的明视度（Luminance），即亮度（Brightness）。其实 Y 就是图像的灰度值（Gray value），而 I 和 Q 则是指色调（Chrominance），即描述图像色彩及饱和度的属性。在 YIQ 系统中，Y 分量代表图像的亮度信息,I、Q 两个分量则携带颜色信息,I 分量代表从橙色到青色的颜色变化,而 Q 分量则代表从紫色到黄绿色的颜色变化。将彩色图像从 RGB 转换到 YIQ 色彩空间,可以把彩色图像中的亮度信息与色度信息分开,分别独立进行处理。

RGB 和 YIQ 的对应关系用下面的方程式表示[30]:

$$Y = 0.299R + 0.587G + 0.114B$$
$$I = 0.596R - 0.275G - 0.321B$$
$$Q = 0.212R - 0.523G - 0.311B$$

8. XYZ 色彩模式

国际照明委员会(CIE)在进行了大量正常人视觉测量和统计之后,1931 年建立了"标准色度观察者",从而奠定了现代 CIE 标准色度学的定量基础。由于"标准色度观察者"用来标定光谱色时出现负刺激值,计算不便,也不易理解,同时人类眼睛有对于短(S)、中(M)和长(L)波长光的感受器(叫作视锥细胞),所以原则上只要三个参数便能描述颜色感觉了。在三色加色法模型中,如果某一种颜色和另一种混合了不同份量的三种原色的颜色,均使人眼看上去是相同的话,我们把这三种原色的份量称作该颜色的三色刺激值。CIE 1931 色彩空间通常会给出颜色的三色刺激值,并以 X、Y 和 Z 来表示。在 CIE XYZ 色彩空间中,三色刺激值并不是指人类眼睛对短、中和长波(S、M 和 L)的反应,而是一组称为 X、Y 和 Z 的值,约略对应于红色、绿色和蓝色(但要留意 X、Y 和 Z 值并不是真的看起来是红、绿和蓝色,而是从红色、绿色和蓝色导出来的参数),并使用 CIE 1931 XYZ 颜色匹配函数来计算。两个由多种不同波长的光混合而成的光源可以表现出同样的颜色,这叫作"异谱同色"(metamerism)。当两个光源对标准观察者(CIE 1931 标准色度观察者)有相同的视线颜色的时候,它们即有同样的三色刺激值,而不管生成它们的光的光谱分布如何。

五、实验步骤

第一步 将外置 CCD 和被测物放置屏固定到螺杆支座上,调节螺杆至适当高度,使得外置 CCD 镜头对准物屏中心,然后拧紧固定螺母,安装完成。

第二步 用 USB 2.0 数据线将 CCD&CMOS 模块和计算机连接,用双头直连电源线将摄像头连接到 CCD&CMOS 模块的电源接口,用 BNC 视频线将摄像头连接到 CCD&CMOS 模块的 VIDEO-IN(外置摄像头接入)。

第三步 打开计算机的电源开关,并确认"CCD&CMOS 传感器综合实验平台"的软件已经安装,若未安装,则先将软件安装。

第四步 给实验设备上电。

第五步 摄像为外置状态,采集指示指示灯点亮表明采集外置 CCD 摄像头的图像信号。

第六步 将用户所需要观测的如图 6 - 6 - 2 所示的图片安装在"被测物放置屏"上,将外置面阵 CCD 摄像头的镜头盖打开。

第七步 运行"彩色面阵 CCD 综合实验平台"程序;选择实验列表中的"彩色摄像机色彩模式实验",如图 6 - 6 - 3 所示。

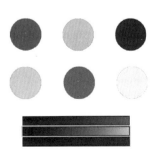

图 6 - 6 - 2

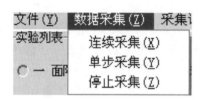

图 6 - 6 - 3

第八步　选择如图 6 - 6 - 4 所示界面上的"连续采集"命令,观察采集到的实际图像,观测图像的成像质量,若不清晰,调整摄像头与被测图片的相对位置;或对摄像机的成像物镜进行调焦。调焦之前要用小螺丝刀将镜头的固定螺丝松开,镜头便可以进行转动调焦,直到显示器上的图像清晰,然后拧紧固定螺丝。

第九步　选择如图 6 - 6 - 4 所示的"停止采集"命令,将采集到的图片通过选择如图 6 - 6 - 5 所示的"保存图片"命令进行保存,命名为 Test6_1。

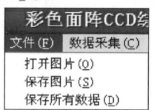

图 6 - 6 - 4　　　　　　　　　图 6 - 6 - 5

第十步　点击图 6 - 6 - 6 中的"颜色统计"按钮,弹出的对话框显示该幅图像中一共含有的色彩种类。更换图片重新采集再统计色彩种类,结合实验原理所给出的资料,思考为什么有如此多的颜色,理解 RGB 色彩模式。

图 6 - 6 - 6

第十一步　点击图 6 - 6 - 6 中的"色彩模式分解"按钮,在弹出的如图 6 - 6 - 7 所示的对话框中选择分解方式 RGB,点击"分解"按钮,将生成分别仅含 R、G、B 三原色亮度值的三张图片,如图 6 - 6 - 8 所示,点击左上栏的

图 6 - 6 - 7

保存图片按钮,将三张图片分别命名为 Test6_R、Test6_G、Test6_B 保存下来。利用软件右下栏显示的各点坐标的 R、G、B 值和灰度值,观察这三张图片和原图的差异,思考是否每张图片都去掉了其他原色。

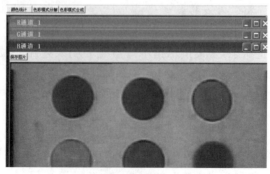

图 6 - 6 - 8

第十二步　点击图 6 - 6 - 6 中的"色彩模式合成"按钮,注意此时不要把分解的三张图片关闭,否则将无法合成,在弹出的如图 6 - 6 - 9 所示的对话框中分别载入对应的原色分解图片,点击"合成"按钮,合成图片后点击其左上栏的保存图片按钮,命名为 Test6_2。

图 6 - 6 - 9

第十三步　将 Test6_1 和 Test6_2 进行比较,通过比较图片任意点的 R、G、B 值和灰度值数值的大小,观察它们是否是同一幅图像,思考为什么会如此。

第十四步　点击图 6 - 6 - 6 中的"颜色统计"按钮,在弹出的如图 6 - 6 - 7 所示的对话框中分别选择分解方式 HSL、YUV、YIQ 及 XYZ,观察分解出来的图片。并重复步骤 12 将图片按同一色彩模式进行合成,比较合成后的图片及原图片。结合实验原理中对这几种色彩模式的描述,思考它们各自的特点。

第十五步　关机结束。

（1）将所需要保存的数据或文件进行保存处理;

（2）关闭实验仪的电源;

（3）盖好镜头盖;

（4）退出软件,关闭计算机;

（5）从螺杆支座上取下被测物放置屏及外置摄像头,取下图片,放回箱内,整理好所有连接线。

六、实验结果

注意:以下结果仅供参考,非标准结果。

（1）采集到的原始图片如下。

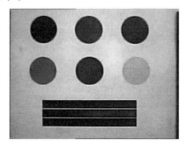

（2）RGB 分解后得到的三原色图片，按照 R、G、B 的顺序依次为：

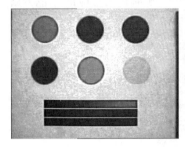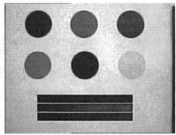

（3）RGB 合成后得到的图片如下。

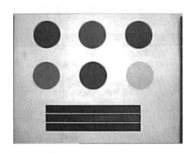

七、思考题

（1）人眼为什么会分辨出不同的颜色？色彩可以由哪几个特征来描述？

（2）本次实验对哪几种色彩模式进行了研究，它们各自有什么特点？

（3）人眼可以直接分辨多少种颜色出来？8位的 RGB 色彩模式一共可以显示出多少种颜色？

6.7 叠层成像实验

一、实验目的

（1）掌握叠层成像技术；

（2）熟练操作叠层成像实验，完成实验数据采集。

二、实验内容

（1）衍射成像；

（2）扩束准直系统的搭建以及扩束准直光束的调节。

三、实验仪器

表 6-7-1 实验仪器表

仪器名称	数量	仪器名称	数量
He-Ne 激光器	1	干板架	1
凸透镜	1	黑白 CCD	1
显微物镜	1	支杆	若干
光阑	1	撑杆	若干
电动位移台	2	磁吸底座	若干
分辨率板	1	计算机	1

四、实验原理

1. 叠层成像实验原理

叠层成像技术的基本光路图如图 6-7-1 所示,照明光在物面上的分布为待测物的复振幅函数为 $O(r)$,其中 r 为待测物平面的坐标。

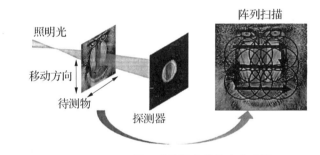

图 6-7-1 叠层成像技术的基本光路图

叠层成像技术,要求待测物相对于照明光,在垂直于光轴的平面上逐行逐列移动,每次移动需保证相邻扫描位置有一定的重叠量,同时记录每次扫描的衍射光强。叠层成像技术成功的关键在于相邻扫描位置之间有确定的重叠区域,重叠的信息有利于待测物各个位置相位信息的关联与连接。

叠层成像技术,通过迭代相位恢复算法,由重叠区域记录的信息复原出物体信息。叠层成像技术可获取相位唯一解的原理为:设两个相邻有重叠区域的子衍射斑,复振幅分别为 A_0 和 A_1,如图 6-7-2(a)所示,则重叠部分的复振幅为 $A_0 + A_1$。由于探测器只能记录光强信息,得到的已知量只有振幅 $|A_0|$ 和 $|A_1|$,若假设 A_0 的相位为 0,则 A_0 和 A_1 之间的相位差为 φ,重叠区域光强 $|A|^2$ 为[31]:

$$|A|^2 = |A_0 + A_1|^2 = |A_0|^2 + |A_1|^2 + 2|A_0||A_1|\cos\varphi \qquad (6-7-1)$$

公式(6-7-1)可用矢量图表示,如图 6-7-2(b)所示,箭头代表光波矢量。图 6-7-1 中只有相位 φ 是未知量,也是相位恢复需要求解的未知量。如图 6-7-2(b)可知,φ 的值有正负两个解,无论哪个都符合公式(6－7－1)的要求;若只有两个子光斑时,解算时则会出现 A_1 的共轭像 A_1^*,影响相位的复原精度。

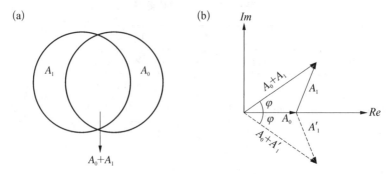

图 6－7－2　两个子衍射斑重叠示意图

在干涉测量领域,可通过移相技术求解未知相位,并解决共轭像干扰的问题。而叠层成像技术没有参考光,无法直接进行明确的移相处理。为解决共轭像的干扰,可将记录平面上衍射斑的模型看作是在照明光中引入一个相位倾斜因子,使照明光发生倾斜,改变照明光在待测物体上的位置,此时照明光与物体相对移动,在记录面形成与移动前有重叠区域的衍射光斑。设物面相比初始位置的位移距离坐标为 r,照明光在物面上的分布为 $P(r)$,与物体 $O(r)$ 作用后的出射光场传输到远场衍射记录平面为 $\psi(u)$,u 为记录平面的坐标[32],则

$$\psi(u)=F\{P(r)\cdot O(r)\} \tag{6－7－2}$$

其中,F 表示傅里叶变换,利用卷积定理得到:

$$\psi(u)=F\{P(r)\}\otimes F\{O(r)\} \tag{6－7－3}$$

其中,$\otimes$表示卷积运算。

角谱衍射传递函数:

$$H(f_x,f_y)=\exp\left[ikd\sqrt{1-(\lambda f_x)^2-(\lambda f_y)^2}\right] \tag{6－7－4}$$

其中,$f_x=\cos\alpha/\lambda$,$f_y=\cos\beta/\lambda$ 分别为 u,v 方向的空间频率,d 为衍射传输距离,k 为波矢。

由上述可知,衍射过程相当于物面光波场通过一个线性空间不变系统的过程。在衍射计算的过程中,基尔霍夫衍射传递函数及瑞利-索末菲传递函数只能表示为傅里叶变换的形式,菲涅尔衍射传递函数既可以表示为傅里叶变换,也可以表示为频域的解析函数,而角谱衍射传递函数是频域的解析函数。若使用快速傅里叶变换(FFT)计算完成衍射过程,对于基尔霍夫公式以及瑞利-索末菲公式,需进行两次正向及一次逆向快速傅里叶变换。若使用菲涅尔衍射传递函数的傅里叶变换表达式进行计算,也需要两次正向和一次逆向快速傅里叶变换。而对于角谱衍射公式和菲涅尔衍射传递函数的解析表达式进行计算时,仅需一次正向和一次逆向快速傅里叶变换。同时,角谱衍射传递函数严格满足亥姆霍兹方程,是衍射问题的精确解,所以,本实验使用角谱衍射传递函数进行衍射传输计算。

2.基本算法流程

第一步　设物波函数为 $O(r)$,到达物平面的照明光场函数为 $P(r)$,其中 $r(x,y)$ 为物

平面笛卡尔坐标系。照明光阵列扫描步长为 $R_j=(R_{x,j},R_{y,j})$，$j=1,2,3,\cdots,J$，其中 j 表示照明光相对待测物的位移次数。首先赋予待测样品一个初始的随机猜测 $O_n(r)$，根据光阑尺寸估算猜测的照明光在物面上的分布为 $P_n(r)$，其中 n 表示迭代次数。

第二步　照明光经待测样品后出射光场为

$$\psi_n(r,R(j))=O_n(r-R(j))\cdot P_n(r) \tag{6-7-5}$$

其中，$O_n(r-R(j))$ 表示待测物与照明光相对位移后的复振幅分布。

第三步　将出射光场传输到 CCD 靶面，在 CCD 靶面将获得对应的复振幅分布，即

$$\psi_n(u,R(j))=Fr\{\psi_n(r,R(j))\} \tag{6-7-6}$$

其中，Fr 表示衍射传输。$\psi_n(u,R(j))$ 可表示为

$$\psi_n(u,R(j))=|\psi_n(u,R(j))|\mathrm{e}^{i\theta_n(u,R(j))} \tag{6-7-7}$$

其中，$|\psi_n(u,R(j))|$ 表示振幅，$\theta_n(u,R(j))$ 表示相位。

第四步　用 CCD 实际采集到的衍射光强，替换 $\psi_n(u,R(j))$ 的振幅，并保持相位部分不变，即

$$\psi'_n(u,R(j))=\sqrt{I(u,R(j))}\,\mathrm{e}^{i\theta_n(u,R(j))} \tag{6-7-8}$$

其中，$I(u,R(j))$ 表示 CCD 实际采集到的光强。

第五步　将更新后的衍射光场逆向传输到待测物面

$$\psi'_n(r,R(j))=Fr^{-1}\{\psi'_n(u,R(j))\} \tag{6-7-9}$$

其中，Fr^{-1} 表示逆向衍射传输。

第六步　更新物函数和照明光场，更新函数如下：

$$O_{n+1}(r-R(j))=O_n(r-R(j))+\frac{P_n^*(r)}{|P_n(r)|_{\max}^2}\times\alpha[\psi'_n(r,R(j))-\psi_n(r,R(j))]$$
$$\tag{6-7-10}$$

$$P_{n+1}(r)=P_n(r)+\frac{O_n^*(r-R(j))}{|O_n(r-R(j))|_{\max}^2}\times\beta[\psi'_n(r,R(j))-\psi_n(r,R(j))]$$
$$\tag{6-7-11}$$

其中，$P_n^*(r)$ 和 $O_n^*(r-R(j))$ 表示对应函数的共轭，α 和 β 是更新系数，范围为 $[0,1]$，对于更新的照明光场，同样用未放置样品的衍射图样来作强度限制，将实际采集的强度替换振幅，再做迭代传输，以便更快速、准确地重建照明光场。

第七步　移动照明光场，重复上述步骤，直至收敛。

五、实验步骤

第一步　将所有器件通过支杆、撑杆和磁吸底座固定于光学平台上并调至共轴，光学器件放置顺序为：激光器、显微物镜、凸透镜、光阑、分辨率板、CCD。

第二步　将显微物镜倒置并置于凸透镜焦距处，使其与凸透镜组成扩束准直系统。

第三步　打开激光器,利用白纸观察不同位置处的光斑大小是否一致,光束是否调节至准直;光束如果未达到扩束准直状态,调节激光器夹持器和凸透镜的位置,使光束达到扩束准直状态。

第四步　调节光阑,使光束达到所需尺寸。

第五步　打开计算机,打开电动位移台控制程序,设置位移台步进距离和步进方向,使分辨率板呈"直角 S"的状态移动,并保证相邻光斑之间有一定的重叠。

第六步　打开 CCD 控制程序,调节曝光量,直至窗口出现清晰的衍射图样。

第七步　保存 CCD 采集到的衍射图样,并按顺序命名。

第八步　将采集到的衍射图样代入到叠层成像算法中,验证算法的有效性。

六、注意事项

(1) 所用仪器精度高、价格贵,使用过程中应轻拿轻放,避免碰撞。

(2) 禁止用手触碰凸透镜镜面、分辨率板表面、CCD 保护玻璃。

(3) 禁止用眼直视激光。

七、思考题

(1) 试分析影响实验精度的因素有哪些?

(2) 有哪些方法可以降低这些因素对实验结果的影响?

(3) 写出一种加速算法收敛的方法,并给出结果。

(4) 除了本实验中提到的角谱衍射传递函数可以进行衍射传输计算,还有哪些衍射传输函数也能进行衍射传输计算?

参考文献

[1] 张铮,徐超,任淑霞,韩海玲. 数字图像处理与机器视觉[M].北京:人民邮电出版社,2014:596.

[2] 赵小强,李大湘,白本督. DSP 原理及图像处理应用[M].北京:人民邮电出版社,2013:265.

[3] 张铮,倪红霞,苑春苗,杨立红. 精通 Matlab 数字图像处理与识别[M].北京:人民邮电出版社,2013:412.

[4] 马培军. 计算机图形学实用教程[M].北京:人民邮电出版社,2014:376.

[5] 关雪梅. 基于空域的图像增强技术研究[J].赤峰学院学报(自然科学版),2012,28(08):22-24.

[6] 张德丰. 数字图像处理(MATLAB 版)[M].北京:人民邮电出版社,2015:381.

[7] Wencheng Wang, Xiaohui Yuan. Recent Advances in Image Dehazing[J]. IEEE/CAA Journal of Automatica Sinica,2017,4(03):410-436.

[8] Pitas I. Digital Image Processing Algorithms and Applications[M]. John Wiley & Sons, 2000.

[9] 高飞. MATLAB 图像处理 375 例[M].北京:人民邮电出版社,2015:504.

[10] Ekstrom M P. Digital Image Processing Techniques[M]. Academic Press, 2012.

[11] 杨超. 时频域结合的数字图像增强技术的研究[D].华北理工大学,2019.

[12] 张翰进. 图像中的复杂线结构自动化检测算法研究[D].上海交通大学,2019.

[13] 吴玉莲. 图像处理的中值滤波方法及其应用[D].西安电子科技大学,2006.

[14] 孙宏琦,施维颖,巨永锋.利用中值滤波进行图像处理[J].长安大学学报(自然科学版),2003(02):104-106.

[15] 卢允伟,陈友荣.基于拉普拉斯算法的图像锐化算法研究和实现[J].电脑知识与技术,2009,5(06)：1513－1515.

[16] Burger W，Burge M J，Burge M J，et al. Principles of Digital Image Processing[M]. Berlin：Springer，2009.

[17] 王方超,张旻,宫丽美. 改进的 Roberts 图像边缘检测算法[J]. 探测与控制学报,2016,38(2)：88－92.

[18] 袁春兰,熊宗龙,周雪花,等. 基于 Sobel 算子的图像边缘检测研究[J]. 激光与红外,2009,39(1)：85－87.

[19] 樊娜,李晋惠. 图像边缘检测的 Prewitt 算子的改进算法[J]. 西安工业学院学报,2005,25(1)：37－39.

[20] 郑翔,黄艺云. Kirsch 边缘检测算子的快速算法[J]. 通信学报,1996,17(1)：131－134.

[21] 代文征,杨勇. 基于改进高斯-拉普拉斯算子的噪声图像边缘检测方法[J]. 计算机应用研究,2019,36(8)：2544－2547.

[22] 高艳红. 图和数学形态学在图像预处理中的应用研究[D].西安电子科技大学,2014.

[23] 龚声蓉,刘纯平,季怡. 复杂场景下图像与视频分析[M].北京：人民邮电出版社,2013:418.

[24] 田宝玉,杨洁,贺志强,许文俊. 信息论基础[M].北京：人民邮电出版社,2016:314.

[25] 武燕. 粒子群优化及其在图像分割中的应用[D].江苏科技大学,2011.

[26] Hurley D J, Nixon M S, Carter J N. A new Force Field Transform for Ear and Face Recognition[C]//Proceedings 2000 International Conference on Image Processing (Cat. No. 00CH37101). IEEE, 2000,1：25－28.

[27] 陈国金. 数字图像自动聚焦技术研究及系统实现[D].西安电子科技大学,2007.

[28] 王汝传,黄海平,林巧民,蒋凌云. 计算机图形学教程[M].北京：人民邮电出版社,2014:374.

[29] 薛联凤,章春芳. 信息技术教程[M].南京：东南大学出版社,2017:295.

[30] 聂超. 基于直方图的高效图像增强算法研究[D].杭州电子科技大学,2014.

[31] 孙佳嵩,张玉珍,陈钱,左超.傅里叶叠层显微成像技术：理论、发展和应用[J].光学学报,2016,36(10):327－345.

[32] 王凤鹏. 无规则相位畸变条件下数字全息成像方法研究[D].北京工业大学,2019.

第7章

光电子实验

7.1 LED 的工作特性测试实验

一、实验目的

(1) 理解 LED 的基本工作原理,掌握其使用方法。

(2) 掌握 LED 电压-电流(V-I)特性曲线的测量方法。

(3) 熟悉 LED 反向伏安特性,掌握 LED 反向伏安特性的测试方法。

二、实验仪器

光电技术综合实验平台、光源输出及测量实验模块、万用表、连接导线若干。

三、实验原理

1. 发光二极管的结构

发光二极管(light emission diode LED)的基本结构是一块电致发光的半导体材料,置于一个有引线的架子上,然后四周用环氧树脂密封,即固体封装,能起到保护内部芯线的作用,所以 LED 的抗振性能好。

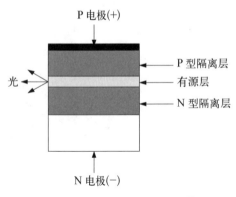

图 7 - 1 - 1 边发射 LED 结构截面

发光二极管的核心部分是由 P 型半导体和 N 型半导体组成的晶片,在 P 型半导体和 N 型半导体之间有一个过渡层,称为 P - N 结。

图 7 - 1 - 1 显示了 LED 的结构截面图。一般的半导体发光二极管,多以Ⅲ-Ⅴ、Ⅱ-Ⅵ族化合物半导体为材料。这些材料的发光范围由红光到紫外线,目前红光的材料主要有 AlGaInP,而蓝绿光及紫外线的主要材料则有 AlGaInN[1]。

2. 半导体发光二极管工作原理

半导体发光二极管(LED)是在半导体 P - N 结或类似的结构中通以正向电流,以高效率发出可见光或红外辐射的器件[2]。由于它发射准单色光、尺寸小、寿命长和廉价,因此,被广泛用于仪表的指示器、光电耦合器和光学仪器的光源等领域。其发光机理分为 P - N 结电子注入发光和异质结发光两种。

发光二极管的发光机理：

（1）P－N 结电子注入发光

图 7－1－2 表示 P－N 结平衡时，两侧具有一定的势垒；如图 7－1－3 所示，当加正向偏置时势垒下降，P 区和 N 区的多数载流子向对方扩散。由于电子迁移率 μ 比空穴迁移率大得多，出现大量电子向 P 区扩散，构成对 P 区少数载流子的注入。这些电子与价带上的空穴复合，复合时得到的能量以光能的形式释放。这就是 P－N 结发光的原理[3]。

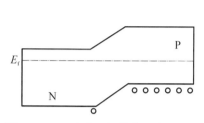

图 7－1－2　发光二极管电子空穴分布

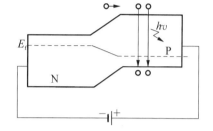

图 7－1－3　发光二极管 PN 结正向偏置

发光二极管便是这种利用注入式电致发光原理制作的二极管，是半导体晶体内部受激电子从高能级恢复到低能级时，发射出光子的结果，这就是通常所说的自发辐射跃迁。当它处于正向工作状态（即两端加上正向电压），电流从 LED 阳极流向阴极时，半导体晶体就发出从紫外到红外不同颜色的光线，光的强弱与电流有关。

发光的波长或频率取决于选用的半导体材料的能隙 E_g。如 E_g 的单位为电子伏（eV），则出射光波长（以 nm 为单位）为[4]：

$$\lambda = hc/(qE_g) = 1\ 240/E_g \text{(nm)} \tag{7-1-1}$$

若要产生可见光（波长在 380 nm 紫光～780 nm 红光），半导体材料的 E_g 应在 3.26～1.63 eV 之间。现在已有红外、红、黄、绿及蓝光发光二极管，但其中蓝光二极管成本、价格很高，使用不普遍。

半导体材料可分为直接带隙和间接带隙，发光二极管大都采用直接带隙材料，这样可使电子直接从导带跃迁到价带与空穴复合而发光，有很高的效率。反之，采用间接带隙材料，其效率就低一些。下表列举了常用半导体材料及其发射的光波波长等参数。

表 7－1－1　常用半导体材料及其发射的光波波长等参数[5]

半导体材料类型	GaAs			GaP		GaAsP	GaAlAs	GaNiZn
系　　列	HG400	HG500	HG520			BT	BL	
发光颜色	红外	红外	红外	红	绿	红	红	蓝
发光波长(nm)	940	930	930	695	555	650	680	490
发光亮度(mcd)				＞0.3	＞1	＞0.4	＞0.4	2
发光功率(mW)	＞1	＞10	＞100					
正向压降(V)	≤1.3	≤1.6	≤2	＜1.8	＜2	＜2.5	＜2.5	7.5
工作电流(mA)	30	200	300	10	10	10	10	10

续　表

半导体材料类型	GaAs			GaP		GaAsP	GaAlAs	GaNiZn
最大工作电流(mA)	50	200	300	50	50	50	50	
反向电流(μA)	<50					<50	<50	
反向耐压(V)	≥5					≥5	≥5	
最大功耗(mW)	75	300				100	100	

（2）异质结注入发光

为了使器件有好的光和载流子限制作用,LED 大多采用双异质结(DH)结构[6]。图 7-1-4 表示未加偏置时的异质结能级图,其电子和空穴具有不同高度的势垒。图 7-1-5 表示加正向偏置后,这两个势垒均减小。但空穴的势垒小得多,从而使得空穴不断从 P 区向 N 区扩散,得到高的注入效率,而 N 区的电子注入 P 区的速率却较小。这样 N 区的电子就跃迁到价带与注入的空穴复合,发射出由 N 型半导体能隙所决定的光辐射。由于 P 区的能隙大,光辐射无法把电子激发到导带,因此,不发生光的吸收,从而可直接透射出发光二极管外,减少了光能的损失。

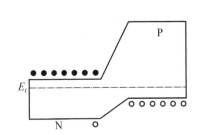

图 7-1-4　发光二极管异质结能级图　　图 7-1-5　发光二极管异质结正向偏置

发光二极管与半导体二极管同样加正向电压,但效果不同。发光二极管把注入的载流子转变成光子,辐射出光。一般半导体二极管注入的载流子构成正向电流,应严格加以区别。

3. LED 的 V-I 特性测量原理

LED 和普通二极管一样都是半导体光电子器件,其核心部分都是 PN 结。因此,红外 LED 也具有与普通二极管相类似的 V-I 特性曲线,如图 7-1-6 所示。其测量方法如图 7-1-7 所示。

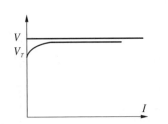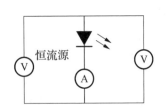

图 7-1-6　LED 输出 V-I 特性曲线　　图 7-1-7　V-I 特性测量原理

四、实验内容

1. 全彩 LED 光源调制实验

第一步　从台体上连接光源模块所需要的电源（＋5 V GND －5 V），用四芯航空线连接全彩 LED 光源到光源模块的全彩接口，连接脉冲驱动输出"PULSE"到"RED""GREEN""BLUE"。

第二步　确认连线无误后，给设备通电，将 s1,s2,s3 拨上；观察全彩灯点亮情况。（可用示波器检测"PULSE"输出脉冲）

第三步　实验完毕，将"电流调节"逆时针旋转到最小，关闭电源开关。

2. 光源模块恒流源驱动红外发射 LED 实验

第一步　将红外发射二极管的红色插孔连接至模块的"LD＋"，将其黑色插孔连接至模块的"LD－"。将万用表 1（"V 挡"）的红表笔连接至"LD＋"，黑表笔连接至"LD－"。将万用表2（"mV 挡"，其中"1 mV"等效"1 mA"）的红表笔连接至 J11（MT＋），黑表笔连接至 J14（MT－）。

第二步　将电流源的"电流调节"逆时针旋转到最小。开启电源，顺时针缓慢调节"电流调节"，使工作电流由 0 mA 逐渐增大，每隔 2 mA 记录 LED 的电压值（万用表 1）和电流值（万用表 2）。绘制 LED 的 V-I 曲线。

表 7-1-2　LD 的 V-I 特性曲线数据记录表

I(mA)	0	2	4	6	8	10	12	...
U(V)								

第三步　实验完毕，将"电流调节"逆时针旋转到最小，关闭电源开关。

3. 台体恒流源驱动红外发射 LED 实验

第一步　按下表接线（接线图参考图 7-1-7）。

台体"电流源输出＋"	红外发射二极管套筒的红色插孔
红外发射二极管套筒的黑色插孔	台体的"电流表＋"
台体的"电流表－"	台体的"电流源输出－"
台体的"电压表＋"	红外发射二极管套筒的红色插孔
台体的"电压表＋"	台体"电流表－"

第二步　将电流表挡位调到 20 mA 挡，电压挡位调到 2 V 或 20 V 挡位，电流源调节旋钮逆时针调到底。确保接线无误后，打开电源。

第三步　顺时针方向缓慢调节电流调节旋钮，观察 LED 的发光情况，并将电流表和电压表测量的数据记录到下表中。

表 7-1-3　LD 的 V-I 特性曲线数据记录表

I(mA)	0	2	4	6	8	10	12	...
U(V)								

第四步　实验完毕，将"电流调节"逆时针旋转到最小，关闭电源开关。

4. 台体恒压源驱动红外 LED 实验

第一步　按下表接线：

台体"0～30 V 电压源输出＋"	特性测试(一)模块上的电阻 1 K 的一端
特性测试(一)模块上电阻 1 K 的另一端	红外发射二极管套筒的红色插孔
红外发射二极管套筒的黑色插孔	台体"电流表＋"
台体"电流表－"	台体"电流源输出－"
台体"电压表＋"	红外发射二极管套筒的红色插孔
台体"电压表－"	台体"电流表－"

第二步　将电流表挡位调到 20 mA 挡，电压挡位调到 2 V 或 20 V 挡位，电流源调节旋钮逆时针调到底。确保接线无误后，打开电源。

第三步　顺时针方向缓慢调节电流调节旋钮，观察 LED 的发光情况，并将电流表和电压表测量的数据记录到下表中。

表 7-1-4　LED 的 V-I 特性曲线数据记录表

I(mA)	0	2	4	6	8	10	12	⋯
U(V)								

第四步　实验完毕，将"电流调节"逆时针旋转到最小，关闭电源开关。

5. 红外发射 LED 反向伏安特性测试实验

第一步　反向特性测试框图如图 7-1-8 所示。

第二步　将系统所有旋钮逆时针拧到头，然后再开启系统电源开关。

第三步　按照图 7-1-8 进行接线：

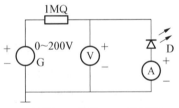

D-被测 LED 器件、G-稳压源、
A-电流表、V-电压表

图 7-1-8　反向 I-V 特性测试图

电压源(0～200 V)接口中的"＋"	电阻负载区"1M"电阻一端
电阻负载区"1M"电阻另一端	LED 结构件的"黑"色护套插座
LED 结构件的"红"色护套插座	电流表的"＋"
电流表的"－"	电压源(0～200 V)接口中的"－"
电压表的"＋"	LED 结构件的"黑"色护套插座
电压表的"－"	LED 结构件的"红"色护套插座

第四步　将电流表打到"200 μA"挡，电压表打到"200 V"挡，顺时针缓慢调节(0～200 V)"电压调节"旋钮，读取表头电流值电压值(直到电压大小增大到基本不变或增加缓慢为止)，将电流电压数值记录在表 7-1-5 中(表中参数仅供参考，电流取值可根据实验情况进行调整，电流取值尽量多)。

表 7 - 1 - 5　LED 反向伏安特性数据表

电流(mA)	0	2	4	6	8	10	⋯	⋯			
电压(V)											

第五步　根据表 7 - 1 - 5 中数据绘制 LED 反向伏安特性曲线,并分析 LED 反向伏安特性的特征,得出 LED 的反向击穿电压 V_R。

第六步　还原仪器,关闭电源,实验完毕。

6. 大功率 LED 反向伏安特性测试实验

用大功率 LED 替换红外发射 LED,进行实验。

五、注意事项

(1)静电很容易导致激光器老化,实验时请不要用手直接接触激光器引脚以及与其连接的任何固定件、测试点和线路,以免损坏器件。

(2)严禁将任何电源对地短路。

(3)通电之前,确保电流源旋钮在最小值位置,这样可防止冲击电流损坏 LD。

(4)严格按照指导书操作实验,出现任何异常情况,请立即关机断电,并请相关老师加以指导。

六、实验报告要求

作出 LED 的正向 V - I 曲线。

七、思考题

根据反向伏安特性曲线分析 LED 在反向电压过大的时候为何会击穿,属于什么击穿类型?

7.2　LD 的工作特性测试实验

一、实验目的

(1)了解半导体激光器的基本工作原理,掌握其使用方法。

(2)了解 LD 的基本工作原理,掌握其脉冲驱动方法。

(3)学习测量 LD 电压-电流(V-I)特性曲线的方法。

二、实验仪器

光电技术综合实验平台、光源输出及测量实验模块、万用表、连接导线若干。

三、实验原理

1. 激光器一般知识及工作原理

激光器是使工作物质实现粒子数反转分布产生受激辐射,再利用谐振腔的正反馈,实现光放大而产生激光振荡的光电子器件。激光，其英文 LASER 就是 Light Amplification by Stimulated Emission of Radiation(受激辐射的光放大)的缩写[7]。

激光的本质是相干辐射与工作物质的原子相互作用的结果。

尽管实际原子的能级是非常复杂的，但与产生激光直接相关的主要是两个能级，设 E_u 表示较高能级，E_l 表示较低能级。原子能在高低能级间跃迁，在没有外界影响时，原子自发地从高能级跃迁到低能级，并辐射出一个频率为 $\nu=(E_u-E_l)/h$ 的光子，此过程称为自发辐射。

若有能量为 $h\nu=E_u-E_l$ 的光子作用于原子，会产生两个过程：一是原子吸收光子的能量，从低能级跃迁到高能级，同时在低能级产生一个空穴，称为受激吸收，此激发光子消失；二是原子在激发光子的诱导下，从高能级跃迁到低能级，并辐射出一个频率 $\nu=(E_u-E_l)/h$ 的光子，此过程称为受激辐射。

受激辐射激发光子不消失，而产生新光子，光子增加。产生的新光子与激发光子具有相同的频率、相位和偏振态，并沿相同的方向传播，具有很好的相干性[8]。

受激辐射和受激吸收总是同时存在的。如果受激吸收超过受激辐射，则光子数的减少多于增加，总的效果是入射光被衰减；反之，如果受激辐射超过受激吸收，则入射光被放大。实现受激辐射超过受激吸收的关键是维持工作物质的原子粒子数反转分布。所谓粒子数反转分布就是工作物质中处于高能级的原子多于处于低能级的原子，所以原子的粒子数反转分布是产生激光的必要条件。

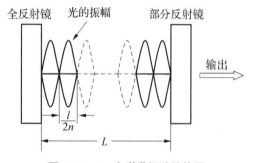

图 7-2-1　光学谐振腔结构图

实现粒子数反转可以使受激辐射超过受激吸收，光在工作介质中得到放大，产生激光。但工作介质的增益都不足够大，若使光单次通过工作介质而要产生较强度的光，就需要很长的工作物质，实际上这是十分困难，甚至是不可能的。因此，要用光学谐振腔进行光放大。所谓光学谐振腔，实际上是在激光器两端，面对面地装两块反射镜，如图 7-2-1 所示。

其中一块反射镜对激光(即受激辐射光)几乎全反射，另一块为部分反射，激光可透过部分反射镜射出。被反射回到工作介质的光，可在工作介质中多次往返，设往返次数为 m，则有效长度为[7]：

$$L_{eff}=2mL\;(m=1,2,3,4,\cdots) \tag{7-2-1}$$

L 为工作介质的实际长度。

由于谐振腔内工作介质存在吸收，反射镜存在透射和散射，因此，光在谐振腔内传播时同时受到一定损耗。当增益介质的增益和损耗相当时，在谐振腔内建立起稳定的激光振荡，即一个激光器，m 有一个确定的值。

谐振腔的另一个作用是选模，光在谐振腔内反射时，反射波将和入射波发生干涉，为了能在腔内形成稳定的振荡，必须满足相干相长的条件，也就是沿腔的纵向(轴线方向)形成驻波的条件，称为谐振条件，即：

$$L = q\frac{\lambda}{2n} \text{ 或 } \lambda = \frac{2nL}{q} \tag{7-2-2}$$

式中,λ 为波长,n 是工作介质的折射率,$q=1,2,3,\cdots$,为某一整数,为驻波波幅的个数,它表征了腔内纵向光场的分布,称为激光的纵模,$q=1$ 称为单纵模激光器,$q \geqslant 2$ 称为多纵模激光器。每个驻波的频率是不一样的,第 q 个驻波的频率为:

$$\nu_q = q\frac{c}{2L} \tag{7-2-3}$$

其中 $c=3\times10^8$ m/s,为光速。

以上两式都说明,虽然由于导带和价带是由许多连续能级组成的有一定宽度的能带,两个能带中不同能级之间电子的跃迁会产生许多不同波长的光波,但只有符合激光振荡的相位条件的那些波长存在,不符合激光振荡的相位条件的那些波长的光将衰减掉,这些波长取决于激光器工作物质的谐振腔长度 L。

多纵模激光器输出 q 个波长的光,但幅度不一样,幅度最大的称为主模,其余的称为边模。

2. 半导体激光器的结构

激光器通常由激活介质(工作物质)、泵浦(激励源)和谐振腔三部分构成。

半导体是由大量原子周期性有序排列构成的共价晶体,由于电子的共有化运动,电子所处的能态扩展成能级连续分布的能带,如图 7-2-2(a)所示,能量低的能带称为价带,能量高的能带称为导带,导带底的能量 E_u 和价带顶的能量 E_l 之间的能量差 $E_u-E_l=E_g$ 称为禁带宽度或带隙,不同的半导体材料有不同的带隙。本征半导体中导带和价带被电子和空穴占据的几率是相同的,N 型半导体导带被电子占据的几率大,P 型半导体价带被空穴占据的几率大,如图 7-2-2(b)、(c)所示[9]。

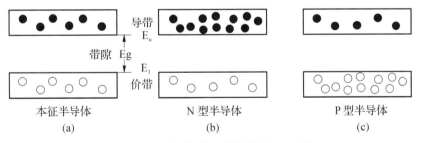

图 7-2-2 半导体激光器的电子和空穴分布

半导体激光器的结构多种多样,基本结构是如图 7-2-3 所示的双异质结平面条形结构。这种结构由三层不同类型半导体材料构成,中间层通常为厚度为 0.1～0.3 μm 的窄带隙 P 型半导体,称为有源层,作为工作介质,两侧分别为具有较宽带隙的 N 型和 P 型半导体,称为限制层[10]。具有不同带隙宽度的两种半导体单晶之间的结构称为异质结。有源层与右侧的 N 层之间形成的是 P-N 异质结,而与左侧的 P 层之间形成的是 P-P 异质结,故这种结构又称为 N-P-P

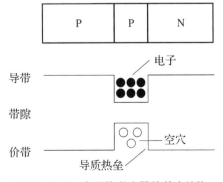

图 7-2-3 半导体激光器的基本结构

双异质结构,简称 DH 结构。

施加正向偏压后,就能使右侧的 N 层向有源层注入电子,左侧的 P 层向有源层注入空穴,但由于左侧的 P 层带隙宽,导带的能态比有源层高,对注入电子形成了势垒,注入有源层的电子不可能扩散到 P 层,同理,注入有源层的空穴也不可能扩散到 N 层。这样,注入有源层的电子和空穴被限制在 $0.1 \sim 0.3\ \mu m$ 的有源层内,形成了粒子数的反转分布。

半导体晶体前后两个解理面作为反射镜构成谐振腔。

给半导体激光器施加正向偏压,即注入电流是维持有源层介质的原子永远保持粒子数的反转分布,自发辐射产生的光子作为激发光子诱发受激辐射,受激辐射产生的更多新光子作为新的激发光子诱发更强的受激辐射。

3. LD 的 $V\text{-}I$ 特性曲线

LD 和普通二极管一样都是半导体光电子器件,其核心部分都是 PN 结。因此,LD 也具有与普通二极管相类似的 $V\text{-}I$ 特性曲线,如图 7-2-4 所示。其测量方法见图 7-2-5,由 $V\text{-}I$ 曲线可以计算出 LD 总的串联电阻 R 和阈值电压 V_T[11]。

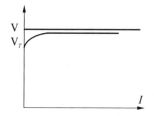

图 7-2-4　LD 输出 $V\text{-}I$ 特性曲线

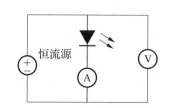

图 7-2-5　$V\text{-}I$ 特性测量原理

四、实验内容

1. 光源模块恒流源驱动 LD 实验

第一步　将激光器套筒的红色插孔连接至模块的"LD+",将其黑色插孔连接至模块的"LD−"。将万用表 1("V 挡")的红表笔连接至"LD+",黑表笔连接至"LD−"。将万用表2("mV"挡,其中"1 mV"等效"1 mA")的红表笔连接至 J11(MT+),黑表笔连接至 J14(MT−)。

第二步　将电流源的"电流调节"逆时针旋转到最小。开启电源,顺时针缓慢调节"电流调节",使工作电流由 0 mA 逐渐增大,每隔 2 mA 记录 LD 的电压值(万用表 1)和电流值(万用表 2),见表 7-2-1。绘制 LD 的 U—I 曲线。

表 7-2-1　LD 的 U-I 特性曲线数据记录表

I(mA)	0	2	4	6	8	10
U(V)						
I(mA)	12	14	...			
U(V)						

第三步　实验完毕,将"电流调节"逆时针旋转到最小,关闭电源开关。

2. 台体恒流源驱动实验

第一步　将台体的"电流源输出＋"连接至激光器套筒的红色插孔,将其黑色插孔连接至台体的"电流表＋",将台体的"电流表－"连接至台体的"电流源输出－",再将台体的"电压表＋"连接至激光器套筒的红色插孔,将台体的"电压表＋"连接至台体的"电流表－"。

第二步　将电流表挡位调到 20 mA 挡,电压挡位调到 2 V 或 20 V 挡位,电流源调节旋钮逆时针调到底。确保接线无误后,给设备上电。

第三步　顺时针方向缓慢调节电流调节旋钮,观察 LD 的发光情况,并将电流表和电压表测量的数据记录到表 7-2-2 中。

表 7-2-2　LD 的 U-I 特性曲线数据记录表

I(mA)	0	2	4	6	8	10
U(V)						
I(mA)	12	14	...			
U(V)						

第四步　实验完毕,将"电流调节"逆时针旋转到最小,关闭电源开关。

五、注意事项

(1) 静电很容易导致激光器老化,实验时请不要用手直接接触激光器引脚以及与其连接的任何固定件、测试点和线路,以免损坏器件;

(2) 严禁将任何电源对地短路;

(3) 通电之前,确保电流源旋钮在最小值位置,这样可防止冲击电流损坏 LD;

(4) 严格按照指导书操作实验,出现任何异常情况,请立即关机断电,并请相关老师加以指导。

六、实验报告要求

作出 LD 半导体激光器的 U-I 曲线。

七、思考题

半导体激光器的主要组成部分是什么?

7.3　光照度测试实验

一、实验目的

(1) 了解光照度基本知识。
(2) 了解光照度测量基本原理。
(3) 学会光照度的测量方法。

二、实验仪器

光电技术综合实验平台、连接导线若干。

三、实验原理

1. 光照度基本知识

光照度是光度计量的主要参数之一,而光度计量是光学计量最基本的部分。光度量是限于人眼能够见到的一部分辐射量,是通过人眼的视觉效果去衡量的,人眼的视觉效果对各种波长是不同的,通常用$V(\lambda)$表示,定义为人眼视觉函数或光谱光视效率[12]。因此,光照度不是一个纯粹的物理量,而是一个与人眼视觉有关的生理、心理物理量。

光照度是单位面积上接收的光通量,因而可以导出:由一个发光强度I的点光源,在相距L处的平面上产生的光照度与这个光源的发光强度成正比,与距离的平方成反比,即[13]:

$$E = I/L^2 \tag{7-3-1}$$

式中:E——光照度,单位为 Lx;

$\quad\quad I$——光源发光强度,单位为 cd;

$\quad\quad L$——距离,单位为 m。

2. 光照度计的结构

光照度计是用来测量照度的仪器,它的结构原理如图 7-3-1 所示。

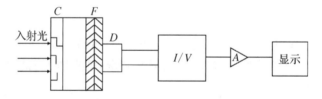

图 7-3-1　照度计结构原理示意图

图中 D 为光探测器,图 7-3-2 为典型的硅光探测器的相对光谱响应曲线;C 为余弦校正器,在光照度测量中,被测面上的光不可能都来自垂直方向,因此,照度计必须进行余弦修正,使光探测器不同角度上的光度响应满足余弦关系。余弦校正器使用的是一种漫透射材料,当入射光不论以什么角度射在漫透射材料上时,光探测器接收到的始终是漫射光。余弦校正器的透光性要好;F 为 $V(\lambda)$ 校正器,在光照度测量中,除了希望光探测器有较高的灵敏度、较低的噪声、较宽的线性范围和较快的响应时间等外,还要求相对光谱响应符合视觉函数 $V(\lambda)$,而通常光探测器的光谱响应度与之相差甚远,因此,需要进行 $V(\lambda)$ 匹配。匹配基本上都是通过给光探测器加适当的滤光片($V(\lambda)$滤光片)来实现的,满足条件的滤光片往往需要不同型号和厚度的几片颜色玻璃组合来实现匹配。当 D 接收到通过 C 和 F 的光辐射时,所产生的光电信号,首先经过 I/V 变换,然后经过运算放大器 A 放大,最后在显示器上显示出相应的信号定标后就是照度值[14]。

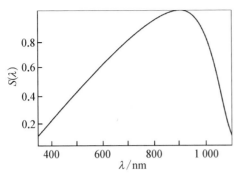

图7-3-2 典型的硅光电二极管相对光谱响应曲线

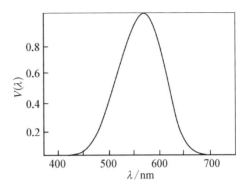

图7-3-3 光谱光视效率曲线

3. 照度测量的误差因素

(1) 照度计相对光谱响应度与 $V(\lambda)$ 的偏离引起的误差。

(2) 接收器线性:也就是说接收器的响应度在整个指定输出范围内为常数。

(3) 疲劳特性:疲劳是照度计在恒定的工作条件下,由投射照度引起的响应度可逆的暂时的变化。

(4) 照度计的方向性响应。

(5) 由于量程改变产生的误差:这个误差是照度计的开关从一个量程变到邻近量程所产生的系统误差。

(6) 温度依赖性:温度依赖性是用环境温度对照度头绝对响应度和相对光谱响应度的影响来表征。

(7) 偏振依赖性:照度计的输出信号还依赖于光源的偏振状态。

(8) 照度头接收面受非均匀照明的影响。

四、实验内容

第一步 检查仪器,确保在断电情况下接线;

第二步 照度计换至"200 Lx"挡,逆时针旋动"电源调节"旋钮至不可调位置;

第三步 打开电源,调节照度计"调零"旋钮,至照度计显示为"000.0"为止,关闭实验平台电源;

第四步 连接光路单元结构红色插孔至照度计输入"+"插孔,连接光路单元结构上的外围黑色插孔至照度计输入"GND"插孔;

第五步 打开实验平台电源,此时光源指示显示"0";

第六步 按"照度加"或"照度减"按钮,观察照度计示数的变化情况;

第七步 长按"照度减"按钮,调节使照度计示值最小,此时拔除光路结构与照度计的连线,逆时针旋出照度计探头;

第八步 此时按"照度加"或"照度减"按钮,观察光源发光情况;

第九步 将"电源调节"旋钮逆时针旋至不可调位置,关闭实验平台电源,还原实验平台。

五、实验注意事项

(1) 进行照度测量之前必须按照实验要求进行调零处理；
(2) 若照度计表头显示为"1_"时说明超过量程，应该增大量程。

六、实验报告要求

(1) 观察实验现象，不用填写实验过程原始记录；
(2) 写出完成本次实验后的心得体会以及对本次实验的改进意见。

七、思考题

试列出你所知道的其他光度量单位。

7.4 电光调制实验

一、实验目的

(1) 掌握晶体电光调制的原理和实验方法。
(2) 学会用简单的实验装置测量晶体半波电压，以及电光常数的测量方法。
(3) 实现模拟光通信。

二、实验仪器

光学导轨及滑动座起偏器、检偏器、1/4 波片、氦氖激光器、光电探测器、电光调制器、信号源、双踪示波器。

三、实验原理

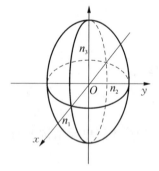

图 7 - 4 - 1　折射率椭球

铌酸锂($LiNbO_3$，LN)晶体具有优良的压电、电光、声光、非线性等性能。本实验仪即采用 LN 电光晶体(正单轴晶体)[15]，它的工作原理如下：

LN 晶体是三方晶体 $n_1 = n_2 = n_o$，$n_3 = n_e$，折射率椭球是以 z 轴(光轴)为对称轴的旋转椭球，垂直于 z 轴的截面为圆，如图 7 - 4 - 1 所示。

其电光系数矩阵为[16]：

$$\gamma = \begin{bmatrix} 0 & -\gamma_{22} & \gamma_{13} \\ 0 & \gamma_{22} & \gamma_{13} \\ 0 & 0 & \gamma_{33} \\ 0 & \gamma_{51} & 0 \\ \gamma_{51} & 0 & 0 \\ -\gamma_{22} & 0 & 0 \end{bmatrix} \qquad (7 - 4 - 1)$$

没有加电场之前,LN 的折射率椭球为:

$$\frac{x^2+y^2}{n_o^2}+\frac{z^2}{n_e^2}=1 \tag{7-4-2}$$

若采用 y 轴通光,如图 7-4-2 所示,即使电光晶体(正单轴晶体)没有加偏压,当线偏光垂直左侧晶面射入,又垂直从右侧晶面射出时,尽管管的传播方向不变,但是由于 o 光与 e 光的折射率不同,传播方向不同,两者间会产生相位差,导致线偏光通过电光晶体后偏振态发生改变,即使右侧采用检偏器消光,也无法达到完全消光的效果。

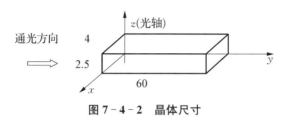

图 7-4-2 晶体尺寸

加上电场之后,其折射率椭球变为[16]:

$$\left(\frac{1}{n_o^2}-\gamma_{22}E_2+\gamma_{13}E_3\right)x^2+\left(\frac{1}{n_o^2}+\gamma_{22}E_2+\gamma_{13}E_3\right)y^2+\left(\frac{1}{n_e^2}+\gamma_{33}E_3\right)z^2+$$
$$2\gamma_{51}E_2yz+2\gamma_{51}E_1zx-2\gamma_{22}E_1xy=1 \tag{7-4-3}$$

在本实验中,采用的是 y 轴通光,z 轴加电场(注意 z 轴为光轴),如图 7-4-2 所示,也就是说,$E_1=E_2=0$,$E_3=E$,那么上式就可以变为:

$$\left(\frac{1}{n_o^2}+\gamma_{13}E_3\right)(x^2+y^2)+\left(\frac{1}{n_e^2}+\gamma_{33}E_3\right)z^2=1 \tag{7-4-4}$$

上式中没有出现交叉项,说明新的折射率椭球的主轴与旧折射率椭球的主轴完全重合。新的主轴折射率为:

$$\begin{cases} n'_x=n'_y=\left(\frac{1}{n_o^2}+\gamma_{13}E\right)^{-\frac{1}{2}}\approx n_o-\frac{1}{2}n_o^3\gamma_{13}E \\ n'_z=\left(\frac{1}{n_e^2}+\gamma_{33}E\right)^{-\frac{1}{2}}\approx n_e-\frac{1}{2}n_e^3\gamma_{33}E \end{cases} \tag{7-4-5}$$

通光方向分别沿着三个主轴方向时的双折射率为:

$$\begin{cases} \Delta n'_x=\Delta n'_y=(n_o-n_e)+\frac{1}{2}(n_e^3\gamma_{33}-n_o^3\gamma_{13})E \\ \Delta n'_z=0 \end{cases} \tag{7-4-6}$$

上式表明,LN 晶体沿 z 轴方向加电场之后,可以产生横向电光效应(通光方向与电场方向垂直),但是不能够产生纵向电光效应(通光方向与电场方向相同)。

组成横向电光调制时,经过晶体后,o 光和 e 光产生的相位差为:

$$\delta=\frac{2\pi l}{\lambda}(n_o-n_e)+\frac{\pi}{\lambda}n_o^3\gamma_c l\frac{U}{d} \tag{7-4-7}$$

其中,$\gamma_c = \left(\dfrac{n_e}{n_o}\right)^3 \gamma_{33} - \gamma_{13}$ 称为有效电光系数,l 为电光晶体的长度,d 为晶体的厚度,U 为外加电场的电势差。当相位差 $\delta = \pi$ 时,所加电压记为 U_π,称为半波电压。

调节起偏器偏振化方向,使入射光经起偏振片后变为振动方向与 x 轴成 $45°$ 的线偏振光,它在晶体的主轴 x 和 z 轴上的投影的振幅和相位均相等,设分别为:

$$e_{x'} = A_0 \cos\omega t, e_{z'} = A_0 \cos\omega t \tag{7-4-8}$$

或用复振幅的表示方法,将位于晶体表面($y=0$)的光波表示为:

$$E_{x'}(0) = A, E_{z'}(0) = A \tag{7-4-9}$$

所以入射光的强度为:

$$I_i \propto \vec{E} \cdot \vec{E} = |E_{x'}(0)|^2 + |E_{z'}(0)|^2 = 2A^2 \tag{7-4-10}$$

当光通过长为 l 的电光晶体后,x' 和 z' 两分量之间就产生相位差 δ,即:

$$E_{x'}(l) = A,$$
$$E_{z'}(l) = A e^{-i\delta} \tag{7-4-11}$$

通过检偏振片出射的光,是该两分量在与 z 轴成 $45°$ 角方向上的投影之和:

$$(E_z)_o = \dfrac{A}{\sqrt{2}}(e^{i\delta} - 1) \tag{7-4-12}$$

其对应的输出光强 I_t 可写成:

$$I_t \propto [(E_z)_o \cdot (E_z)_o^*] = \dfrac{A^2}{2}[(e^{-i\delta}-1)(e^{i\delta}-1)] = 2A^2 \sin^2\dfrac{\delta}{2} \tag{7-4-13}$$

所以光强透过率 T 为:

$$T = \dfrac{I_t}{I_i} = \sin^2\dfrac{\delta}{2} \tag{7-4-14}$$

将 $\delta = \dfrac{2\pi l}{\lambda}(n_o - n_e) + \dfrac{\pi}{\lambda}n_o^3 \gamma_c l \dfrac{U}{d}$ 代入上式,就可以发现,透过率是加在晶体两端的电压的正弦函数。也就是说,电信号调制了光强度,这就是电光调制的原理。

当电光晶体上所施加的电压是正弦变化的调制信号 $U = U_m \sin\omega t$ 和直流偏压 U_0 时,则改变信号源各参数对输出特性的影响如下:

(1) 当 $U_0 = \dfrac{U_\pi}{2}$、$U_m \ll U_\pi$ 时,作出输出信号与调制信号的关系图,如图 7-4-3(a)所示,可见工作点正好选定在线性工作区的中心处,此时,可获得较高效率的线性调制。此时[18]

$$T = \sin^2\left(\dfrac{\pi}{4} + \dfrac{\pi}{2U_\pi}U_m\sin\omega t\right)$$
$$= \dfrac{1}{2}\left[1 - \cos\left(\dfrac{\pi}{2} + \dfrac{\pi}{U_\pi}U_m\sin\omega t\right)\right]$$

$$= \frac{1}{2}\left[1+\sin\left(\frac{\pi}{U_\pi}U_m\sin\omega t\right)\right] \qquad (7-4-15)$$

由于 $U_m \ll U_\pi$ 时,

$$T \approx \frac{1}{2}\left[1+\left(\frac{\pi U_m}{U_\pi}\right)\sin\omega t\right] \qquad (7-4-16)$$

即

$$T \propto \sin\omega t \qquad (7-4-17)$$

这时,调制器输出的信号和调制信号虽然振幅不同,但是两者的频率却是相同的,输出信号不失真,我们称为线性调制。

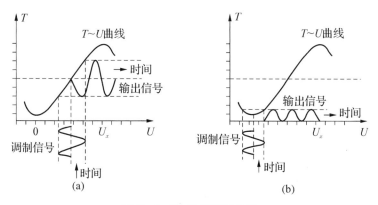

图 7 - 4 - 3　晶体调制曲线

(2) 当 $U_0 = 0$,$U_m \ll U_\pi$ 时,输出信号与调制信号关系如图 7 - 4 - 3(b)所示,此时[18]

$$T = \sin^2\left(\frac{\pi}{2U_\pi}U_m\sin\omega t\right)$$

$$= \frac{1}{2}\left[1-\cos\left(\frac{\pi}{U_\pi}U_m\sin\omega t\right)\right]$$

$$\approx \frac{1}{4}\left(\frac{\pi}{U_\pi}U_m\right)2\sin^2\omega t$$

$$\approx \frac{1}{8}\left(\frac{\pi U_m}{U_\pi}\right)^2(1-\cos2\omega t) \qquad (7-4-18)$$

即

$$T \propto \cos2\omega t \qquad (7-4-19)$$

从(7-4-19)式可以看出,输出信号的频率是调制信号频率的两倍,即产生"倍频"失真,若把 $U_0 = U_\pi$ 代入(7-4-15)式,经类似的推导,可得

$$T \approx 1-\frac{1}{8}\left(\frac{\pi U_m}{U_\pi}\right)^2(1-\cos2\omega t) \qquad (7-4-20)$$

即 $T \propto \cos2\omega t$,输出信号仍是"倍频"失真的信号。

也就是直流偏压 U_0 在 0 伏附近或在 U_π 附近变化时，由于工作点不在线性工作区，输出波形将失真。

（3）当 $U_0 = \dfrac{U_\pi}{2}$，$U_m > U_\pi$ 时，调制器的工作点虽然选定在线性工作区的中心，但不满足小信号调制的要求。因此，工作点虽然选定在了线性区，输出波形仍然是失真的。

四、实验内容

第一步　按照系统连接方法将激光器、电光调制器、光电探测器等部件连接到位。系统连接方法如图 7-4-4 所示，其中电光调制器的滑动座是二维移动平台，与其他的滑动座有所不同。

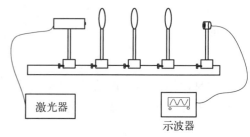

图 7-4-4　系统连接方法

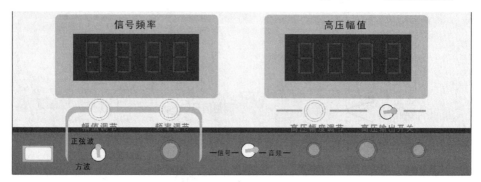

图 7-4-5　信号源面板

其中，信号源面板如图 7-4-5 所示。在信号源面板上，"波形切换"开关用于选择输出正弦波或是方波，"信号输出"口用于输出晶体调制电压，若"高压输出开关"打开，那么输出的调制电压上就会叠加一个直流偏压，用于改变晶体的调制曲线，"音频选择"开关用于选择调制信号为正弦波还是外接音频信号，"探测信号"口接光电探测器的输出，对探测器输入的微弱信号进行处理后通过"解调信号"口输出，连接至有源扬声器上。

在具体的连接中，"信号输出"接一根一端为 BNC 头，另一端为鳄鱼夹的连接线，ZY605电光晶体上也接一根同样的连接线，将这两根线的相对应颜色的鳄鱼夹咬合连接。在观察电光调制现象时，需要使用一个带衰减的探头，连接时，探头的黑色鳄鱼夹连接至前面两根线的黑色鳄鱼夹，探针接红色鳄鱼夹（在测量时，探头应 10 倍衰减）。硅光电探测器通过一根两端都是 BNC 头的连接线连接至示波器上。在进行音频实验时，则不需要示波器，且硅光电探测器连接至信号源"探测信号"口，"解调信号"接至有源音箱，"音频输入"接外加音频信号。

第二步　光路准直。打开激光器电源，调节光路，保证光线沿光轴通过。在光路调节过程中，先将波片、起偏器和检偏器移走，调整激光管、电光晶体和探测器三者的相对位置，使激光能够从晶体光轴通过；调整好之后，再将波片、起偏器和检偏器放回原位，再调节它们的高度，因为它们的通光孔很大，调节相对容易。调节完毕后，锁紧滑动座和固定各部件。

第三步　将信号源输出的正弦波信号加在晶体上，并将探测器输出的信号接到示波器上，调节波片，观察输出信号的变化，记下调节最佳时输出信号的幅值；改变信号源输出信号的幅值与频率,观察探测器输出信号的变化;去掉 1/4 波片,加上直流偏压,改变其大小,观察输出信号的变化,并与加波片的情况进行比较。

第四步 测量半波电压(调制法)。

调制法,即晶体上直流电压与交流电压同时加上,当出现第一次倍频现象时,继续加大电压,直到出现第二次倍频现象。出现两次倍频现象之间的电压之差即为半波电压(或者相邻两次最大峰峰值或者相邻两次最小峰峰值对应的直流偏压压差)。此法虽然精度很高,但是需要进行精确调节。

> **注意:** 在加直流偏压的时候,一定要先从零开始慢慢增加电压!

第五步 电光调制与光通信实验演示。

将音频信号输入到本机的"音频输入"插座,光电探测器输出口接到信号源"探测信号"口,将有源扬声器输入端插入"解调信号"插座,加晶体偏压或旋转波片使电光晶体进入调制特性曲线的线性区域,即可以使扬声器播放音频节目。改变偏压或旋转波片试听扬声器音量与音质的变化。用不透光物体遮住激光光线,声音消失,说明音频信号是调制在激光上的,验证光通信。

五、注意事项

(1) 本实验使用的晶体根据其绝缘性能最大安全电压约为 500 V,超值易损坏晶体。
(2) 本实验仪所采用的激光器电源两极有千伏高压,在使用时要注意安全。
(3) 在实验过程中,应避免激光直射到人眼,以免对眼睛造成伤害。
(4) 本实验仪所用光学器件均为精密仪器,在使用时应十分小心。

六、思考题

极值法,即晶体上只加直流电压,不加交流信号,把直流电压从小到大逐渐改变,输出的光强将会出现极大极小值,相邻极大极小值之间对应的直流电压之差就是半波电压。具体步骤是:去掉 1/4 波片,调节检偏器使输出光强最小,然后将信号源中正弦波的输出幅度调节至零,打开高压开关,分别记下在直流电压为 0~400 V 时输出电压的值。

表 7 - 4 - 1 半波电压的测量

直流偏压(V)	20	40	60	80	100
输出电压(mV)					
直流偏压(V)	120	140	160	180	200
输出电压(mV))					
直流偏压(V)	220	240	260	280	300
输出电压(mV)					
直流偏压(V)	320	340	360	380	400
输出电压(mV)					

根据测得的数据在实验纸上描出直流电压与输出电压之间的曲线,曲线上输出电压达到相邻最大值与最小值间所对应的直流电压即为晶体的半波电压。根据晶体的尺寸就可以计算出其电光常数。(最大值表示 o 光与 e 光相位差为 0,最小值表示 o 光与 e 光相位差为 $\pi/2$)

电光调制器

一、产品功能及应用

电光调制器采用铌酸锂电光调制晶体,铌酸锂(LN)晶体具有优良的压电、电光、声光、非线性等性能,在军事、民用领域有着广泛的用途[16]。

二、性能指标

1. 晶体轴向:X,Y,Z 可根据用户要求生产特殊轴向。
2. 轴向精度:$\pm 0.2°$,晶体两端面抛光。
3. 晶体直径:2″、3″、4″长度大于 50 mm 可按用户要求生产不同直径的单晶,晶体呈水白色,无开裂、无气泡、无散射颗粒。
4. 居里温度:$(1\ 142\pm 1)℃$
5. 透光波段:370~5 000 nm
6. 透过率:>85%(633 nm)
7. 消光比:>250∶1 @632.8 nm(晶体换算成 30 mm)激光斑点小于 2 mm
8. 尺寸:2.5 mm×4 mm×60 mm($Z×X×Y$)

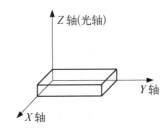

7.5 声光调制实验

一、实验目的

(1) 通过观察和测量了解声光相互作用的机理。
(2) 推算晶体中的声速,研究驱动电压(功率)与衍射效率的关系。
(3) 模拟(音频)信号的调制、传输与解调。

二、实验仪器

声光调制信号源主机、光学测角台、探测盒、半导体激光器、调制晶体、光学导轨、双踪示波器。

三、实验原理

若有一超声波通过某种均匀介质,介质材料在外力作用下发生形变,分子间因相互作用力发生改变而产生相对位移,将引起介质内部密度的周期性变化,密度大的地方折射率大,密度小的地方折射率小,即介质折射率发生周期性改变。这种由于外力作用而引起折射率变化的现象称为弹光效应。弹光效应存在于一切物态。如上所述,当声波通过介质传播时,介质折射率就会产生和声波信号相应的、随时间和空间的周期性变化。这部分受扰动的介质等效为一个"相位光栅"。其光栅常数就是声波波长 λ_s,这种光栅称为超声光栅。声波在介质中传播时,有行波和驻波两种形式。特点是行波形成的超声光栅的栅面在空间是移动的,而驻波场形成的超声光栅栅面是驻立不动的。

当超声波传播到声光晶体时,它由一端传向另一端。到达另一端时,如果遇到吸声物质,超声波将被吸声物质吸收,而在声光晶体中形成行波。由于机械波的压缩伸长作用,则在声光晶体中形成行波式的疏密相间的构造,也就是行波形式的光栅。

当超声波传播到声光晶体时,它由一端传向另一端。到达另一端时,如果遇见反声物质,超声波将被反声物质反射回声光晶体中,和入射波叠加而在声光晶体中形成驻波。由于机械波的压缩伸长作用,在声光晶体中形成驻波形式的疏密相同的构造,也就是驻波形式的光栅。

当光通过具有超声波作用的介质时将被衍射,我们把这种现象称为声光效应,它是光波与介质中声波相互作用的结果。

声光效应可分为两种类型,即喇曼-奈斯(Raman-Nath)衍射和布拉格(Bragg)衍射。喇曼-奈斯衍射是指声光作用长度较小或声频较低,且在使用时往往使光波垂直声波前法线入射的声光效应。布拉格衍射是指声频很高,声光作用长度较大,且光束与声波前间以一定角度倾斜入射时所产生的声光效应。本实验利用布拉格衍射进行声光调制。

1. 布拉格声光调制

如果声波频率较高,且声光作用长度较大,此时的声扰动介质也不再等效于平面位相光栅,而形成了立体位相光栅[19]。这时,相对声波方向以一定角度入射的光波,其衍射光在介质内相互干涉,使高级衍射光相互抵消,只出现 0 级和 ±1 级的衍射光,这就是布拉格声光衍射,如图 7-5-1 所示,这种衍射形式效率较高,有利于制成各种实用器件。

下面从波的干涉加强条件来推导布拉格方程。为此,可把声波通过的介质近似看作许多相距声波长 λ_s 的部分反射、部分透射的镜面。对于行波场,这些镜面将以速度 ν_s 沿 x 方向移动(x 为声波的传播方向)。因为声波频率远小于入射光波频率,所以在某一

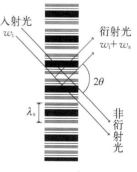

图 7-5-1　布拉格声光衍射

瞬间,超声场可近似看成是静止的,因而对衍射光的分布没影响。对驻波超声场则完全是不动的。当平面波以 θ_i 入射至声波场,在 B、C、E 各点处部分反射,产生衍射光。各衍射光相干增强的条件是它们之间的光程差应为其波长的整数倍,或者说必须同相位。图 7-5-2 表示在同一镜面上的衍射情况,波长为 λ 的入射光在 B、C 点的反射光同相位的条件必须使光程差 $AC-BD$ 等于光波波长的整数倍,即[20]

$$x(\cos\theta_i - \cos\theta_d) = m\frac{\lambda}{n} \quad (m=0,\pm1) \qquad (7-5-1)$$

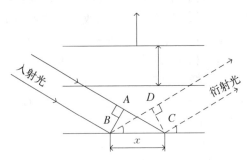

图 7-5-2　入射光束在镜面上发生衍射

其中入射角 θ_i 为入射光与镜面即声波面的夹角,衍射角 θ_d 为衍射光与镜面的夹角,n 为折射率。

要使声波面上所有点同时满足这一条件,只有使

$$\theta_i = \theta_d \qquad (7-5-2)$$

即入射角等于衍射角才能实现。对于相距 λ_s 的两个不同的镜面上的衍射情况,由上下面反射的反射光具有同相位的条件,其光程差 $FE+EG$ 必须等于光波波长的整数倍,即

$$\lambda_s(\cos\theta_i + \cos\theta_d) = \frac{\lambda}{n} \qquad (7-5-3)$$

考虑到 $\theta_i = \theta_d$,所以

$$2\lambda_s \sin\theta_B = \frac{\lambda}{n} \text{ 或 } \sin\theta_B = \frac{\lambda}{2n\lambda_s} = \frac{\lambda}{2nv_s}f_s \qquad (7-5-4)$$

式中,$\theta_B = \theta_i = \theta_d$,$\theta_B$ 称为布拉格角。可见,只有入射角等于布拉格角 θ_B 时,在声波面上的光波才具有同相位,满足相干加强的条件,得到衍射极值,上式称为布拉格方程。

由于发生布拉格声光衍射时,声光相互作用长度较大,属于体光栅情况[21]。理论分析表明,在声波场的作用下入射光和衍射光之间存在如下关系

$$\begin{cases} E_i(r) = E_i(0)\cos(k_{ij}r) \\ E_j(r') = -iE_i(0)\sin(k_{ij}r') \end{cases} \qquad (7-5-5)$$

式中 E_i 和 E_j 分别为入射和衍射光场,这为我们描述两个光场的能量转换效率提供了方便。

定义:在作用距离 L 处衍射光强和入射光强之比为声光衍射效率,即[22]

$$\eta=\frac{I_j(L)}{I_i(0)}=\sin^2(k_{ij}L) \qquad (7-5-6)$$

由于 $\Delta\left(\frac{1}{n_{ij}^2}\right)=p_{ijkl}S_{kl}\approx-\frac{2}{n^3}\Delta n_{ij}$，注意到 $k_{ij}=\frac{n^3\pi}{2\lambda}p_{ijkl}S_{kl}=-\frac{\pi}{\lambda}(\Delta n_{ij})$。因此,(7-5-6)
式可写为

$$\eta=\sin^2\left[\frac{\pi}{\lambda}(\Delta n_{ij})L\right]=\sin^2\left(\frac{\Delta\varphi}{2}\right) \qquad (7-5-7)$$

式中 $\Delta\varphi$ 是传播距离 L 后位相改变量。

引入有效弹光系数 p_e 和有效应变 S_e,

$$\Delta n_{ij}=\frac{1}{2}n^3p_eS_e \qquad (7-5-8)$$

其中有效应变 S_e 和声波场强度 I_s 的关系是

$$S_e=\left(\frac{2I_s}{\rho v_s^3}\right)^{\frac{1}{2}} \qquad (7-5-9)$$

式中 v_s 是声速,ρ 是介质密度。

又因为 $I_s=\dfrac{P_s}{HL}$,H 为声光作用的宽度,P_s 为超声功率,于是(7-5-7)式写成

$$\eta=\sin^2\left[\frac{\sqrt{2}\pi}{\lambda}L\left(\frac{n^6p_e^2}{\rho v_s^3}\right)^{\frac{1}{2}}\right]=\sin^2\left[\frac{\pi}{\sqrt{2}\lambda}\sqrt{\frac{L}{H}M_2P_s}\right] \qquad (7-5-10)$$

式中,$M_2=\dfrac{n^6p_e^2}{\rho v_s^3}$,$M_2$ 是声光介质的物理参数组合,是由介质本身性质决定的量,称为
声光材料的品质因数(或声光优质指标),它是选择声光介质的主要指标之一[23]。从
(7-5-10)式可见:(a) 若在超声功率 P_s 一定的情况下,欲使衍射光强尽量大,则要求
选择 M_2 大的材料,并且把换能器做成长面较窄(即 L 大 H 小)的形式;(b) 如果超声
功率足够大,使 $\dfrac{\pi}{\sqrt{2}\lambda}\sqrt{\dfrac{L}{H}M_2P_s}$ 达到 $\dfrac{\pi}{2}$ 时,$\eta=100\%$;(c) 当 P_s 改变时,$\dfrac{I_j}{I_i}$ 也随之改变,因
而通过控制 P_s(即控制加在电声换能器上的电功率)就可以达到控制衍射光强的目的,
实现声光调制。

2. 声光调制系统的设计

声光调制系统设计的目的:设计出一整套完整的实验系统,尽量减小其危险性,便于操
作,通过本实验可以加深学生对"激光器件与技术"这门课中的声光调制这一部分内容的理
解,培养同学自我动手的能力,提高同学理论与实践相结合的综合水平。

(1) 光源的选择

本实验系统采用的是半导体激光器 650 nm 的红光,它具有激光的一切优点,例如相干
性好,发散角小,便于在空间传输等优点。除此之外,与 He-Ne 激光器相比,它精小简携,
易于调整。

（2）声光晶体的选择

很多材料都可以作声光材料使用，例如熔石英、钼酸铅、超重火石玻璃等。这样我们就需要根据实际应用的要求进行选择，以下简述一下对本实验系统应完成的布拉格衍射所需要的晶体的选择。通常评价声光材料性能优劣的品质因数有三个：

（a）M_2：表征材料的调制效率。$M_2 = n^6 p_e^2 / \rho v_s^3$，$\eta = I_j / I_i$ 为调制效率，$\eta \propto M_2 p_s$，故 M_2 越大，所需声功率 p_s 则越小。

（b）M_1：$M_1 = n v_s^2 M_2$，表征声光材料的高频声光调制性能，是评价材料的布拉格带宽的品质因数。

显然当光波和声波波长变化时，都将引起布拉格角 θ_B 的变化，从而降低衍射效率。对布拉格衍射，定义一级衍射光强下降到名义声波 λ_s 的衍射光强的一半时，声频变化量 Δf_s 为布拉格带宽：$\Delta f_s = 1.8 n v_s^2 / \pi \lambda L f_s$，所以 $n v_s \propto \Delta f_s$。引入一个新的物理量 M_1，使 $M_1 = n v_s^2 M_2 = n^7 p_e^2 / \rho v_s$，$M_1$ 越大，由此材料制成的调制器调制带宽越宽。

（c）M_3：这是表征材料声速大小的一个品质因数。

当声光器件作声光偏转用时，要求材料的声速要小，因而引入 $M_3 = M_1 / V_s = n^7 p_e^2 / \rho V_s^2$。

综上所述，对声光材料的上述某些要求是矛盾的，必须视具体问题综合考虑各因数，以确定适当的声光材料。对于布拉格衍射，我们需要 M_1, M_2, M_3 均越大越好的声光材料，同时兼顾价钱等因素，实验系统采取了钼酸铅晶体，它的各项品质因数为 $M_1 = 15.3$，$M_2 = 23.7$，$M_3 = 24.9$。

（3）导轨的使用

导轨采用燕尾形设计，易于中心定位，稳定性好，同时滑座可进行精确调节或锁紧，因此便于操作。

（4）旋转平台的使用

将声光晶体固定在旋转平台上，平台上有水平调节螺栓和角度调节螺栓，利用水平调节螺栓可以任意调整声光晶体的位置，待声光晶体位置大致确定以后，锁紧水平调节螺栓，然后旋转角度调节螺栓（±5°精确调节），就可以改变光强在各级光斑上的分布。

（5）电源箱的使用

（a）直流电压调节　用以调节声光调制器的超声信号功率；

（b）4 位表头　通电时，显示直流电压；

（d）声光电压开关　控制是否叠加直流信号；

（e）频率调节　调节调制信号频率；

（f）信号选择　内信外信选择，选择内部信号或者外部信号；

（g）正弦音频　内信状态下，切换是正弦信号还是音频信号；

（h）信号输出　超声输入调制信号，由它正上方幅度调节旋钮调整幅度大小。

探测器输出及交流放大部分：

（a）输出调节　调整探测器信号输出幅度大小；

（b）音量调节　调整音频信号幅度大小；

（c）内/外　切换音频输出或信号输出；

（d）解调输出　示波器观测解调信号输出。

电源箱后面板的使用：

（a）电源输入　标准三芯电源插座,用以连接 220 V 交流电,插座上方有保护电源用的熔丝;

（b）电源开关　打开或切断信号源供电;

（c）外号输入　直接连接有源扬声器发声的输出插座;

（d）传感器　与光电接收器连接的接口插座;

（e）调制信号输出　输出超声功率至声光调制器的插座。

四、实验内容

1. 实验装置图

本实验系统是由半导体激光电源、声光盒、光阐、接收放大器以及声光调制信号源组成。

2. 光路的调节

第一步　在光具座的滑座上放置好激光器和光电接收器,并安装好声光调制器的载物台。

第二步　按系统连接方法将激光器、声光调制器、光电接收器等组件连接到声光调制电源箱。

第三步　光路准直:打开电源开关,接通激光电源。用白屏来调整光路,先将半导体激光器放置在导轨零点处锁定,把白屏拉到激光器附近,再由近及远,观察激光光斑打在白屏上的位置,调整激光器,使激光光斑打在由近及远白屏上的位置保持一致,反复调节,使得一定距离内激光光束是平行光;将激光器与调制晶体距离拉近,这样衍射 0 级光斑与 1 级光斑间距稍远,便于观察及探测器接收。

第四步　将声光调制器的通光孔置于载物平台的中心位置,调整好高度,使得激光束刚好通过通光孔。

第五步　调整光电探测器的高度,使得激光束落在光电传感器中心。

3. 实验内容

我们设计的这套声光调制实验系统可以完成下列实验:

（1）观察声光调制的衍射现象

调节激光束的亮度,使在像屏中心有明晰的光点呈现,此即为声光调制的 0 级光斑。

打开声光调制电压,此时以 100 MHz 为中心频率的超声波开始对声光晶体进行调制。

微调载物平台上声光调制器的转向,以改变声光调制器的光束入射角,即可出现因声光调制而出现的衍射光斑。

仔细调节光束对声光调制器的角度,当＋1 级（或者－1 级）衍射光最强时,声光调制器即运转在布拉格条件下的偏转状态。

注意:布拉格衍射一级衍射达到极值的条件是:（1）控制电压为一特定的值;（2）入射激光必须以特定的角度布拉格角 α 入射。

（2）观察交流信号调制特性

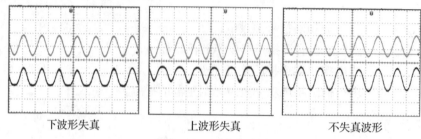

| 下波形失真 | 上波形失真 | 不失真波形 |

图7-5-3　失真波形

打开信号发生器,输入交流的正弦波信号。加法器把直流偏压和信号发生器的交流电压叠加在一起输出到线性声光调制器上,在示波器上可看到被调制的半导体激光的正弦波,测出示波器上信号波的相对幅度。改变直流偏压的大小或增加信号发生器的信号强度,观察输出波形的调制特性。此图为+1级衍射信号,-1级相位与此刚好相反。

（3）声光调制与光通信实验演示

在驱动源输入端加入外调制信号（如音频信号、文字和图像等）,则衍射光强将随此信号变化,从而达到控制激光输出特性的目的,实现模拟光通信和图像处理。

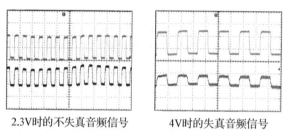

| 2.3V时的不失真音频信号 | 4V时的失真音频信号 |

图7-5-4　不同电压下的失真音频信号

（4）测量声光调制器的衍射效率

定义:在作用距离 L 处衍射光强和入射光强之比为声光衍射效率。

衍射效率 $\eta = \dfrac{I_{d\max}}{I_0}$,其中 $I_{d\max}$ 为最大衍射光强,I_0 为 0 级光强。

（5）计算声光调制偏转角

定义 1 级光和 0 级光间的距离为 d,声光调制器到接收孔之间的距离为 L,由于 $L \gg d$,即可求出声光调制的偏转角:$\theta_d \approx \dfrac{d}{L}$

（6）测量超声波的波速

将超声波频率 f,偏转角 θ_d 与激光波长代入 $V_s = \dfrac{f\lambda}{\theta_d}$,其中 $f = 80$ MHz,$\lambda = 650$ nm,将求出的 θ_d 一起带入上式即可求得。

五、注意事项

（1）调节过程中必须避免激光直射人眼,以免对眼睛造成危害。

（2）供电电源应提供保护地线,示波器的地线需与系统良好连接。

（3）为防止强激光束长时间照射而导致光敏管疲劳或损坏,调节使用后需要随即用塑盖将光电接收孔盖好。

7.6　磁光调制实验

一、实验目的

（1）了解磁光调制实验原理。
（2）研究磁场与光场相互作用的物理过程。
（3）测量磁光效应的旋光特性和调制特性。

二、实验仪器

磁光调制实验仪主机箱、重火石玻璃、铽玻璃、半导体激光器、调制线圈、光学导轨、直流励磁电磁铁、电磁铁衔铁、起偏器（带刻度）、检偏器（带刻度）、双踪示波器。

三、实验原理

1. 磁光效应

当平面偏振光穿透某种介质时,若在沿平行于光的传播方向施加一磁场,光的偏振面会发生旋转,其旋转角 θ 正比于外加的磁场强度 B,即 $\theta = \nu l B$。这称为法拉第效应,也称磁致旋光效应或磁光效应[24]。式中 l 为光波在介质中的传播距离,ν 为表征磁致旋光效应特征的比例系数,称为维尔德常数。由于磁致旋光的偏振方向会使反射光引起的旋角加倍,而与光的传播方向无关,利用这一特性在激光技术中可制成光调制、光开关、光隔离、光偏转等功能性磁光器件,其中磁光调制为其最典型的一种。

如图 7-6-1 所示,在磁光介质的外围加一个励磁线圈就构成基本的磁光调制器件。

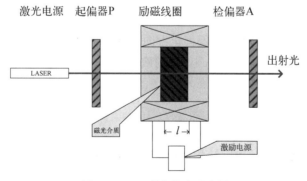

图 7-6-1　磁光效应示意图

2. 直流磁光调制

当线偏振光平行于外磁场入射磁光介质的表面时,线偏振光可以分解成如图 7-6-2 所示的左旋圆偏振光 IL 和右旋圆偏振光 IR（两者旋转方向相反）。由于介质对两者具有不同的折射率 n_L 和 n_R,当它们穿过厚度为 l 的介质后分别产生不同的相位差,体现在角位移上有[25]:

$$\theta_L = \frac{2\pi}{\lambda} n_L l$$

$$\theta_R = \frac{2\pi}{\lambda} n_R l \qquad\qquad (7-6-1)$$

式中 λ 为光波波长，因 $\theta_L - \theta = \theta_R + \theta$

$$\theta = \frac{1}{2}(\theta_L - \theta_R) = \frac{\pi}{\lambda}(n_L - n_R) \times l \qquad\qquad (7-6-2)$$

如折射率差 $(n_L - n_R)$ 正比于磁场强度 B，其中磁场强度与线圈匝数等因素有关，通过 $\theta = \nu l B$，可由 θ,B 与 l 求出维尔德常数 ν。

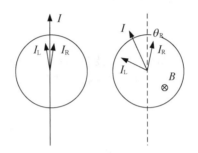

图 7-6-2　入射光偏振面的旋转移动

3. 交流磁光调制

用交流电信号对励磁线圈进行激励，使其对介质产生一交变磁场，就组成了交流（信号）磁光调制器（此时的励磁线圈称为调制线圈），在线圈末通电流并且不计光损耗的情况下，设起偏器 P 的线偏振光振幅为 A_0，则 A_0 可分解为 $A_0\cos\alpha$ 及 $A_0\sin\alpha$ 两个垂直分量，其中只有平行于 A 偏振化方向的 $A_0\cos\alpha$ 分量才能通过检偏器，故有输出光强[26]

$$I = (A_0\cos\alpha)^2 = A_0^2\cos^2\alpha \qquad\qquad (7-6-3)$$

其中 $I_0 = A_0^2$ 为其光强。

式中 α 为起偏器 P 与检偏器 A 偏振化方向之间的夹角，I_0 为光强的幅值，当线圈通以交流电信号 $i = i_0\sin\omega t$ 时，设调制线圈产生的磁场为 $B = B_0\sin\omega t$，则介质相应地会产生旋转角 $\theta = \theta_0\sin\omega t$，从检偏器输出的光强为：

$$I = I_0\cos^2(\alpha+\theta) = \frac{I_0}{2}[1+\cos2(\alpha+\theta)] = \frac{I_0}{2}[1+\cos2(\alpha+\theta_0\sin\omega t)] \quad (7-6-4)$$

式中 $\theta_0\sin\omega t$ 是交变法拉第旋转角 θ 的幅度，称为调制幅度。由上可知，当 α 一定时，输出光强 I 仅随 θ 变化，而 θ 是受磁场 $\vec{H}$ 控制的，因此，I 随 $\vec{H}$ 而变化，这就是光强的磁光调制。显然，由于交变磁场 $\vec{H}$ 引起的法拉第旋转使输出光强幅度变化（磁光调制幅度）为：

$$I_0\cos^2(\alpha-\theta_0) - I_0\cos^2(\alpha+\theta_0) = I_0\sin2\alpha \cdot \sin2\theta_0 \qquad (7-6-5)$$

由上式可知，当 θ_0 为定值时，磁光调制幅度随 α 而变化。$\alpha = 45°$ 时，磁光调制幅度最大（如图 7-6-3(a)所示）。此时由 (7-6-4) 式得：

$$I = I_0 \cos^2(45° + \theta) = \frac{I_0}{2}[1 - \sin 2\theta] = \frac{I_0}{2}[1 - \sin(2\theta_0 \sin \omega t)] \quad (7-6-6)$$

I 随 θ 做正弦变化。

（1）当 $\alpha = 45°$ 时，$\theta_0 = 45°$ 磁光调制幅度最大。由 $(7-6-6)$ 式可以看出，当 $\theta_0 > 45°$ 时，调制波形将产生畸变。

（2）当 $\alpha \neq 45°$ 时，I 不仅与 θ 有关，而且与 α 的变化也有关，因此，调制波形及其幅度将随起偏器和检偏器相对位置 α 值而变化，$\theta_0 < 45°$ 也会引起调制波形的畸变，如图 $7-6-3(b)$、(c) 所示[26]。

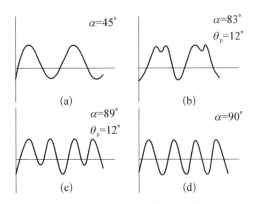

图 $7-6-3$　磁光调制时的波形

（3）当 $\alpha = 90°$，即两偏振器处于正交位置时，输出光强为：

$$I = I_0 \cos^2(90° + \theta) = (I_0/2)(1 - \cos 2\theta) \quad (7-6-7)$$

此时，I 是 θ 的偶函数，输出光强仅与 θ 的大小有关，即与交变磁场 $\vec{H}$ 的大小有关，与磁场的方向无关。显然，此时输出调制信号的频率是输入调制信号频率的两倍（如图 $7-6-3(d)$ 所示）。由此可见，当我们用图 $7-6-1$ 所示的测量装置检测出倍频信号时，即可确定两偏振器处于正交（"消光"）位置。

当 $\alpha = 0$ 时，输出光强为：

$$I = I_0 \cos^2 \theta = (I_0/2)(1 + \cos 2\theta) \quad (7-6-8)$$

输出光强 I 的变化情况与 $\alpha = 90°$ 时相类似。从 $(7-6-7)$、$(7-6-8)$ 两式可以看出，在 $\alpha = 0, 90°$ 情况下，磁光调制（倍频信号）幅度随 θ 的增大而增大，而 $\theta_0 = 90°$ 时，其幅度最大。

4. 磁光调制的基本参量

磁光调制时性能主要由以下两个基本参量来描述。

（1）调制深度 η

$$\eta = \frac{I_{\max} - I_{\min}}{I_{\max} + I_{\min}} \quad (7-6-9)$$

式中 $I_{\max}$ 和 $I_{\min}$ 分别为调制输出光强的最大和最小值，在 $0 \leqslant \alpha + \theta \leqslant \dfrac{\pi}{2}$ 的条件下，由

(7-6-8)式得到在∓θ时的输出光强分别为

$$I_{\max}=\frac{I_0}{2}\left[1+\cos 2(\alpha-\theta)\right]$$

$$I_{\min}=\frac{I_0}{2}\left[1+\cos 2(\alpha+\theta)\right] \qquad (7-6-10)$$

（2）调制角幅度 θ

令 $I_A=I_{\max}-I_{\min}$ 为光强调制幅度，将(7-6-10)式代入化简得

$$I_A=I_0\sin 2\alpha\sin 2\theta \qquad (7-6-11)$$

由此可见，当起偏器与检偏器主截面间夹角 $\alpha=45°$ 时，调制幅度可达 $I_{\max}=I_0\sin 2\theta$。

此时调制输出的极值光强为：

$$I_{\max}=\frac{I_0}{2}(1+\sin 2\theta)$$

$$I_{\min}=\frac{I_0}{2}(1-\sin 2\theta) \qquad (7-6-12)$$

将此式代入(7-6-9)式得 $\alpha=45°$ 时的调制深度和调制角幅度：

$$\eta=\sin 2\theta$$

$$\theta=\theta_0=\frac{1}{2}\arcsin\left(\frac{I_{\max}-I_{\min}}{I_{\max}+I_{\min}}\right) \qquad (7-6-13)$$

5. 实验仪器及装置

磁光调制器系统结构由两大单元组成。

（1）光路系统

由半导体激光器、起偏器、带调制线圈的磁光介质（铽玻璃）、检偏器、光电传感器和直流励磁的电磁铁组装在精密光具座上，组成磁光调制器的光路系统。铽玻璃与火石玻璃系磁光效应相异悬殊的两种介质，后者因维尔德常数甚小而必须置于电磁铁的励磁线圈中，才能显著呈现出磁光调制现象。实验时两者仅择其一，分别进行操作。

（2）电路系统

除激光电源与光电转换接收部件，其余电路组装在主控单元中。

图 7-6-4　电路主控单元前面板

上面为电路主控单元的仪器前面板图,各控制与显示部分的作用如下:

- 励磁开关　　　用于对电磁铁施加直流调制电流。
- 励磁极性　　　用于改变直流磁场的极性。
- 励磁强度　　　调节直流励磁电流,用以改变对磁光介质施加的直流磁场的大小。
- 音频开关　　　用于对磁光介质施加内部的音频信号。
- 调制开关　　　用于对磁光介质施加内部的交流调制信号。(内置约 1 kHz 的正弦波)
- 调制幅度　　　用于调节交流调制信号的幅度。
- 解调幅度　　　用于调节解调监视或解调输出信号的幅度。
- 光强指示　　　数字显示经光电转换后的光电流相对值,可反映接收光强的大小。
- 励磁电流　　　数字显示直流励磁电流。
- 调制监视　　　将调制信号输出送到示波器显示的插座。
- 解调监视　　　将光电接收放大后的信号输出送到示波器显示的插座,可与调制信号进行比较。

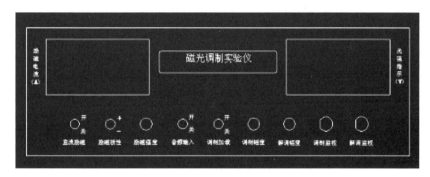

图 7 - 6 - 5　电路主控单元后面板

上图为电路主控单元的后面板图,各插座作用如下:

- 电源开关　　　用于控制主电源,接通时光强指示和励磁电流表头亮。
- 电源插座　　　用于接入市电 AC220 V。
- 光电传感器　　光电传感器线缆接口。
- 励磁输出　　　供直流调制电流的插座。
- 调制输出　　　供交流调制信号电流的插座。

四、实验内容

1. 实验准备

(1) 在光具座两端各放置激光器和光电传感器。

(2) 光路准直。

(a) 打开激光电源,调整光具座使激光器光源输出口高度与光电传感器中心同高,使二者等高。此时激光器头部保持固定。

（b）调节传感器的位置使得光强指示最大，读数应在"5"左右，此后激光器与接收器的位置不宜再动。

2．交流磁光调制实验

（1）观察交流磁光调制现象。

（a）光路准直后，插入起偏器、检偏器，调节起偏器，使光强指示器近0（达到最小），表示检偏器与起偏器的光轴正处于正交状态（$P \perp A$），记下起偏器角度。再将起偏器旋转45°角，即 $\alpha = 45°$，使两偏振面在此夹角下调制幅度达最大 $I_{\max} = I_0 \sin 2\theta$。

（b）用所提供的BNC线分别将"调制监视"与"解调监视"插座与双踪示波器的CH1和CH2相连，打开调制信号开关，在示波器上可同时观察到调制波形与解调输出波形。

（c）将调制线圈插入光具座后对准中心，务必使激光束正射透过。调节检偏器，使接收光强应近于0（达到最小）。为了增加倍频时信号的显示幅度，方便观察倍频信号，先将调制幅度和解调幅度调至最大，微调检偏器，此时从示波器观察应出现的倍频现象，即解调信号频率是调制信号频率的两倍。调节检偏器过程中，若出现解调信号饱和的现象，是由于调制信号幅度过大所导致，属正常现象。

（d）减小调制幅度，观察减小调制幅度后对波形的影响。

（2）交流调制实验数据测量：测量调制深度与调制角幅度。

将调制幅度旋钮确定于某一位置，在示波器中显示出解调波形时，调节检偏器偏角，读出波形曲线上相应的光强信号的最大值 $I_{\max}$（波形不失真的情况下最大光强）和最小值 $I_{\min}$（$I_{\min}$ 即为倍频状态时的光强），代入（7-6-9）式和（7-6-13）式，计算出调制深度 η 和调制角幅度 θ_0。

3．直流磁光调制实验

观察直流磁光调制现象，并测量直流磁场对磁光介质的影响。

（1）在交流磁光调制倍频状态下，将插有重火石玻璃的励磁电磁铁置于光具座上的检偏器前，如图7-6-6所示。注意在进行操作之前要先确认励磁开关处于关闭状态且励磁强度旋钮逆时针旋到底，防止磁铁突然吸引磁轭导致重火石玻璃破裂，另外实验完成后取下重火石玻璃时要先关闭励磁开关。操作时一定要小心，不要损坏重火石玻璃。

（2）将励磁强度置于0，此时仍能观察到倍频现象。

此步骤后，光电接收器前检偏器的粗调盘不得再转动，记录检偏器角度为 θ_1。

（3）开启直流励磁开关，适当增加励磁强度，使励磁线圈通

图7-6-6　励磁电磁铁及重火石

以直流电流 I_{DC}，此时原来的倍频现象消失，再微调检偏器使光强读数恢复近于0，重新出现倍频现象，记下此时检偏器读数 θ_2，其差值 $|\theta_2 - \theta_1|$ 即为偏振面的旋角 θ。

（4）均匀改变直流电流的大小（由励磁电流表读出），测出相应的偏振面的旋角 θ，将结果填入下表，画出 $\theta \sim B(I_{DC})$ 的关系曲线，B 可以通过拟合预先知道的电流与磁场强度的对应关系（采用高斯计标定，每台仪器测量一次，标定后作为已知数据使用）得到。为了克服起

始段过弱的调制效应,可调节起偏器(或检偏器)的转角,使其适当偏离正交状态后,再开始作 $\theta \sim B$(IDC)关系。

励磁电流(A)	0.2	0.4	0.6	0.8	1.0
磁场强度 B(mT)	28.9	54.7	83	113.3	144
旋角 θ(分)					

(5)l 为光波在磁光介质重火石中的路径(参考值 30 mm),根据公式 $\theta = \nu l B$,重火石的维尔德常数 ν 即可计算出来。

4. 光通信实验

在倍频实验的基础上,保持光路组件位置不变,将"音频输入"扭子开关拨到"开",即可以使扬声器播放音乐。改变偏压(即调节幅度调节旋钮)或旋转检偏器试听扬声器音量与音质的变化。用不透光物体遮住激光光线,声音消失,说明音频信号是调制在激光上的,验证光通信。

五、实验注意事项

(1)调节过程中也应避免激光直射人眼,以免对眼睛造成危害。

(2)禁止用手触及光学零件的透光表面。

(3)在把重火石玻璃放入两磁轭时,一定要小心,最好双手一起拿,防止重火石玻璃断裂,在把磁轭和重火石玻璃放到直流励磁电磁铁上前要先确认励磁开关处于关闭状态,防止磁铁突然吸引磁轭导致重火石玻璃破裂,实验完成后取下重火石玻璃前要先关闭励磁开关。

(4)不要打开磁光调制器的外壳,防止其中的铽玻璃掉出来。

(5)做实验时,不要长时间打开直流励磁的开关,尤其是大电流状态时。需要做直流调制实验,并记录数据时再打开,防止长时间大电流烧毁电磁铁。

(6)做完实验,检查励磁开关和调制开关是否处于关闭状态,如果实验时长时间不记录数据,应该及时关闭调制开关和励磁开关,防止长时间烧毁实验仪内部的功率放大器。

参考文献

[1] 何素明. 光谱法发光二极管结温测定技术的研究及应用[D].湘潭大学,2014.

[2] 赵小强,李大湘,白本督. DSP 原理及图像处理应用[M].北京:人民邮电出版社,2013:265.

[3] 迟楠. LED 可见光通信关键器件与应用[M].北京:人民邮电出版社,2015:298.

[4] Jun-Ho Sung, Bo-Soon Kim, Chul-Hyun Choi, Min-Woo Lee, Seung-Gol Lee, Se-Geun Park, El-Hang Lee, O. Beom-Hoan. Enhanced Luminescence of GaN-based Light-emitting Diode with a Localized Surface Plasmon Resonance[J]. Microelectronic Engineering,2009,86(4).

[5] 周志坚. 大学物理教程[M].成都:四川大学出版社,2017:830.

[6] 张彤,王保平,张晓兵,朱卓娅,张晓阳. 光电子物理及应用[M].南京:东南大学出版社,2019:251.

[7] 张新社,刘原华,何华,金蓉. 光纤通信技术[M].北京:人民邮电出版社,2014:293.

[8] Svelto O, Hanna D C. Principles of Lasers[M]. New York:Plenum Press, 1998.

[9] 张彤,王保平,张晓兵,朱卓娅,张晓阳. 光电子物理及应用[M].南京:东南大学出版社,2019:251.

[10] Seeger K. Semiconductor Physics[M]. Springer Science & Business Media, 2013.

［11］吴翔. 半导体激光光束的特性及其耦合技术［D］.浙江大学,2004.

［12］郭永贞,许其清,袁梦,龚克西,勾烨. 数字电子技术［M］.南京:东南大学出版社,2018:372.

［13］李莉. 光度计量与测试技术研究［D］.西安工业大学,2012.

［14］吴世春. 普通物理实验［M］.重庆:重庆大学出版社,2015:287.

［15］俞阿龙,李正,孙红兵,孙华军. 传感器原理及其应用［M］.南京:南京大学出版社,2017:331.

［16］李敏毅. 铌酸锂高频超声换能器的研制与输出功率测量［D］.华南理工大学,2011.

［17］王军宝. 铌酸锂电光调制器及 Radio over Fiber 组网设计［D］.山东大学,2018.

［18］王振宇,成立,孟翔飞,唐平,姜岩,陈勇,汪洋,秦云. 模拟电子技术基础［M］.南京:东南大学出版社,2019:378.

［19］熊俊俏,杜勇,戴丽萍. 高频电子线路［M］.北京:人民邮电出版社,2013:357.

［20］Liu W F，Russell P S J，Dong L. Acousto-optic Superlattice Modulator Using a Fiber Bragg Grating［J］. Optics Letters，1997，22(19)：1515－1517.

［21］周雨青,刘甦,董科,彭毅,侯吉旋. 大学物理［M］.南京:东南大学出版社,2019:273.

［22］Delgado-Pinar M，Mora J，Diez A，et al. Tunable and Reconfigurable Microwave Filter by Use of a Bragg-grating-based Acousto-optic Superlattice Modulator［J］. Optics Letters，2005，30(1)：8－10.

［23］光电子技术［J］.中国无线电电子学文摘,2010,26(06):20－53.

［24］霍畅. 基于声光调制的无线通讯应用技术研究［D］.重庆大学,2012.

［25］胡玲. 双折射晶体温度效应及其传感应用［D］.武汉理工大学,2010.

［26］Li C，Yoshino T，Cui X. Magneto-optic Sensor by Use of Time-division-multiplexed Orthogonal Linearly Polarized Light［J］. Applied Optics，2007，46(5)：685－688.

［27］Yang Z Y，Zhou Z F，Zhang Z L. Improvement of Transmitting Spatial Azimuth Based on Sine Wave Magneto-optic Modulation［J］. Guangxue Jingmi Gongcheng(Optics and Precision Engineering)，2012，20(4)：692－698.

第8章

半导体物理实验

8.1 四探针测半导体电导率实验

一、实验目的

(1) 了解四探针法测量半导体或金属材料电阻率的工作原理。

(2) 掌握四探针法测量半导体或金属材料电阻率的测试方法。

二、实验仪器

数字式四探针测试仪是运用四探针测量原理的多用途综合测量设备[1]。图 8-1-1 为一种常见的四探针测试仪,该仪器是按照单晶硅物理测试方法国家标准并参考美国 A.S.T.M 标准而设计的,是测试半导体材料电阻率和方块电阻(薄层电阻)的专用仪器。

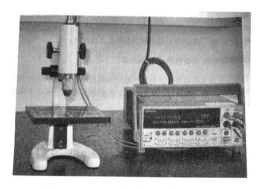

图 8-1-1 四探针测试仪实物图

四探针测试器主体部分由单片计算机,液晶显示器,键盘,高灵敏度高输入阻抗放大器,双积分式 A/D 变换器,恒流源开关电源,DC-DC 变换隔离电源,电动、手动或手持式四探针测试架(头)等组成,测试探头采用宝石导向轴套和高硬度钢针,测试结果由液晶显示器显示。测量数据既可由主机直接显示,亦可由计算机控制测试采集测试数据到计算机中加以分析,再以表格或图形等方式显示测试结果。该仪器采用了最新电子技术进行设计和装配,具有功能选择直观、测量取数快、精度高、测量范围宽、稳定性好、结构紧凑、易操作等特点,适用于半导体材料厂、半导体器件厂、科研单位、高等院校对半导体材料电阻性能的测试。

本仪器工作条件:温度:23 ℃±3 ℃;相对湿度:50%～70%;工作室内应无强磁场干扰,不与高频设备共用电源。

技术参数：

1. 测量范围

(1) 电阻率：$10^4 \sim 10^5$ Ω/cm；

(2) 方块电阻：$10^{-4} \sim 10^5$ Ω/cm；

(3) 电阻：$10^{-4} \sim 10^5$ Ω。

2. 可测半导体材尺寸

(1) 直径：15～100 mm；

(2) 长(高)度：≤400 mm。

3. 测量方位

轴向、径向均可。

4. 数字电压表

(1) 量程：20 mV，200 mV，2 V；

(2) 误差：±3%；

(3) 输入阻抗：$>10^8$ Ω；

(4) 最大分辨率：10 μV；

(5) 点阵液晶显示，过载显示。

5. 恒流源

(1) 电流输出：共分 10 μV、100 μV、1 mA、10 mA、100 mA 五挡，可通过按键选择。各挡均为定值不可调节，电阻率探头修正系数和扩散层方块电阻修正系数均由机内 CPU 运算后，直接显示修正后的结果。

(2) 误差：±0.5%±2。

6. 四探针测试头

(1) 探针间距：1 mm；

(2) 探针机械游移率：±1%；

(3) 探针材料：碳化钨，半径 0.5 mm；

(4) 0～2 kg 可调，最大压力约 2 kg。

7. 电源

(1) 交流电压：220 V±10%；

(2) 功耗：<35 W。

本仪器可以选配电动测试架、手动测试架、手持测试头或四夹子电阻测量输入线。

(a) 电动测试架。电动测试架是用步进电机驱动测试头的升降，只要将被测工件放在测试平台中心位置，按一次启动按钮，测试头自动下降，直到针头和被测工件接触，探头将自动以慢速下降一段距离压紧探针使针与工件接触良好并等待测量，测量结束后，探头上行并恢复到原来位置。电动测试架的操作简便，探针对被测工件所施压力恒定，测量结果稳定，建议优先选配。

(b) 手动测试架。该结构简单，不用电源，只要操作熟练，测量精度和稳定性也很好。

（c）手持式四探针测试头。使用灵活，可以对任意形状的半导体材料进行测试，而且脱离了测试架尺寸的限制，可以对大尺寸单晶硅柱的任意部位进行单点或多点测试。由于探针对被测材料的压力由手感控制，因此，测量时必须将探头持稳压紧，以保证探针和被测工件接触良好。

（d）带夹四线测试头，它是必配件，可以用四线法测量低阻值电阻。

三、实验原理

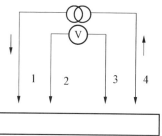

1. 四探针测试原理

图 8-1-2 为四探针测试原理图。将四根排成一条直线的探针以一定压力垂直地压在被测样品表面上，在 1、4 探针间通电流 I（mA），2、3 探针间就产生一定的电压 V（mV）[2]。

测量该电压并根据测量方式和样品尺寸的不同，分别按以下公式计算样品的电导率、方块电阻、电阻：

图 8-1-2 直线四探针法测试原理图

（1）薄膜（厚度≤4 mm）电阻的测量[3]：

$$R = R_x \times F(D/S) \times F(W/S) \times F_{sp} \qquad (8-1-1)$$

其中：D——样品直径，单位：cm 或 mm，注意与探针间距 S 单位一致。

S——平均探针间距，单位：cm 或 mm，注意与样品直径 D 单位一致（四探针头合格证上的 S 值）。

W——样品厚度，单位：cm，在 $F(W/S)$ 中注意与 S 单位一致。

F_{sp}——探针间距修正系数（四探针头合格证上的 F 值）。

$F(D/S)$——样品直径修正因子，当 $D \to \infty$ 时，$F(D/S) = 4.532$，有限直径下的 $F(D/S)$ 由表 8-1-1 查出。

$F(W/S)$——样品厚度修正因子，$W/S < 0.4$ 时，$F(W/S) = 1$；$(W/S)/S > 0.4$ 时，$F(W/S)$ 值由表 8-1-2 查出。

R——源表测量电阻值，单位 Ω。

（2）薄膜方块电阻率的测量[4]：

$$\rho = R \times W = R_x \times F(D/S) \times F(W/S) \times F_{sp} \times W \qquad (8-1-2)$$

其中：D——样品直径，单位：cm 或 mm，注意与探针间距 S 单位一致。

S——平均探针间距，单位：cm 或 mm，注意与样品直径 D 单位一致（四探针头合格证上的 S 值）。

W——样品厚度，单位：cm，在 $F(W/S)$ 中注意与 S 单位一致。

F_{sp}——探针间距修正系数（四探针头合格证上的 F 值）。

$F(D/S)$——样品直径修正因子，当 $D \to \infty$ 时，$F(D/S) = 4.532$，有限直径下的 $F(D/S)$ 由表 8-1-1 查出。

$F(W/S)$——样品厚度修正因子，$W/S < 0.4$ 时，$F(W/S) = 1$；$(W/S)/S > 0.4$ 时，$F(W/S)$ 值由表 8-1-2 查出。

R——源表测量电阻值，单位 Ω。

2. 电阻率的测量原理

在半无穷大样品上的点电流源,若样品的电阻率 ρ 均匀,引入点电流源的探针流强度为 I,则所产生的电场具有球面的对称性,即等位面为一系列以点电流为中心的半球面,如图 8-1-3 所示。在以 r 为半径的半球面上,电流密度 j 均匀分布[5]。

**图 8-1-3 点电流源
电场分布**

若 E 为 r 处的电场强度,则[6]:

$$E=j\rho=\frac{I\rho}{2\pi r^2} \qquad (8-1-3)$$

由电场强度和电位梯度以及球面对称关系,则:

$$E=\frac{\mathrm{d}\Psi}{\mathrm{d}r} \qquad (8-1-4)$$

$$\mathrm{d}\Psi=-E\mathrm{d}r=-\frac{I\rho}{2\pi r^2}\mathrm{d}r \qquad (8-1-5)$$

取 r 为无穷远处的电位为零,则:

$$\int_\infty^r \mathrm{d}\Psi=\int_\infty^r -E\mathrm{d}r=\frac{-I\rho}{2\pi}\int_\infty^r \frac{\mathrm{d}r}{r^2} \qquad (8-1-6)$$

$$\Psi(r)=\frac{\rho I}{2\pi r} \qquad (8-1-7)$$

式(8-1-7)就是半无穷大均匀样品上离点电流源距离为 r 的点的电位与探针流过的电流和样品电阻率的表达式,它代表一个点电流源对距离 r 处的点电势的贡献。

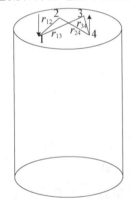

图 8-1-4 任意位置的四探

对图 8-1-4 所示的情形,四根探针位于样品中央,电流从探针 1 流入,从探针 4 流出,则可认为 1 和 4 探针是点电流源,由式(8-1-7)可知,2 和 3 探针的电位为:

$$\Psi_2=\frac{I\rho}{2\pi}\left(\frac{1}{r_{12}}-\frac{1}{r_{24}}\right) \qquad (8-1-8)$$

$$\Psi_3=\frac{I\rho}{2\pi}\left(\frac{1}{r_{13}}-\frac{1}{r_{34}}\right) \qquad (8-1-9)$$

3.3 探针的电位差为:

$$V_{23}=\Psi_2-\Psi_3=\frac{\rho I}{2\pi}\left(\frac{1}{r_{12}}-\frac{1}{r_{24}}-\frac{1}{r_{13}}+\frac{1}{r_{34}}\right) \quad (8-1-10)$$

式(8-1-10)就是利用直流四探针法测量电阻率的普遍公式。我们只需测出流过 1、4 探针的电流 I 以及 2、3 探针间的电位差 V_{23},代入四根探针的间距,就可以求出该样品的电阻率 ρ。实际测量中,最常用的是直线型四探针(如图 8-1-5),即四根探针的针尖位于同一直线上,并且间距相等,设 $r_{12}=r_{23}=r_{34}=S$,则有:

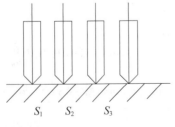

图 8-1-5 四探针法测量原理图

$$\rho = \frac{V_{23}}{I} 2\pi S \tag{8-1-11}$$

需要指出的是：这一公式是在半无限大样品的基础上导出的，实用中必须满足样品厚度及边缘与探针之间的最近距离大于四倍探针间距，这样才能使该式具有足够的精确度[7]。如果被测样品不是半无穷大，而是厚度、横向尺寸一定，进一步的分析表明，在四探针法的基础上只要对公式引入适当的修正系数 B_0 即可，此时：

$$\rho = \frac{V_{23}}{I B_0} 2\pi S \tag{8-1-12}$$

另一种情况是极薄样品，极薄样品是指样品厚度 d 比探针间距小很多，而横向尺寸为无穷大的样品，这时从探针 1 流入和从探针 4 流出的电流，其等位面近似为圆柱面，高为 d。

任一等位面的半径设为 r，类似于上面对半无穷大样品的推导，很容易得出当 $r_{12} = r_{23} = r_{34} = S$ 时，极薄样品的电阻率为[8]：

$$\rho = \frac{\pi}{\ln 2} D \frac{V_{23}}{I} = 4.532\,4 D \frac{V_{23}}{I} \tag{8-1-13}$$

式(8-1-13)说明，对于极薄样品，在等间距探针的情况下（如图 8-1-6），探针间距和测量结果无关，电阻率和被测样品的厚度 D 成正比。

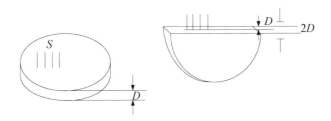

图 8-1-6　极薄样品，等间距探针情况

就本实验而言，当 1、2、3、4 四根金属探针排成一直线且以一定压力压在半导体材料上，在 1、4 两处探针间通过电流 I，则 2、3 探针间产生电位差 V_{23}。

材料电阻率：

$$\rho = \frac{V_{23}}{I} 2\pi S = \frac{V_{23}}{I} C \tag{8-1-14}$$

式中，S 为相邻两探针 1 与 2、2 与 3、3 与 4 的间距，就本实验而言，$S = 1$ mm，$C \approx 6.28 \pm 0.05$ mm。

若电流取 $I = C$ 时，则 $\rho = V$，可由数字电压直接读出。

表 8-1-1　直径修正系数 $F(D/S)$ 与 D/S 值的关系[9]

$F(D/S)$ 位置　　　D/S 值	中心点	半径中点	距边缘 6 mm 处
＞200	4.532	—	—
200	4.531	4.531	4.462
150	4.531	4.529	4.461
125	4.530	4.528	4.460
100	4.528	4.525	4.458
76	4.526	4.520	4.455 5
60	4.521	4.513	4.451
51	4.517	4.505	4.447
38	4.505	4.485	4.439
26	4.470	4.424	4.418
25	4.470	—	—
22.22	4.454	—	—
20.00	4.436	—	—
18.18	4.417	—	—
16.67	4.395	—	—
15.38	4.372	—	—
14.28	4.348	—	—
13.33	4.322	—	—
12.50	4.294	—	—
11.76	4.265	—	—
11.11	4.235	—	—
10.52	4.204	—	—
10.00	4.171	—	—

表 8－1－2　厚度修正系数 $F(W/S)$ 与 W/S 值的关系[10]

W/S 值	$F(W/S)$	W/S 值	$F(W/S)$	W/S 值	$F(W/S)$	W/S 值	$F(W/S)$
<0.400	1.000 0	0.530	0.996 2	0.665	0.985 8	0.800	0.966 3
0.400	0.999 7	0.535	0.996 0	0.670	0.985 3	0.805	0.965 4
0.405	0.999 6	0.540	0.995 7	0.675	0.954 7	0.810	0.964 4
0.410	0.999 6	0.545	0.995 5	0.680	0.984 1	0.815	0.963 5
0.415	0.999 5	0.550	0.995 2	0.685	0.983 5	0.820	0.962 6
0.420	0.999 4	0.555	0.994 9	0.690	0.982 9	0.825	0.961 6
0.425	0.999 3	0.560	0.994 6	0.695	0.982 3	0.830	0.960 7
0.430	0.999 2	0.565	0.994 3	0.700	0.981 7	0.835	0.959 7
0.435	0.999 1	0.570	0.994 0	0.705	0.981 0	0.840	0.958 7
0.440	0.999 0	0.575	0.993 7	0.710	0.980 4	0.845	0.957 7
0.445	0.998 9	0.580	0.993 4	0.715	0.979 7	0.850	0.956 7
0.450	0.998 8	0.585	0.993 0	0.720	0.979 0	0.855	0.955 7
0.455	0.998 7	0.590	0.992 7	0.725	0.978 3	0.860	0.954 6
0.460	0.998 6	0.595	0.992 3	0.730	0.977 6	0.865	0.953 6
0.465	0.998 5	0.600	0.991 9	0.735	0.976 9	0.870	0.952 5
0.470	0.998 4	0.605	0.991 5	0.740	0.976 1	0.875	0.951 4
0.475	0.998 3	0.610	0.991 1	0.745	0.975 4	0.880	0.950 4
0.480	0.998 1	0.615	0.990 7	0.750	0.974 6	0.885	0.949 3
0.485	0.998 0	0.620	0.990 3	0.755	0.973 8	0.890	0.948 2
0.490	0.997 8	0.625	0.989 8	0.760	0.973 1	0.895	0.947 1
0.495	0.997 6	0.630	0.989 4	0.765	0.972 3	0.900	0.945 9
0.500	0.997 5	0.635	0.988 9	0.770	0.971 4	0.905	0.944 8
0.505	0.997 3	0.640	0.988 4	0.775	0.970 6	0.910	0.943 7
0.510	0.997 1	0.645	0.987 9	0.780	0.969 8	0.915	0.942 5
0.515	0.996 9	0.650	0.987 4	0.785	0.968 9	0.920	0.941 3
0.520	0.996 7	0.655	0.986 9	0.790	0.968 0	0.925	0.940 2
0.525	0.996 5	0.660	0.986 4	0.795	0.967 2	0.930	0.939 0
0.935	0.937 8	1.100	0.893 9	1.850	0.671 8	2.600	0.509 8
0.940	0.936 6	1.150	0.879 3	1.900	0.658 8	2.650	0.501 3
0.945	0.935 4	1.200	0.864 3	1.950	0.646 0	2.700	0.493 1
0.950	0.934 2	1.250	0.849 1	2.000	0.633 7	2.750	0.485 1
0.955	0.932 9	1.300	0.833 6	2.050	0.621 6	2.800	0.477 3
0.960	0.931 7	1.350	0.818 1	2.100	0.609 9	2.850	0.469 8
0.965	0.930 4	1.400	0.802 6	2.150	0.598 6	2.900	0.462 4
0.970	0.929 2	1.450	0.787 2	2.200	0.587 5	2.950	0.455 3
0.975	0.927 9	1.500	0.771 9	2.250	0.576 7	3.000	0.448 4
0.980	0.926 7	1.550	0.756 8	2.300	0.566 3	3.200	0.422 0
0.985	0.925 4	1.600	0.741 9	2.350	0.556 2	3.400	0.399 0
0.990	0.924 1	1.650	0.727 3	2.400	0.546 4	3.600	0.378 0
0.995	0.922 8	1.700	0.713 0	2.450	0.536 8	3.800	0.359 0
1.000	0.921 5	1.750	0.698 9	2.500	0.527 5	4.000	0.342 0

4. 扩散层薄层电阻(方块电阻)的测量原理

半导体工艺中普遍采用四探针法测量扩散层的薄层电阻,由于反向 PN 结的隔离作用,扩散层下的衬底可视为绝缘层,对于扩散层厚度(即结深 X_j)远小于探针间距 S,而横向尺寸无限大的样品,则薄层电阻率为

$$\rho = \frac{2\pi S}{B_0} \times \frac{V}{I} \tag{8-1-15}$$

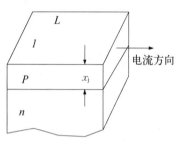

图 8 - 1 - 7 电流方向所呈现的电阻

实际工作中,我们直接测量扩散层的薄层电阻,又称方块电阻,其定义就是表面为正方形的半导体薄层在电流方向所呈现的电阻[11],如图 8 - 1 - 7 所示。

所以:

$$R_S = \rho \frac{I}{I \cdot X_j} = \frac{\rho}{X_j} \tag{8-1-16}$$

$$R_S = \frac{\rho}{X_j} = 4.532\,4\,\frac{V_{23}}{I} \tag{8-1-17}$$

因实际的扩散片尺寸一般不是很大,并且实际的扩散片又有单面扩散与双面扩散之分,因此,需要进行修正,修正后的公式为:

$$R_S = B_0 \frac{V_{23}}{I} \tag{8-1-18}$$

四、实验内容

本仪器适配三种测试架(电动、手动、手持测试头),还可使用带有四个夹子的四线法电阻测试输入插头,这四种输入插头虽然外形相同,使用同一个输入插座,但使用方法略有不同,以下将分别予以说明。

1. 主机

面板:面板左侧为液晶显示器,显示器的第一行显示测量结果,阻抗单位(kΩ,Ω,mΩ)和测量方式的符号("一 cm"电阻率,"一口"方块电阻,"一"电阻)。在正常测量时第二行将以较小的字号显示和第一行相同的数值,只有在超程时第二行显示四个横杠(一),第二行则显示正在使用的测量方式可以显示的最大数值,例如电阻率测量可以显示的最大值为 1 256,方块电阻可以显示的最大值为 9 060,电阻测量则可以显示的最大值为 1 999(以上所示的值中小数点和单位均视测量当时所设量程而定,这里不作详述)。面板右侧为指示灯和键盘,第一行 5 个指示灯分别指示当前恒流源的工作状态,这 5 个指示灯在任何情况下只有灯亮,如左起第一个灯亮则代表目前恒流源正在可以输出 100 mA 恒定电流的工作状态。从左到右的 5 个指示灯分别指示了恒流源的"100 mA""10 mA""1 mA""100 μA""10 μA"5 个工作状态。

第二行三个指示灯,自左至右分别指示了三个电压量程(2 V,200 mV,20 mV)。第三行三个指示灯,自左至右分别为测量方式指示(电阻率,方块电阻,电阻)。指示灯下面

为二行三列功能设置键,第一行为左移键,第二行为右移键,左起第一列为恒流源设置键,第二列为测量方式设置键,第三列为电压量程设置键。最下面一个键为往复键,重复按键可以选择测量或保持两个状态。必须注意:当使用电动测试架时,只能设定在测量状态。

后侧板:后侧板的左侧装有带保险丝的电源插座和电源开关,右侧为七芯信号输入插座和 RS232 的九针插座。

2. 电动测试架

电动测试架是一个完整的组件,本身带有开关电源与步进电机驱动电路、交流电源插头、九芯和七芯输入插头。开关电源的 +5 V 电源电压和七芯插头均通过一个九针插头和测试架连接,所以在使用前首先将它插入测试架上的九针座上,七芯输入插头插入主机后侧板上的输入插座中。

接通主机和测试架的 220 V 交流电源,测试架的探头就会复位并上升到规定位置。主机在接通电源后,首先运行自检程序,液晶显示器显示公司名称、网址、联系电话,同时指示灯循环点亮一次,最后电流指示灯停在 1 mA 位置,电压指示灯停在 2 V 位置,测量模式指示灯停在电阻率测量模式,测量/保持键则选在测量位置,液晶显示器显示单位为 kΩ—cm,(电阻率测量)液晶显示器的最下面一行显示的 0.628 是探头的修正系数。这是仪器在开机后的优先选择。此时液晶显示器的第一行没有显示任何数值,因为现在测量还没有开始。接下来将被测半导体材料放在测试架圆形绝缘板的圆心上,把探针保护套取下并保存好,按一下测试架上的启动按键(小红键),随即测试头下降,探针和被测工件接触。稍后显示测试结果,测试头上升。如果测量结果显示“—”则为超量程,可以减小恒流源的设置值或升高电压量程,调整电流或电压量程,直至测量结果可以显示三位以上的读数为最好的量程组合。

在选择量程时必须注意的是,如已知被测工件是半导体并且阻值大于 10 Ω 时,不要使用 10 mA 以上的恒流源,原因是 10 mA 以上的恒流源使用较低的工作电压,而半导体材料表面的接触电阻又较大,会使恒流源工作不正常。

3. 手动测试架

手持测试头,四端子电阻测试夹使用比较简单,只要将七芯输入插头插入输入端,仪器就会连续测量,探针和工件接触良好,就可在显示器上读出测量结果。

4. 常规操作流程

第一步　接上电源,开启主机,此时“R”和“I”指示灯亮。预热约 5 min。

第二步　检查工作条件:工作温度 23 ℃±2 ℃,相对湿度为 65%,满足以上条件方可进行下面操作。

第三步　根据硅片的直径厚度以及探针的修正系数计算出所测硅片和标准样片的电流值。

第四步　取下测头保护罩,用酒精棉球擦拭测头及工作平台。

第五步　根据每个合同所要求电阻率值的范围,按说明书选择电流量程(见表 8-1-3)。

表 8-1-3 电阻率值对应的电流量程

电阻率/(Ω·cm)	电流量程/(mA)
<0.06	100
0.03~0.6	10
0.3~0.6	1
>30	0.1

第六步 用标准样片对测试仪进行校正,在硅片中心处至少检测3点,其平均值和标准样片电阻值进行比较,差值在1.5%之内,即可进行检测。

第七步 将已喷砂好的硅棒或者表面洁净的硅片放入探针架测试台面中心位置进行测试。

第八步 探针压在硅棒/片端面上的中心点,十点法要求对上、下端面进行测量,测量值稳定时读取显示屏显示的电阻率值,开始记录测量值。如果有轴向测试要求,则将硅棒轴向端面进行打磨后测试轴向电阻率。

第九步 若测量过程中显示屏上的测量值出现波动或超出偏差范围,则停止工作,检查室温、硅棒测量面及显示器是否出现异常。

第十步 整批测量完成后,装好探针保护装置,升降架下降到测量台面上方5~8 cm处。关闭电源开关。

五、实验注意事项

(1)每次开机后需先测试标准电阻率样片/块,测试值与标称值偏差不能超过1.5%;

(2)硅棒、硅片测试表面温度需控制在22 ℃~24 ℃,环境温度控制在21 ℃~25 ℃;

(3)测试前需确认四探针重复测试精度,针对样片/块同一点测试3次,重复测试误差不超过1%;

(4)被测试表面需与四探针下降方向保持垂直;

(5)被测试表面需进行喷砂、打磨、酒精擦拭,确保表面无凸起;

(6)电阻率测试存在诸多不确定因素,出现偏差大的现象请及时通知相关责任人处理;

(7)每次开机启动仪器都会有一个自动校正和自动预热的过程,初测时偶有5~10次测试数值不精确视为正常情况。

测量时,预估的样品阻值范围应该选择相对应的电流范围(见表8-1-4)。

表 8-1-4 电阻率值对应的电流量程

电阻率/(Ω·cm)	电流挡/(mA)
<0.012	100
0.008~0.6	10
0.4~60	1
40~1 200	0.1
>800	0.01

六、实验报告要求

本仪器适用于半导体材料厂、半导体器件厂、科研单位、高等院校对半导体材料的电阻性能测试。

四探针软件测试系统是一个运行在计算机上拥有友好测试界面的用户程序,通过此测试程序辅助使用户简便地进行各项测试及获得测试数据并对测试数据进行统计分析。

测试程序控制四探针测试仪进行测量并采集测试数据,把采集到的数据在计算机中加以分析,然后把测试数据以表格或图形形式直观地记录、显示出来。用户可将采集到的数据在电脑中保存或者打印以备日后参考和查看,还可以把采集到的数据输出到 Excel 中,让用户对数据进行各种分析。

8.2　硅光电池特性测试实验

一、实验目的

(1) 了解硅光电池的工作原理和使用方法及用途。
(2) 掌握硅光电池短路电流定义及其测试方法。
(3) 掌握硅光电池开路电压的定义及其测试方法。
(4) 掌握硅光电池零偏、反偏时光照-电流特性测量方法。
(5) 掌握硅光电池光照特性测量方法。
(6) 掌握硅光电池光谱特性测量方法。
(7) 掌握硅光电池时间响应特性测量方法。
(8) 掌握硅光电池的实际应用。

二、实验仪器

(1) 光电技术综合实验平台(1 台);
(2) 光源输出及测量模块(1 套);
(3) 硅光电池模块(1 套);
(4) 连接导线(若干)。

三、实验原理

1. 硅光电池的结构和原理

目前半导体光电探测器在数码摄像、光通信、太阳电池等领域得到了广泛应用。硅光电池是半导体光电探测器的一个基本单元,深刻理解硅光电池的工作原理和使用方法,可以进一步领会半导体 PN 结原理、光电效应理论和光伏电池产生机理[12]。

图 8-2-1 是半导体 PN 结在零偏、反偏、正偏下的耗尽区,当 P 型和 N 型半导体材料结合时,由于 P 型材料空穴多电子少,而 N 型材料电子多空穴少,结果 P 型材料中的空穴向 N 型材料这边扩散,N 型材料中的电子向 P 型材料这边扩散,扩散的结果使得结合区两侧的

P 型区出现负电荷,N 型区带正电荷,形成一个势垒,由此而产生的内电场将阻止扩散运动的继续进行,当两者达到平衡时,在 PN 结两侧形成一个耗尽区,耗尽区的特点是无自由载流子,呈现高阻抗。当 PN 结反偏时,外加电场与内电场方向一致,耗尽区在外电场作用下变宽,使势垒加强;当 PN 结正偏时,外加电场与内电场方向相反,耗尽区在外加电场作用下变窄,势垒削弱,使载流子扩散运动继续形成电流,此即为 PN 结的单向导电性,电流方向是从 P 指向 N。

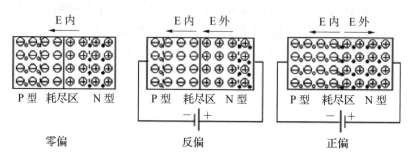

图 8-2-1　半导体 PN 结在零偏、反偏、正偏下的耗尽区

硅光电池是一种直接将光能转换为电能的光电器件。硅光电池在有光线作用时实质就是电源,电路中有了这种器件就不需要外加电源[13]。

硅光电池的工作原理是基于"光生伏特效应"的,它实质上是一个大面积的 PN 结。当光照射到 PN 结的一个面,例如 P 型面时,若光子能量大于半导体材料的禁带宽度,那么 P 型区每吸收一个光子就产生一对自由电子和空穴,电子-空穴对从表面向内迅速扩散,在结电场的作用下建立一个与光照强度有关的电动势。图 8-2-2 是硅光电池原理图,其中(a)为结构示意图,(b)为等效电路图。在一定光照条件下,光电池被短路(负载电阻 $R=0$)时,所输出的光电流值称为短路光电流。

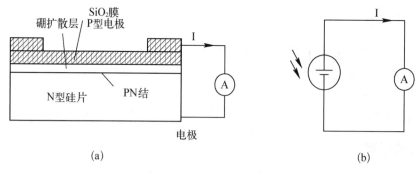

(a)　　　　　　　　　　　　　(b)

图 8-2-2　硅光电池原理图

2. 硅光电池的偏置特性

硅光电池是一个大面积的光电二极管,它将入射到它表面的光能转化为电能。当有光照时,入射光子将把处于介带中的束缚电子激发到导带,激发出的电子空穴对在内电场作用下分别漂移到 N 型区和 P 型区,当在 PN 结两端加负载时就有一光生电流流过负载。PN 结两端的电流为[14]:

$$I = I_s(e^{ev/KT} - 1) - I_p \qquad (8-2-1)$$

光电池处于零偏时，$V=0$，流过 PN 结的电流 $I=-I_P$；光电池处于反偏时（实验中取 $V=-5\,V$），流过 PN 结的电流 $I=-I_P-I_s$；当光电池用作光电转换器时，必须处于零偏或反偏状态。

3. 硅光电池光照特性

这里讨论光电池的光照特性，用入射光强-电流电压特性和入射光强-负载特性来描述。

入射光强-电流电压特性描述的是开路电压 V_{oc} 和短开路电流 I_{sc} 随入射光强变化的规律，如图 8-2-3 所示。由图可知 V_{oc} 随入射光强按对数规律变化，I_{sc} 与入射光强成线性关系[15]。

光电池用作探测器时通常是以电流源形式使用，总接负载电阻 R_L，这时电流记作 I_{LC}。它与入射光强不再成线性关系，R_L 相对光电池内阻 R_d 越大，线性范围越小，如图 8-2-4 所示。

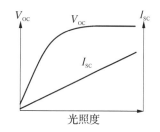

图 8-2-3　光电池的入射光强-电流电压特性曲线

入射光强-负载特性描述的是在相同照度下，输出电压、输出电流、输出功率随负载变化的规律，如图 8-2-5 所示。

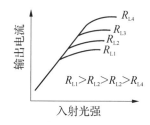

图 8-2-4　光电池的入射光强-电流-负载特性曲线

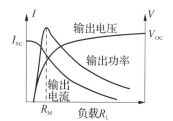

图 8-2-5　光电池的入射光强-负载特性曲线

当 $R_L < R_d$ 时，可近似看作短路，输出电流为 I_{sc}，与入射光强成正比，R_L 越小，线性度越好，线性范围越大；当 R_L 为 ∞ 时，可近似看作开路，输出电压为 V_{oc}。

随着 R_L 的变化，输出功率也变化，当 $R_L = R_M$ 时，输出功率最大，R_M 称最佳负载。

四、实验内容

1. 硅光电池短路电流的测试实验

第一步　实验测试电路及套筒接口如图 8-2-6、图 8-2-7 所示（注意：实验前注意查看套筒是否与实验内容相符，如不相符，需要更换对应探测器套筒。更换方法：直接将不符的套筒拧下，拧上实验对应套筒）。

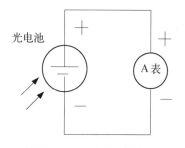

图 8-2-6　硅光电池短路电流测量电路

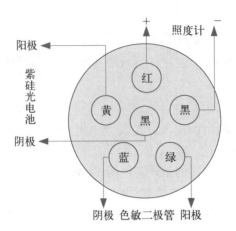

图 8-2-7 套筒二(色敏二极管、紫硅光电池)上端盖护套插座分布图

第二步 按照图 8-2-8 和图 8-2-9 连接导线(注意:紫硅光电池对应结构件端盖的黄色和黑色插孔,黄色为阳极"＋",黑色为阴极"－")。

第三步 照度计打至"200 Lx"挡,电流表选择至"200 μA"挡(实验过程中根据实际数值变化,更换合适的挡位),逆时针旋动"电源调节"旋钮至不可调位置。

第四步 打开实验平台电源,调节照度计"调零"旋钮,至照度计显示为"000.0"为止,同时记录此时电流表显示值于表 8-2-1 中,关闭实验平台电源。

第五步 连接光路单元结构红色插孔至照度计输入"＋"插孔,连接光路单元结构黑色插孔至照度计输入"GND"插孔。

第六步 将全彩光源驱动开关 S1、S2、S3 全部拨上,打开实验平台电源,此时光源指示显示"0",按"照度减"或"照度加"按钮,使照度计依次显示 50 Lx、100 Lx、150 Lx、200 Lx、250 Lx、300 Lx、350 Lx、400 Lx、450 Lx、500 Lx、550 Lx,同时分别记录电流表显示值于表 8-2-1 中。

第七步 按照表 8-2-1 记录的数据,绘制"照度—短路电流"关系曲线。

第八步 将"电源调节"旋钮逆时针旋至不可调位置,关闭实验平台电源。

表 8-2-1 硅光电池短路电流特性测试

照度(Lx)	0	50	100	150	200	250	300	350	400	450	500	550
电流(μA)												

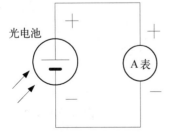

图 8-2-8 硅光电池开路电压测量电路

2. 硅光电池开路电压的测试实验

第一步 实验测试电路及套筒接口如图 8-2-8 和图 8-2-9 所示。

第二步 按照图 8-2-8 和图 8-2-9 连接导线(注意:硅光电池对应结构件端盖的黄色和黑色插孔,黄色为阳极"＋",黑色为阴极"－")。

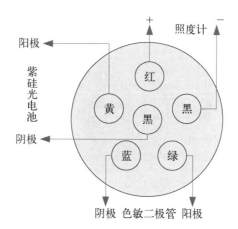

图 8 - 2 - 9　套筒二(色敏二极管、紫硅光电池)上端盖护套插座分布图

　　第三步　照度计打至"200 Lx"挡,电压表选择至"2 V"挡(实验过程中根据实际数值变化,更换合适的挡位),逆时针旋动"电源调节"旋钮至不可调位置。

　　第四步　打开实验平台电源,调节照度计"调零"旋钮,至照度计显示为"000.0"为止,同时记录此时电压表显示值于表 8 - 2 - 2 中,关闭实验平台电源。

　　第五步　连接光路单元结构红色插孔至照度计输入"+"插孔,连接光路单元结构黑色插孔至照度计输入"GND"插孔。

　　第六步　将全彩光源驱动开关 S1、S2、S3 全部拨上,打开实验平台电源,此时光源指示显示"0",按"照度减"或"照度加"按钮,使照度计依次显示 50 Lx、100 Lx、150 Lx、200 Lx、250 Lx、300 Lx、350 Lx、400 Lx、450 Lx、500 Lx、550 Lx,同时分别记录电压表显示值于表 8 - 2 - 2 中。

　　第七步　按照表 8 - 2 - 2 记录的数据,绘制"照度—开路电压"关系曲线。

　　第八步　将"电源调节"旋钮逆时针旋至不可调位置,关闭实验平台电源。

表 8 - 2 - 2　硅光电池开路电压特性测试

照度(Lx)	0	50	100	150	200	250	300	350	400	450	500	550
电压(mV)												

3. 硅光电池光电特性测试实验

　　第一步　实验测试电路及套筒接口如图 8 - 2 - 10、图 8 - 2 - 11 所示。

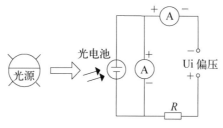

图 8 - 2 - 10　零偏、反偏时光照-电流特性测量电路

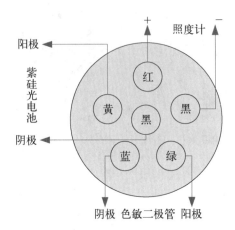

图 8 - 2 - 11 套筒二（色敏二极管、紫硅光电池）上端盖护套插座分布图

第二步　按照图 8-2-10 和图 8-2-11 连接导线，R 为保护电阻，可选择适当电阻（参考值 1 K，可根据情况更换其他值）（注意：硅光电池对应结构件端盖的黄色和黑色插孔，黄色为阳极"＋"，黑色为阴极"－"）。

第三步　照度计打至"200 Lx"挡，电压表选择至"20 V"挡，电流表选择至"200 μA"挡（实验过程中根据实际数值变化，更换合适的挡位），逆时针旋动"电源调节"旋钮至不可调位置。

第四步　打开实验平台电源，调节照度计"调零"旋钮，至照度计显示为"000.0"为止，关闭实验平台电源。

第五步　连接光路单元结构红色插孔至照度计输入"＋"插孔，连接光路单元结构黑色插孔至照度计输入"GND"插孔。

第六步　将全彩光源驱动开关 S1、S2、S3 全部拨上，打开实验平台电源，此时光源指示显示"0"，按"照度减"或"照度加"按钮，使照度计依次显示 100 Lx。

第七步　调节"0～30 V 电源调节"旋钮，测出偏压分别为 0 V、－1 V、－2 V、－3 V、－4 V、－5 V、－6 V、－7 V、－8 V、－9 V、－10 V 时硅光电池的光电流，将数据填入表 8-2-3，并作出 100 Lx 光照度下的光电流-偏压曲线。

第八步　实验完成后关闭所有电源，将"电源调节"旋钮逆时针旋至不可调位置，拆除导线并放置好。

表 8 - 2 - 3

偏压(V)	0	－1	－2	－3	－4	－5	－6	－7	－8	－9	－10
光生电流(μA)											

4. 硅光电池光照特性测试实验

第一步　实验测试电路及套筒接口如图 8-2-12、图 8-2-13 所示。

第二步　按照图 8-2-12 和图 8-2-13 连接导线，R 为负载电阻，可选择适当电阻（参考值 1 K，可根据情况更换其他值）（注意：硅光电池对应结构件端盖的黄色和黑色插孔，黄色为阳极"＋"，黑色为阴极"－"）。

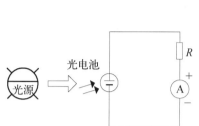

图 8‑2‑12　硅光电池光照特性
测量电路

图 8‑2‑13　套筒二(色敏二极管、紫硅光电池)上端
盖护套插座分布图

第三步　照度计打至"200 Lx"挡,电压表选择至"20 V"挡,电流表选择至"200 μA"挡(实验过程中根据实际数值变化更换合适的挡位),逆时针旋动"电源调节"旋钮至不可调位置。

第四步　打开实验平台电源,调节照度计"调零"旋钮,至照度计显示为"000.0"为止,同时记录此时电流表显示值于表 8‑2‑4 中,关闭实验平台电源。

第五步　连接光路单元结构红色插孔至照度计输入"＋"插孔,连接光路单元结构黑色插孔至照度计输入"GND"插孔。

第六步　将全彩光源驱动开关 S1、S2、S3 全部拨上,打开实验平台电源,此时光源指示显示"0",按"照度减"或"照度加"按钮,使照度计依次显示 0 Lx、50 Lx、100 Lx、150 Lx、200 Lx,同时分别记录对应电流表显示值于表 8‑2‑4 中。

第七步　按表 8‑2‑4 更换负载,重复第六步,作出硅光电池的电流随负载变化的电流—负载特性曲线。

第八步　实验完成后关闭所有电源,将"电压调节"旋钮逆时针旋至不可调位置,拆除导线并放置好。

表 8‑2‑4

照度值 ＼ 负载 ＼ 电流值	2 K	10 K	47 K	100 K
0 Lx				
50 Lx				
100 Lx				
150 Lx				
200 Lx				

5.硅光电池伏安特性测试实验

第一步 实验测试电路及套筒接口如图8-2-14和图8-2-15所示。

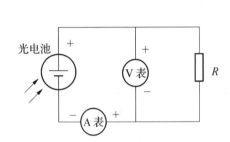

**图 8-2-14 硅光电池伏安特性
测量电路**

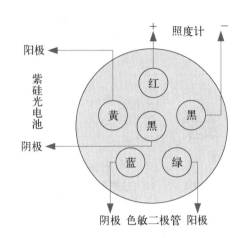

**图 8-2-15 套筒二(色敏二极管、紫硅光电池)上
端盖护套插座分布图**

第二步 按照图8-2-14和图8-2-15连接导线,R为负载电阻,可选择电阻箱。

注意: 硅光电池对应结构件端盖的黄色和黑色插孔,黄色为阳极"+",黑色为阴极"—"。

第三步 照度计打至"200 Lx"挡,电压表选择至"20 V"挡,电流表选择至"200 μA"挡(实验过程中根据实际数值变化更换合适的挡位),逆时针旋动"电源调节"旋钮至不可调位置。

第四步 打开实验平台电源,调节照度计"调零"旋钮,至照度计显示为"000.0"为止,关闭实验平台电源。

第五步 连接光路单元结构红色插孔至照度计输入"+"插孔,连接光路单元结构黑色插孔至照度计输入"GND"插孔。

第六步 将全彩光源驱动开关 S1、S2、S3 全部拨上,打开实验平台电源,此时光源指示显示"0",按"照度减"或"照度加"按钮,调节照度,同时分别记录对应电流表、电压表显示值于表8-2-5中。

第七步 作出光电池在照度为100 Lx时的 V—I 曲线。

第八步 重复步骤四、五、六,改变照度为200 Lx,分别记录电压表和电流表的读数,并填入表8-2-6。

第九步 作出这两种不同照度下硅光电池的 V—I 特性曲线,比较两条曲线的不同,并加以分析。

第十步 实验完成后关闭所有电源,将"电压调节"旋钮逆时针旋至不可调位置,拆除导线并放置好。

表 8-2-5　照度为 100 Lx

电阻 $R(\Omega)$	1	2	3	...	10	20	30	...	7 K	8 K	9 K
电流(μA)											
电压(mV)											

表 8-2-6　照度为 200 Lx

电阻 $R(\Omega)$	1	2	3	...	10	20	30	...	7 K	8 K	9 K
电流(μA)											
电压(mV)											

6. 硅光电池光谱特性测试实验

第一步　实验测试电路及套筒接口如图 8-2-16、图 8-2-17 所示。

第二步　按照图 8-2-16 和图 8-2-17 连接导线(注意:硅光电池对应结构件端盖的黄色和黑色插孔,黄色为阳极"+",黑色为阴极"-")。

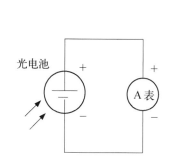

图 8-2-16　硅光电池短路电流测量电路

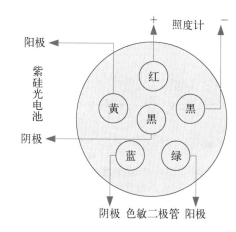

图 8-2-17　套筒二(色敏二极管、紫硅光电池)上端盖护套插座分布图

第三步　照度计打至"200 Lx"挡,电压表选择至"20 V"挡,电流表选择至"200 μA"挡(实验过程中根据实际数值变化更换合适的挡位),逆时针旋动"电源调节"旋钮至不可调位置。

第四步　打开实验平台电源,调节照度计"调零"旋钮,至照度计显示为"000.0"为止,关闭实验平台电源。

第五步　连接光路单元结构红色插孔至照度计输入"+"插孔,连接光路单元结构黑色插孔至照度计输入"GND"插孔。

第六步　将全彩光源驱动开关 S1、S2、S3 全部拨上,打开实验平台电源,此时光源指示显示"0",迅速按下"颜色切换"按钮,然后弹起,使"光源指示"显示为"1",按"照度加"或"照度减"按钮,使照度计显示在"100.0 Lx"左右。将此时的电流表示值记录在表 8-2-7 中。

第七步　按照第六步调节"颜色切换"按钮至"光源指示"分别显示"2"、"3"、"4"、"5"、

"6",调节对应光源下的照度至"100.0 Lx"左右,同时记下在各个光源 100 Lx 照度下电流表示值,记录在表 8-2-7 中。

第八步　实验完成后关闭所有电源。

表 8-2-7

光源指示 光电源 $I(\mu A)$ 照度(Lx)	1	2	3	4	5	6
100						

7. 硅光电池时间响应特性测试实验

第一步　实验测试电路及套筒接口如图 8-2-18、图 8-2-19 所示。

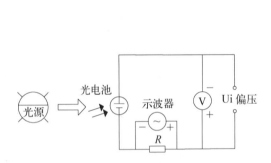

图 8-2-18　硅光电池时间响应
特性测量电路

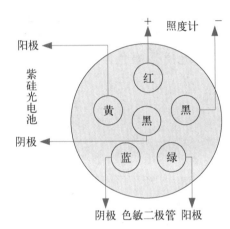

图 8-2-19　套筒二(色敏二极管、紫硅光电池)上
端盖护套插座分布图

第二步　按照图 8-2-18 和图 8-2-19 连接导线,R 为保护电阻,可选择适当电阻(参考值 100 K,可根据情况更换其他值)。

> **注意**:硅光电池对应结构件端盖的黄色和黑色插孔,黄色为阳极"＋",黑色为阴极"－"。

第三步　电压表选择至"20 V"挡,电流表选择至"200 mA"挡(实验过程中根据实际数值变化更换合适的挡位),逆时针旋动"电源调节"旋钮至不可调位置。

第四步　用导线连接脉冲发生单元方波发生插孔 J10 与"R"、"G"、"B"插孔,连接脉冲发生单元"GND"与 0～30 V 可调电源"－"插孔。

第五步　打开实验仪电源,调节"0～30 V 电源调节"旋钮,使电压表示数 10 V。

第六步　用双通道示波器探头 1 测试方波发生插孔 J10,用双通道示波器探头 2 测试光路单元 R,调节"脉宽调节",使示波器测量波形稳定最佳,读出 2 通道的上升时间,此上升时间即为硅光电池的时间响应特性参数。

> **注意：**示波器地线若未接好，容易造成所测波形抖动。

第七步　将"电源调节"旋钮逆时针旋至不可调位置，关闭实验平台电源。

8. 硅光电池光照度计设计实验

第一步　将光源输出及测量实验模块和硅光电池模块插入台体的插槽中。全彩灯接口与全彩灯光源套筒相连接，将台体上的"＋5 V GND －5 V"分别连接到两个模块上。

第二步　将 S1、S2、S3 开关向上拨，使光照强度为 0，调节照度计"调零"旋钮，即照度计显示为 0；将 S1、S2、S3 开关向下拨，光源颜色选为白光。

第三步　将硅光电池探头"黄"、"黑"插孔分别连接硅光电池模块的 J1、J2 插孔，J5 连接 J13，调节光源模块"照度减"（长按）将光照度调为 0。将开关 S1 和 S2 拨上，测量 TP3 点的电压，调节特性电路旋钮使 TP3 点电压为 0。

第四步　调节光照度。调节"照度加"，使照度计显示 50 Lx。将硅光电池探头"黄""黑"插孔分别连接硅光电池模块的 J1、J2 插孔，J5 连接 J13。将开关 S1 和 S2 拨上，用示波器测量 TP3 点的电压 U。（调节特性电路旋钮可改变输出电压的大小）

五、注意事项

（1）打开电源之前，将两个"电源调节"旋钮逆时针调至底端。

（2）实验操作中不要带电插拔导线，应该在熟悉原理后，按照电路图连接，检查无误后，方可打开电源进行实验。

（3）若照度计、电流表或电压表显示为"1_"时说明超出量程，选择合适的量程再测量。

（4）严禁将任何电源对地短路。

六、实验报告要求

（1）分析硅光电池短路电流的特性，绘制光照度—短路电流特性曲线；

（2）分析硅光电池开路电压的特性，绘制光照度—开路电压特性曲线；

（3）分析硅光电池零偏、反偏时光照—电流特性的特性，绘制光电池的电流—负载特性曲线；

（4）分析硅光电池伏安特性，绘制不同负载下硅光电池的 $V—I$ 特性曲线；

（5）分析硅光电池时间响应的特性，绘制时间响应特性曲线。

8.3　APD 特性测试实验

一、实验目的

（1）加深对雪崩光电二极管工作原理的理解。

（2）了解雪崩光电二极管的工作原理和使用方法及用途。

（3）掌握雪崩光电二极管暗电流的测量方法。

（4）掌握雪崩光电二极管的光照特性及其测试方法。

（5）掌握雪崩光电二极管的伏安特性及其测试方法。

（6）掌握雪崩光电二极管的光谱特性及其测试方法。

（7）掌握雪崩光电二极管的灵敏度特性及其测试方法。

（8）掌握雪崩光电二极管的时间特性及其测试方法。

二、实验仪器

（1）光电技术综合实验平台（1 台）；

（2）光源输出及测量模块（1 套）；

（3）雪崩二极管模块（1 套）；

（4）连接导线（若干）。

三、实验原理

如图 8 - 3 - 1 所示，PIN 工作于反偏压。器件由 P、I、N 三层组成，基本结构是 PN 结。如果在 PN 结上加反向电压，在结上形成耗尽层，当光入射到 PN 结上时，产生许多电子空穴对，在电场作用下产生位移电流。如果两

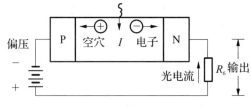

图 8 - 3 - 1　PIN 管工作原理示意图

端加上负载阻抗就有电流流过，常称这种电流为光电流，光信号就转变成电信号。在 PN 结中间加上的本征半导体层称为 I 层，以展宽耗尽层，提高转换效率[16]。

雪崩光电二极管（APD）的结构与 PIN—PD 的不同表现在增加了一个附加层，以实现碰撞电离产生二次电子-空穴对。在反向时夹在 I 层和 N 层间的 P 层中存在高电场，该层称为倍增区或增益区（雪崩区），耗尽层仍为 I 层，起产生一次电子-空穴对的作用。

目前光纤通信系统在短波段主要采用 Si - APD 管，在长波段主要采用 Ge - APD 管。Si - APD 最典型的结构是拉通型 RAPD，如图 8 - 3 - 2 所示。拉通型 RAPD 有四层结构：高掺杂的 N$^+$ 型半导体为接触层；P 型半导体为倍增层（或称雪崩层）；轻掺杂半导体 π 层为漂移区（光吸收区）；高掺杂的 P$^+$ 型半导体为接触层。

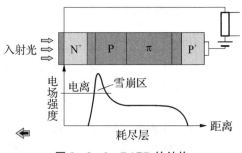

图 8 - 3 - 2　RAPD 的结构

雪崩光电二极管具有光生伏特效应，当有入射光作用时，光子的能量大于或等于带隙（hf≥Eg），在耗尽区、N 区和 P 区都会发生受激吸收，即价带的电子吸收光子的能量跃迁到导带形成光生电子-空穴对。若电子-空穴对在耗尽层内，由于内部电场的作用，电子向 N 区运动，空穴向 P 区运动，形成漂移电流。若电子-空穴对在耗尽层两侧没有电场的中性区，由于热运动，部分光生电子和空穴通过扩散运动可能进入耗尽层，然后在电场的作用下，形成与漂移电流相同方向的电流，称为扩散电流。漂移电流和扩散电流的总和即为光生电流。若外电路开路，则光生的电子和空穴分别在 N 区和 P 区积累，形成电动势，这就是光生伏特效应。若外电路闭合，N 区过剩的电子通过外电路流向 P 区。同样，P 区的空穴流向 N 区，便形成了光生电流。当入射光变化时，光

生电流随之变化,从而将光信号转换成电信号。

这里光生电流信号的大小与入射光子的数量有关系。另一方面,我们还知道了雪崩光电二极管工作时,一般加反向偏压,加反向电压后可以提高雪崩光电二极管的响应度,改变固有的电子运动速度。因此,理论上讲偏压的大小也能够影响光生电流的大小。

雪崩光电二极管的全电流方程为[17]:

$$I=-\frac{\eta q\lambda}{hc}(1-\mathrm{e}^{-\alpha d})\Phi_{e,\lambda}+I_D(\mathrm{e}^{\frac{qU}{kT}}-1) \qquad (8-3-1)$$

定义雪崩光电二极管的电流灵敏度为入射到光敏面上辐射量的变化(例如通量变化 $\mathrm{d}\Phi$)引起电流变化 $\mathrm{d}I$ 与辐射量变化之比。通过对式(8-3-1)进行微分可以得到:

$$S_i=\frac{\mathrm{d}I}{\mathrm{d}\Phi}=\frac{\eta q\lambda}{hc}(1-\mathrm{e}^{-\alpha d}) \qquad (8-3-2)$$

当某波长 λ 的辐射作用于光电二极管时,其电流灵敏度为与材料有关的常数,表明雪崩光电二极管的光电转换特性的线性关系。必须指出,电流灵敏度与入射辐射波长 λ 的关系是很复杂的,因此,在定义雪崩光电二极管的电流灵敏度时,通常将其峰值响应波长的电流灵敏度作为雪崩光电二极管的电流灵敏度。在式(8-3-2)中,表面上看它与波长 λ 成正比,但是,材料的吸收系数 α 还隐含着与入射辐射波长的关系。因此,常把雪崩光电二极管的电流灵敏度与波长的关系曲线称为光谱响应。也就是我们上个实验的内容。

按照雪崩光电二极管电流灵敏度的定义,实验采用红光作为测量光源。相对于其他光源来说,红光的波长更加接近于光谱响应曲线的峰值波长。

四、实验内容

1. 雪崩光电二极管暗电流测试

第一步　实验测试电路及套筒接口如图 8-3-3、图 8-3-4 所示。

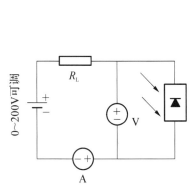

图 8-3-3　APD 光电二极管
测量原理图

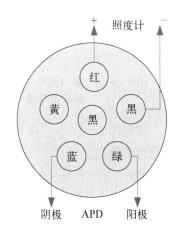

图 8-3-4　套筒一(APD 雪崩二极管)上端
盖护套插座分布图

注意:实验前注意查看套筒是否与实验内容相符,如不相符,需要更换对应探测器套筒。
更换方法:直接将不符的套筒拧下,拧上实验对应套筒。

第二步 按照图 8-3-3 连接导线,R_L 为保护电阻,可选择适当电阻(参考值 10 k,可根据情况更换其他值)。

注意:APD 雪崩二极管对应结构件端盖的绿色和蓝色插孔,绿色为阳极,蓝色为阴极。

第三步 电压表换至"200 V"挡,电流表换至"20 μA"挡(实验过程中根据实际数值变化,更换合适的挡位),逆时针旋动"电源调节"旋钮至不可调位置。

第四步 将旋钮开关打到"200 V"挡,缓慢调节"0~200 V 电源调节"旋钮至电压表显示为 155 V,记下此时电流表的显示值,该值即为 APD 光电二极管在 155 V 时的暗电流(在调节偏压时请慢慢进行调节,调节时注意电压表上显示的电压值,请不要调节超过 160 V,超过 160 V 可能会造成 APD 器件的损坏)。

第五步 将"0~200 V 电源调节"旋钮逆时针旋至不可调位置,关闭实验平台电源。

2. 雪崩光电二极管光电流测试实验

第一步 实验测试电路及套筒接口如图 8-3-5、图 8-3-6 所示。

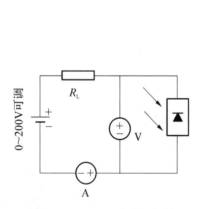

图 8-3-5　APD 光电二极管
测量原理图

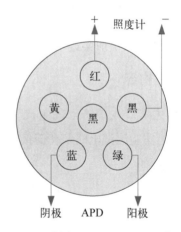

图 8-3-6　套筒一(APD 雪崩二极管)上端
盖护套插座分布图

第二步 按照图 8-3-5 连接导线,R_L 为保护电阻,可选择适当电阻(参考值 10 k,可根据情况更换其他值)。

注意:APD 雪崩二极管对应结构件端盖的绿色和蓝色插孔,绿色为阳极,蓝色为阴极。

第三步 照度计打至"200 Lx"挡,电压表换至"200 V"挡,电流表换至"20 μA"挡(实验过程中根据实际数值变化更换合适的挡位),逆时针旋动"电源调节"旋钮至不可调位置。

第四步 打开实验平台电源,调节照度计"调零"旋钮,至照度计显示为"000.0"为止,关闭实验平台电源。

　　第五步　连接光路单元结构红色插孔至照度计输入"+"插孔,连接光路单元结构黑色插孔至照度计输入"GND"插孔。

　　第六步　打开实验平台电源,此时光源指示显示"0",按"照度加"或"照度减",调节照度使照度分别为 10 Lx,20 Lx,30 Lx,40 Lx,将钮子开关打到"200 V"挡,缓慢调节"0～200 V电源调节"旋钮,使电压分别为 120 V,125 V,130 V,135 V,140 V,145 V 和 150 V,记录对应的电流值于表 8-3-1 中。

　　第七步　将"0～200 V 电源调节"旋钮逆时针旋至不可调位置,关闭实验平台电源。

表 8-3-1

偏压(V) 电流(μA) 照度(Lx)	120 V	125 V	130 V	135 V	140 V	145 V	150 V
10 Lx							
20 Lx							
30 Lx							
40 Lx							

3. 雪崩光电二极管光照特性测试实验

　　第一步　实验测试电路及套筒接口如图 8-3-7、图 8-3-8 所示。

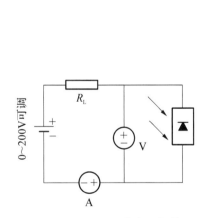

图 8-3-7　APD 光电二极管
测量原理图

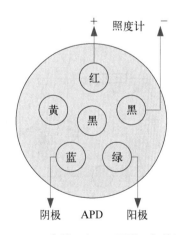

图 8-3-8　套筒一(APD 雪崩二极管)上端
盖护套插座分布图

　　第二步　按照图 8-3-7 连接导线,R_L 为保护电阻,可选择适当电阻(参考值 10 K,可根据情况更换其他值)。

　　注意:APD 雪崩二极管对应结构件端盖的绿色和蓝色插孔,绿色为阳极,蓝色为阴极。

　　第三步　照度计打至"200 Lx"挡,电压表换至"200 V"挡,电流表换至"20 μA"挡(实验过程中根据实际数值变化更换合适的挡位),逆时针旋动"电源调节"旋钮至不可调位置。

第四步 打开实验平台电源,调节照度计"调零"旋钮,至照度计显示为"000.0"为止,关闭实验平台电源。

第五步 连接光路单元结构红色插孔至照度计输入"+"插孔,连接光路单元结构黑色插孔至照度计输入"GND"插孔。

第六步 将全彩光源驱动开关 S1、S2、S3 全部拨上,打开实验平台电源,此时光源指示显示"0",将钮子开关打到"200 V"挡,缓慢调节"0~200 V 电源调节"旋钮,使电压保持电压表显示 150 V,按"照度减"或"照度加"按钮,使照度计依次显示 10 Lx、20 Lx、30 Lx、40 Lx、50 Lx、60 Lx、70 Lx、80 Lx、90 Lx、100 Lx,同时分别记录对应电流表显示值于表8-3-2中。

第七步 绘出 I_A—E 曲线。

第八步 将"电源调节"旋钮逆时针旋至不可调位置,关闭实验平台电源。

表 8-3-2

照度(Lx)	10	20	30	40	50	60	70	80	90	100
电流(μA)										

4. 雪崩光电二极管伏安特性测试实验

第一步 实验测试电路及套筒接口如图8-3-9、图8-3-10所示。

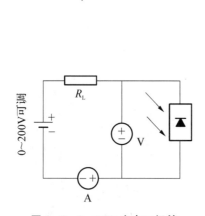

图 8-3-9 APD 光电二极管
测量原理图

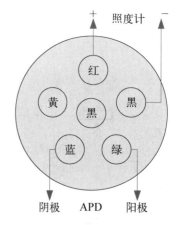

图 8-3-10 套筒一(APD 雪崩二极管)上端
盖护套插座分布图

第二步 按照图8-3-9连接导线,R_L 为保护电阻,可选择适当电阻(参考值 10 K,可根据情况更换其他值)。

注意:APD 雪崩二极管对应结构件端盖的绿色和蓝色插孔,绿色为阳极,蓝色为阴极。

第三步 照度计打至"200 Lx"挡,电压表换至"200 V"挡,电流表换至"20 μA"挡(实验过程中根据实际数值变化更换合适的挡位),逆时针旋动"电源调节"旋钮至不可调位置。

第四步 打开实验平台电源,调节照度计"调零"旋钮,至照度计显示为"000.0"为止,关闭实验平台电源。

第五步 连接光路单元结构红色插孔至照度计输入"+"插孔,连接光路单元结构黑色插孔至照度计输入"GND"插孔。

第六步 将全彩光源驱动开关 S1、S2、S3 全部拨上,打开实验平台电源,此时光源指示显示"0",按"照度减"或"照度加"按钮,使照度计依次显示 50 Lx,将钮子开关打到"200 V"挡,缓慢调节"0～200 V 电源调节"旋钮,使电压表显示分别为 120 V、125 V、130 V、135 V、140 V、145 V、150 V、155 V、160 V,同时分别记录对应电流表显示值于表 8 - 3 - 3 中。

第七步 绘制"电压—电流"关系曲线。

第八步 将"电源调节"旋钮逆时针旋至不可调位置,关闭实验平台电源。

表 8 - 3 - 3 雪崩光电二极管伏安特性测试

电压(V)	120	125	130	135	140	145	150	155	160
电流(μA)									

5. 雪崩光电二极管光谱特性测试实验

第一步 实验测试电路及套筒接口如图 8 - 3 - 11、图 8 - 3 - 12 所示。

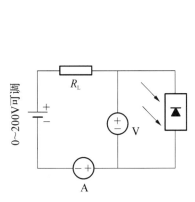

图 8 - 3 - 11 APD 光电二极管测量原理图

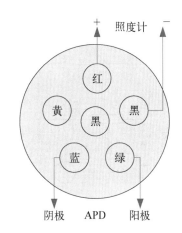

图 8 - 3 - 12 套筒一(APD 雪崩二极管)上端盖护套插座分布图

第二步 按照图 8 - 3 - 11 连接导线,R_L 为保护电阻,可选择适当电阻(参考值 10 k,可根据情况更换其他值)。

注意:APD 雪崩二极管对应结构件端盖的绿色和蓝色插孔,绿色为阳极,蓝色为阴极。

第三步 照度计打至"200 Lx"挡,电压表换至"200 V"挡,电流表换至"20 μA"挡(实验过程中根据实际数值变化更换合适的挡位),逆时针旋动"电源调节"旋钮至不可调位置。

第四步 打开实验平台电源,调节照度计"调零"旋钮,至照度计显示为"000.0"为止,关闭实验平台电源。

第五步 连接光路单元结构红色插孔至照度计输入"＋"插孔,连接光路单元结构黑色插孔至照度计输入"GND"插孔。

第六步 将全彩光源驱动开关 S1、S2、S3 全部拨上,打开实验平台电源,此时光源指示显示"1",按"照度减"或"照度加"按钮,使照度计依次显示 50 Lx,将钮子开关打到"200 V"挡,缓慢调节"0～200 V 电源调节"旋钮,使电压表显示为 120 V,记录此时电流表示值,记录在表 8 - 3 - 4 中。

第七步 按照第六步调节"颜色切换"按钮至"光源指示"分别显示"2"、"3"、"4"、"5"、"6",调节对应光源下的照度至"50.0 Lx"左右,同时记下在各个光源 50 Lx 照度下电流表示值,记录在表 8 - 3 - 4 中。

第八步 绘制光谱曲线图。

第九步 将"电源调节"旋钮逆时针旋至不可调位置,关闭实验平台电源。

表 8 - 3 - 4 雪崩二极管光谱特性测试

光源标号	1(红色)	2(橙色)	3(黄色)	4(绿色)	5(青色)	6(蓝色)
电流(μA)						

6. 雪崩光电二极管灵敏度测试实验

第一步 实验测试电路及套筒接口如图 8 - 3 - 13、图 8 - 3 - 14 所示。

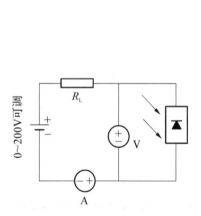

图 8 - 3 - 13 APD 光电二极管
测量原理图

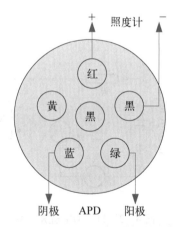

图 8 - 3 - 14 套筒一(APD 雪崩二极管)上端
盖护套插座分布图

第二步 按照图 8 - 3 - 13 连接导线,R_L 为保护电阻,可选择适当电阻(参考值 10 k,可根据情况更换其他值)。

注意:APD 雪崩二极管对应结构件端盖的绿色和蓝色插孔,绿色为阳极,蓝色为阴极。

第三步 照度计打至"200 Lx"挡,电压表换至"200 V"挡,电流表换至"20 μA"挡(实验过程中根据实际数值变化,更换合适的挡位),逆时针旋动"电源调节"旋钮至不可调位置。

第四步 打开实验平台电源,调节照度计"调零"旋钮,至照度计显示为"000.0"为止,关闭实验平台电源。

第五步 连接光路单元结构红色插孔至照度计输入"＋"插孔,连接光路单元结构黑色插孔至照度计输入"GND"插孔。

第六步 打开实验平台电源,此时光源指示显示"0"。

第七步 将钮子开关打到"200 V"挡,缓慢调节"0～200 V电源调节"旋钮,使电压表显示为155 V。

第八步 迅速按下"颜色切换"按钮,然后弹起,使"光源指示"显示为"1",按"照度加"或"照度减"按钮,使照度计显示在"00.0 Lx"左右。

第九步 将 S1 拨向下方,记录此时的电流表示值 I_1。

第十步 将 S1 拨向上方,按"照度加"按钮,使照度计显示在"10.00 Lx"左右。记下此时电流表示值 I_2。

第十一步 计算该偏压下的雪崩二极管的红光电流灵敏度 $S_i = \dfrac{I_2 - I_1}{10\mathrm{lx}}$。

第十二步 将"电源调节"旋钮逆时针旋至不可调位置,关闭实验平台电源。

7. 雪崩光电二极管时间特性测试实验

第一步 实验测试电路及套筒接口如图 8-3-15 和图 8-3-16 所示。

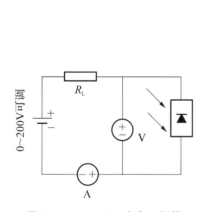

图 8-3-15 APD 光电二极管
测量原理图

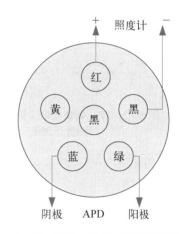

图 8-3-16 套筒一(APD 雪崩二极管)上端
盖护套插座分布图

第二步 按照图 8-3-15 连接导线,R_L 为保护电阻,可选择适当电阻(参考值 100 k,可根据情况更换其他值)。

注意:APD 雪崩二极管对应结构件端盖的绿色和蓝色插孔,绿色为阳极,蓝色为阴极。

第三步 照度计打至"200 Lx"挡,电压表换至"200 V"挡,电流表换至"20 μA"挡(实验过程中根据实际数值变化,更换合适的挡位),逆时针旋动"电源调节"旋钮至不可调位置。

第四步 用导线连接脉冲发生单元方波发生插孔 J10 与"R"、"G"、"B"插孔,连接脉冲发生单元"GND"与 0～200 V 可调电源"—"插孔。

第五步 将钮子开关打到"200 V"挡,缓慢调节"0～200 V电源调节"旋钮,使电压表显示为 155 V。

第六步　用双通道示波器探头 1 测试方波发生插孔,用双通道示波器探头 2 测试光路单元结构绿色插孔,调节"脉宽调节",使示波器测量波形稳定最佳,读出 2 通道的上升时间,此上升时间即为雪崩二极管的时间响应特性参数。

> **注意:** 示波器地线若未接好,容易造成所测波形抖动。

第七步　将"电源调节"旋钮逆时针旋至不可调位置,关闭实验平台电源。

8. 雪崩二极管倍增特性测试实验

第一步　实验测试电路及套筒接口如图 8 - 3 - 17、图 8 - 3 - 18 所示。

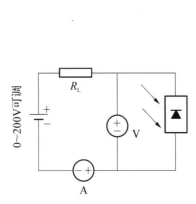

图 8 - 3 - 17　APD 光电二极管
测量原理图

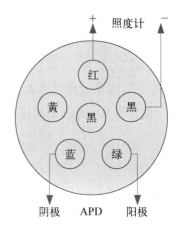

图 8 - 3 - 18　套筒一(APD 雪崩二极管)上端
盖护套插座分布图

第二步　按照图 8 - 3 - 17 连接导线,R_L 为保护电阻,可选择适当电阻(参考值 10 k,可根据情况更换其他值)。

> **注意:** APD 雪崩二极管对应结构件端盖的绿色和蓝色插孔,绿色为阳极,蓝色为阴极。

第三步　照度计打至"200 Lx"挡,电压表换至"200 V"挡,电流表换至"20 μA"挡(实验过程中根据实际数值变化,更换合适的挡位),逆时针旋动"电源调节"旋钮至不可调位置。

第四步　打开实验平台电源,调节照度计"调零"旋钮,至照度计显示为"000.0"为止,关闭实验平台电源。

第五步　连接光路单元结构红色插孔至照度计输入"+"插孔,连接光路单元结构黑色插孔至照度计输入"GND"插孔。

第六步　将全彩光源驱动开关 S1、S2、S3 全部拨上,打开实验平台电源,此时光源指示显示"0",按"照度减"或"照度加"按钮,使照度计依次显示 10 Lx,将钮子开关打到"200 V"挡,缓慢调节"0~200 V 电源调节"旋钮,使电压表显示分别为 120 V、125 V、130 V、135 V、140 V、145 V、150 V、155 V,同时分别记录对应电流表显示值于表 8 - 3 - 5 中。

第七步　记录电压值与输出电流值,画出曲线图。

第八步 将"电源调节"旋钮逆时针旋至不可调位置,关闭实验平台电源。

表 8-3-5

电压(V)	120	125	130	135	140	145	150	155
电流(μA)								

五、注意事项

(1) 打开电源之前,将两个"电源调节"旋钮逆时针调至底端。

(2) 请勿用手直接接触"0~200 V 电源"相关护套插座,防止触电。

(3) 实验操作中不要带电插拔导线,应该在熟悉原理后按照电路图连接,检查无误后方可打开电源进行实验。

(4) 若照度计、电流表或电压表显示为"1_"时说明超出量程,选择合适的量程再测量。

(5) 严禁将任何电源对地短路。

8.4 椭偏光谱测量实验

一、实验目的

(1) 掌握椭圆偏振测量的基本原理。

(2) 了解椭圆偏振光谱反演数据的理论模型。

(3) 掌握椭偏仪器的测量方法。

(4) 熟悉椭偏分析软件。

二、实验仪器

(1) 椭圆偏振光谱仪(1 台);

(2) SiO_2 标准样品(1 片)。

三、实验原理

椭圆偏振光测量技术是基于反射光在样品表面反射前后,反射光的振幅和相位的变化来分析样品的膜厚和复介电函数等信息的一门技术。其本质上为膜系的反射测量光谱,所以涉及的理论基础的两大基石为菲涅耳公式和麦克斯韦方程。本节将从单层薄膜的反射入手,经由菲涅耳公式和散射矩阵来简单地阐明椭圆偏振测量技术的原理[18]。

图 8-4-1 给出的是光在单层薄膜(abmient/thin film/substrate)中的反射与折射。设定所有媒介均为半无限大的平行薄层,且均呈现线性响应、均匀和各向同性。其中薄膜的厚度为 d_1,用 N_0、N_1 和 N_2 来分别代表空气、薄膜和衬底的复折射率,空气的折射率为 $N_0=1$。假定薄膜对光的吸收率很低,当光照射到薄膜表面时,光在上下两个界面发生多次反射和折射。上下两个界面的入射角分别为 θ_0 和 θ_1,则根据折射定律有:

$$N_0 \sin\theta_0 = N_1 \sin\theta_1 = N_2 \sin\theta_2 \qquad (8-4-1)$$

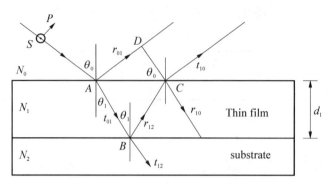

图 8-4-1　单层薄膜中光的反射与折射

两束相邻的反射光的光程差为[19]：

$$\chi = N_1(\overline{AB} + \overline{BC}) - \overline{AD} \tag{8-4-2}$$

从图 8-4-1 中可以得出，$\overline{AD} = \overline{AC}\sin\theta_0$，$\overline{AC} = 2d_1\tan\theta_1$ 和 $\overline{AB} = \overline{BC} = d_1/\cos\theta_1$，将上述公式代入公式（8-4-2）中，可以得到：

$$\chi = 2d_1 N_1 \cos\theta_1 \tag{8-4-3}$$

因此，两束光之间的总的相位差为 $2\pi\chi/\lambda$，而我们定义相移即膜层的相位厚度为总相位差的 $1/2$：

$$\beta_1 = \frac{2\pi d_1}{\lambda} N_1 \cos\theta_1 = \frac{2\pi d_1}{\lambda}(N_1^2 - N_0^2 \sin^2\theta_0)^{1/2} \tag{8-4-4}$$

如图 8-4-1 所示，$r_{(i-1)i}$（$t_{(i-1)i}$）媒介（$i = 1,2,3,\cdots$）的界面处的反射（透射）系数，入射光可以分为光矢量在入射面内的 P 偏振光和光矢量与入射面处置的 S 偏振光，根据菲涅尔公式可以得到在各个界面上的 P 光和 S 光的振幅反射系数和振幅透射系数[20]：

$$\gamma_{(i-1)i,p} = \frac{N_i\cos\theta_i - 1 - N_i - 1\cos\theta_i}{N_i\cos\theta_i - 1 + N_i - 1\cos\theta_i} \quad \gamma_{(i-1)i,s} = \frac{N_i - 1\cos\theta_i - 1 - N_i\cos\theta_i}{N_i - 1\cos\theta_i - 1 - N_i\cos\theta_i} \tag{8-4-5}$$

$$t_{(i-1)i,p} = \frac{2N_i - 1\cos\theta_i - 1}{N_i\cos\theta_i - 1 + N_i - 1\cos\theta_i} \quad t_{(i-1)i,s} = \frac{2N_i - 1\cos\theta_i - 1}{N_i - 1\cos\theta_i - 1 + N_i\cos\theta_i} \tag{8-4-6}$$

对于一个膜系而言，入射光在薄膜中激起的总电场包含正向传播的 E^+ 平面波和反向传播的 E^- 平面波，所有平面波的波矢量都位于同一入射面内。当入射光为线偏振时（可分解为 P 偏振光和 S 偏振光），整个膜系中传播的平面波也为类似的线偏振光。假定所有的平面波均为 P 偏振光或 S 偏振光。选取紧靠 01 界面的 z' 平面和紧靠 12 界面的 z'' 平面，则膜系反射前后的总电场的联系可以表示为[21]：

$$\begin{bmatrix} E^+(z') \\ E^-(z') \end{bmatrix} = \begin{bmatrix} \boldsymbol{S}_{11} & \boldsymbol{S}_{12} \\ \boldsymbol{S}_{21} & \boldsymbol{S}_{22} \end{bmatrix} \begin{bmatrix} E^+(z^n) \\ E^-(z^n) \end{bmatrix} \tag{8-4-7}$$

其中对于基片媒介来说 $E^-(z^n)$。式(8-4-7)中 2×2 阶线性矩阵 $\boldsymbol{S}$ 为散射矩阵,表征了 z' 平面和 z'' 平面间的层结构的总反射性质和总透射性质。通过式(8-4-7)可以清楚地看到只有散射矩阵 $\boldsymbol{S}$ 的第一列矩阵元决定了膜系的总反射系数和总透射系数,即:

$$R = \frac{E^-(z')}{E^+(z')} = \frac{\boldsymbol{S}_{21}}{\boldsymbol{S}_{11}}, \quad T = \frac{E^+(z^n)}{E^+(z')} = \frac{1}{\boldsymbol{S}_{21}} \qquad (8-4-8)$$

椭偏光谱仪所测量的为 P 光和 S 光的总的复反射系数的比值。对于反射式的椭圆偏振仪而言,必须分开考量 P 光和 S 光的散射矩阵 $\boldsymbol{SP}$ 和 $\boldsymbol{S}$,即:

$$\rho = \frac{R_P}{R_S} = \frac{\boldsymbol{S}_{21p}}{\boldsymbol{S}_{11p}} \times \frac{\boldsymbol{S}_{11s}}{\boldsymbol{S}_{21s}} \qquad (8-4-9)$$

为方便起见,引入椭偏参数 ψ 和 Δ 来表示 P 光和 S 光的总的复折射系数比值:

$$\rho = \tan\varphi \, \mathrm{e}^{i\Delta} = \frac{R_P}{R_S} \qquad (8-4-10)$$

$$\tan\varphi = \frac{|R_P|}{|R_S|} \quad \Delta = \Delta_\rho - \Delta_s \qquad (8-4-11)$$

通常我们定义式(8-4-10)为椭偏方程。式(8-4-11)充分说明了椭偏参数 ψ 与反射前后的振幅变化相关,而椭偏参数 Δ 与反射前后的相位变化相关,二者从振幅和相位两个方面全方位地描述了在膜系表面反射前后光波的偏振态的变化。

散射矩阵 $\boldsymbol{S}$ 与膜系中的各个参量相关,回到散射矩阵 $\boldsymbol{S}$,散射矩阵 $\boldsymbol{S}$ 可以用按适当次序排列的界面矩阵 $\boldsymbol{I}$ 和膜层矩阵 $\boldsymbol{L}$ 的乘积来表示,其中界面矩阵 $\boldsymbol{I}$ 表明了单个界面的影响,膜层矩阵 $\boldsymbol{L}$ 表明了膜层的影响:

$$\boldsymbol{I}_{(i-1)i} = \left(\frac{1}{t_{(i-1)i}}\right) \begin{bmatrix} 1 & r_{(i-1)i} \\ r_{(i-1)i} & 1 \end{bmatrix} \boldsymbol{L}_i = \begin{bmatrix} \mathrm{e}^{i\beta} & 0 \\ 0 & \mathrm{e}^{-i\beta} \end{bmatrix}, \beta_i = \frac{2\pi d_i N_i}{\lambda}\cos\theta_i \quad (8-4-12)$$

对于一个膜系来说,散射矩阵的表达式为 $\boldsymbol{S} = \boldsymbol{I}_{01}\boldsymbol{L}_1\boldsymbol{I}_{12}\boldsymbol{L}_2 \cdots \boldsymbol{I}_{(i-1)i}\boldsymbol{L}_i \cdots \boldsymbol{I}_{\text{substrate}}\boldsymbol{L}_{\text{substrate}}$,具体对于图8-4-1所示的单层膜系来说,散射矩阵 $\boldsymbol{S}$ 为[22]:

$$\boldsymbol{S} = \boldsymbol{I}_{01}\boldsymbol{L}_1\boldsymbol{I}_{12} = \left(\frac{1}{t_{01}t_{12}}\right) \begin{bmatrix} 1 & r_{01} \\ r_{01} & 1 \end{bmatrix} \begin{bmatrix} \mathrm{e}^{i\beta_1} & 0 \\ 0 & \mathrm{e}^{-i\beta_1} \end{bmatrix} \begin{bmatrix} 1 & r_{12} \\ r_{12} & 1 \end{bmatrix} \qquad (8-4-13)$$

进行矩阵乘法,得:

$$\boldsymbol{S} = \left(\frac{\mathrm{e}^{i\beta_1}}{t_{01}t_{12}}\right) \begin{bmatrix} (1 + r_{01}r_{12}\mathrm{e}^{-2i\beta_1}) & (r_{12} + r_{01}\mathrm{e}^{-2i\beta_1}) \\ (r_{01} + r_{12}\mathrm{e}^{-2i\beta_1}) & r_{01}r_{12} + \mathrm{e}^{-2i\beta_1} \end{bmatrix} \qquad (8-4-14)$$

$$\boldsymbol{S}_{11} = \left(\frac{\mathrm{e}^{i\beta_1}}{t_{01}t_{12}}\right)(1 + r_{01}r_{12}\mathrm{e}^{-2i\beta_1}) \qquad (8-4-15)$$

$$\boldsymbol{S}_{21} = \left(\frac{\mathrm{e}^{i\beta_1}}{t_{01}t_{12}}\right)(r_{01} + r_{12}\mathrm{e}^{-2i\beta_1}) \qquad (8-4-16)$$

将公式(8-4-15)和公式(8-4-16)所示的 S_{11} 和 S_{21} 分量代入公式(8-4-8)和公式(8-4-9)即

可得到：

$$\rho=\frac{R_P}{R_S}=\frac{r_{01,p}+r_{12,p}\mathrm{e}^{-2\mathrm{i}\beta_1}}{1+r_{01,p}r_{02,p}\mathrm{e}^{-2\mathrm{i}\beta_1}}\cdot\frac{1+r_{01,s}r_{02,s}\mathrm{e}^{-2\mathrm{i}\beta_1}}{r_{01,s}+r_{12,s}\mathrm{e}^{-2\mathrm{i}\beta_1}} \tag{8-4-17}$$

公式(8-4-17)联合公式(8-4-5)和(8-4-6)，可以得到椭偏方程：

$$\rho=\tan\varphi\mathrm{e}^{\mathrm{i}\Delta}=f(\lambda,\theta_0,N_0,N_1,N_2,d_1) \tag{8-4-18}$$

由公式(8-4-18)可以清晰地看出椭偏方程的函数关系。单层膜系的椭偏方程与六个参数相关，进一步考虑复折射率包含实部和虚部，则椭偏方程包含九个系统参数。实际情况中，参数θ_0,λ,N_0和N_2一般为已知量，去除掉已知量后，即使是膜系结构最简单的单层薄膜所对应的椭偏方程仍是一个非线性超越函数方程，并不能够直接求解得到具体的表达式（abmient/substrate 情况除外），所以一般需要通过逆向反演求解椭偏方程。

对于椭圆偏振光测量技术来说，椭偏数据的分析与处理过程的方法和精准性直接影响着样品的介电函数和膜厚等物理参数的获取和准确性。通常情况下，基于以上的理论公式，猜想椭偏方程中的未知参数，计算模拟椭偏参数，将计算值与实际测量值相比较，不断地猜想多次迭代直至二者吻合（判断依据：评价函数χ^2），最终可反演得到我们所感兴趣的样品特性（厚度和光学常数等）。对椭偏参数的模拟计算一般通过具有层状结构的光学模型来实现。薄膜光学模型的整体构建分为两个部分，一个为结构模型的构建，即样品的膜系可以用几层层状结构来描述，样品包含几层薄膜，需不需要考虑界面层、粗糙层等。另一部分则为对每一层的物理特性的描述，厚度是多少？所对应的光学常数是什么？光学常数的不同描述方法就形成了两种不同的分析方法——色散模型方法和点对点方法。

色散模型用有限的几个参数，通过特定的函数表达式，描述了材料的光学常数随着波长的变化的规律。通过色散模型方法处理椭偏数据可以大大地减少椭偏方程中的未知量，从而使椭偏数据的分析过程更加快速、简单和精确。色散模型同时描述了$\varepsilon_1(\lambda)$和$\varepsilon_2(\lambda)$，并且这两个量并不是互相独立的，它们之间满足 Kramers-Kronig 关系，使得该方法在减少了未知量的同时仍保证所得的光学常数具有明确的物理意义。常见的色散模型有以下几种：

(1) Cauchy 模型[23]：

$$n(\lambda)=A+B/\lambda^2+C/\lambda^4 \tag{8-4-19}$$

$$k(\lambda)=D/\lambda+E/\lambda^3+F/\lambda^5 \tag{8-4-20}$$

Cauchy 模型是用来描述透明材料折射率和波长关系的经验模型。在式(8-4-19)中，A、B、C为常量参数。对于存在吸收的材料，其消光系数也可以用公式(8-4-20)来表示，其中D、E、F为常量参数。

(2) Lorentz 模型[24]：

$$\varepsilon_r(\lambda)=A\times\lambda^2\times(\lambda^2-L_0^2)/[(\lambda^2-L_0^2)^2+\lambda^2\times\gamma^2] \tag{8-4-21}$$

$$\varepsilon_r(\lambda)=A\times\lambda^3\times\lambda/[(\lambda^2-L_0^2)^2+\lambda^2\times\gamma^2] \tag{8-4-22}$$

$$\varepsilon(E)=1+\sum_j A_j\left(\frac{1}{E+E_{0,j}+\mathrm{i}\Gamma_j}-\frac{1}{E-E_{0,j}+\mathrm{i}\Gamma_j}\right) \tag{8-4-23}$$

Lorentz 模型基于阻尼谐振子近似构建,适用于描述可见光区由电子激发所引起的偶极矩效应,对于吸收材料一般较为适用,但并不绝对。在公式(8-4-21)和公式(8-4-22)中,A 代表强度,L_0 为中心波长,γ 为峰宽。在量子力学形式的表达式中,以光子能量为单位,Lorentz 模型也可表述为式(8-4-23),其中 A 为振幅,Γ 为振子的展宽系数,E_0 为振子的共振能量。

（3）Drude 模型[25]：

$$\varepsilon_r(\lambda)=P-D^2\times\lambda^2/(1+(\lambda\times E)^2) \qquad (8-4-24)$$

$$\varepsilon_i(\lambda)=E\times D^2\times\lambda^3/(1+(\lambda\times E)^2) \qquad (8-4-25)$$

Drude 模型以金属中的自由电子气理论为基础,适用于描述金属中的自由电子或半导体中的自由载流子对光的吸收效应。在式(8-4-24)中,P 代表了极化强度,D 是等离子波长的倒数,E 为平均自由程。

（4）Bruggeman 有效介质模型[26]：

$$\sum_{j=1}^{n} f_j \frac{\varepsilon_i-\varepsilon}{\varepsilon_i+2\varepsilon}=0 \qquad (8-4-26)$$

在式(8-4-26)中,ε 为组份材料的介电函数,f_j 代表了相应的体积分数。椭偏光谱仪对薄膜的表面状态和界面状态极其敏感,这两种状态下表面或界面层通常包含两种或两种以上的混合材料。混合材料的色散模型的描述一般适用于有效介质理论,而 Bruggeman 有效介质模型在不同材料介质混杂时并不区分主次介质,因此应用得最为广泛且经常用于描述薄膜的粗糙层。

不同于参数化的色散模型方法,点对点方法逐点从单一波长下的一组椭偏参数中求解材料的光学常数,与整个椭偏光谱曲线中的其他数据点无关,整个分析过程是一个独立求解过程。前面已经提到,色散模型方法可以减少未知参量且得到的光学常数具有明确的物理含义,但色散模型中的物理相关参数值的给定,往往要求人们对所分析材料的物理性质(声子模式频率、展宽系数等)有较为深刻的理解。与之相对应的,点对点方法对数据的处理是一个纯数学过程,并不涉及物理机理,因此对于未知材料特别是新型的复杂体系材料来说,点对点方法提供了一个快速有效的光学常数获取途径。在点对点所得到的光学常数的基础上建立适用的色散模型,获取材料的相关物理参量,比直接运用色散模型方法去分析椭偏数据要容易得多。此外,对曲折繁复的光学常数曲线或一些光学常数曲线中的细微光谱特征,色散模型方法一般难以准确描述,而点对点方法弥补了这方面的不足。但同时要注意到,点对点方法得到的光学常数的实部和虚部之间互相独立,往往需要验证 Kramers-Kronig 关系来确保所得结果符合物理规律。

四、实验内容

1. SiO$_2$ 椭偏实验

第一步 打开椭偏仪的总开关,按下上前置面板的"Power"按钮,依次按下上面板的"钨灯"、"氙灯"、"CCD"按钮,并预热四十五分钟使光源稳定,达到最佳工作状态。

第二步 在电脑桌面上依次打开"Eometrics"数据分析软件以及"CCDDemo"图像软件。

第三步　将 SiO$_2$薄膜样品放置于样品台中间区域,并开启真空泵吸附(如样件尺寸支持吸附)。

第四步　进行俯仰调节。在自准直仪窗口,调节样品台俯仰旋钮使十字光斑与红色十字框重合。(若十字光标太暗,可通过拖动"曝光时间"和"模拟增益"后的蓝色方块,调节光标亮度)

第五步　打开"Eometrics"软件,点击"光强",拧样品平台升降旋钮使光强最大。

第六步　勾选"保存",点击测量,等待数秒。

第七步　新建形貌,添加薄膜层,在数据库中找"SiO$_2$",右击厚度,打开厚度拟合。

第八步　点击拟合,等待数秒,查看拟合结果。

第九步　取下待测样件,先关闭数据分析软件以及图像软件,再依次按下"CCD"按钮、"氘灯"按钮、"钨灯"按钮。再按下"Power"按钮,最后关闭仪器后置面板总电源开关并关闭电脑。

2. 复杂模型数据分析

第一步　打开"80 nm-60-Si3N4.sme"文件,打开形貌文件"profile-film-80 nm-Si$_3$N$_4$.txt",将 Si$_3$N$_4$材料替换为"Bspline(System/Basic/Bspline.dat)",并将光谱类型选择为"NSC",点击查看"Bspline"材料 NK 曲线。

第二步　设置波长起始点为 600 nm,点击"拟合"。

第三步　每隔 100 nm 设置起始波长,直至最开始的起始波长 210 nm。

第四步　查看 B 样条材料的 NK 曲线。

第五步　将 B 样条曲线进行光学常数模型化,进行"Tauc Lorentz"模型匹配,按照先虚后实的顺序进行拟合。

第六步　点击"替换",并点击"拟合"按钮。

第七步　记录拟合结果。

五、注意事项

(1) 开机时,"钨灯"和"氘灯"必须按顺序开启;

(2) 关机时,各个按钮必须按"CCD"按钮、"氘灯"按钮、"钨灯"按钮、"Power"按钮的顺序;

(3) 重新开机间隔 90 秒;

(4) 请勿用手接触薄膜表面。

8.5　半导体荧光寿命测定实验

一、实验目的

(1) 了解时间相关单光子计数器的工作原理和使用方法及用途。

(2) 掌握时间分辨荧光测试方法。

(3) 掌握辐射复合、缺陷类型及载流子寿命等光学性能的研究方法。

二、实验仪器

低温恒温器；单光子探测器；光纤；透镜；单光子计数器；皮秒脉冲激光器。

三、实验原理

在足够强度的光照激发下，某些物质中的电子可以进入激发态，然后电子跃迁回到基态并产生一定波长的荧光。电子发生跃迁的过程并不是一瞬间就结束的，当激发光终止后荧光材料仍然会有荧光发出，随着时间的推移该荧光强度逐渐减弱直至完全消失。我们将终止激发光后发光强度降为初始荧光强度的 $1/e$ 所用的时间作为该荧光材料的荧光寿命，通常用 τ 表示。这个寿命揭示了构成物质的粒子被激发以后，在激发态上停留的平均时间。

由于物质的荧光寿命与结构、所处环境等有关，所以我们可以通过测定寿命来研究物质的变化过程。一般而言，发光物质的荧光寿命在皮秒到纳秒量级，这正符合分子的运动时间，故而分子与分子之间的相互作用、分子结构的重排变化等一系列的过程都可以利用荧光寿命分析出来。通常来说，物质的荧光衰减是一个很复杂的过程，激发态的荧光衰减曲线可以用多个指数函数的累加来表示[27]：

$$I_t = \sum_{i=0}^{n} \alpha_i \exp(-t/\tau_i) \qquad (8-5-1)$$

式中 n 为衰变分量的数目，α_i 为第 i 项的衰减振幅，τ_i 是第 i 部分的寿命。衰减分量的振幅反映了每个寿命分量对平均的总贡献。通过各部分的衰减振幅和各部分的寿命，可以得出平均荧光寿命：

$$\langle \tau_{avg} \rangle = \sum \alpha_i \tau_i^2 / \sum \alpha_i \tau_i \qquad (8-5-2)$$

同时，辐射复合率和非辐射复合率分别为：

$$\Gamma_{rad} = \frac{PLQY}{\tau_{ave}} \qquad (8-5-3)$$

$$\Gamma_{non-rad} = \frac{1-PLQY}{\tau_{ave}} \qquad (8-5-4)$$

其中 PLQY 为荧光量子产率，Γ_{rad} 和 $\Gamma_{non-rad}$ 为辐射复合率和非辐射复合率。

物质吸收光子后，分子处于一个非稳定的状态，有放出能量回到基态的趋势。这个放出能量有多种途径，比如图 8-5-1 中的红色箭头，是振动能级的弛豫，通过分子之间的碰撞等过程把振动能量变成分子动能，宏观上来看体系温度升高，也就是变成了热。通过某种方式弛豫到第一激发态的振动基态后，发生电子跃迁，回到电子基态。这个跃迁的终态也是有多种可能的，可以回到电子基态的任意振动激发态。这个过程中，体系发出光子，能量降低。

常见的荧光寿命复合可分为单指数、双指数和三指数复

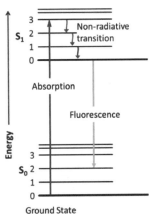

图 8-5-1　激发态能级示意图

合通道,单指数复合表示激子通过直接的导带到价带的跃迁复合,双指数复合的两个复合组成分别表示为激子的缺陷俘获过程和带边沿激子复合过程,其中带边沿缺陷越少,荧光寿命越长。三指数复合的三个组成部分分别为带内热激子弛豫过程、激子被带边缺陷俘获和带边沿激子复合过程。越长的荧光寿命、越高的荧光量子产率往往代表着样品表面缺陷较少。一般来说,荧光寿命和样品的状态(气液固)、组分、激发光源波长、功率等有关[27]。

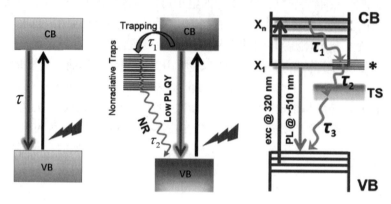

图 8-5-2 单指数(左)、双指数(中)、三指数(右)复合原理图

时间相关单光子计数器(TCSPC)原理这一项测试技术最早是由 Bollinger、Bennett 和 Koechlin 三人在 20 世纪 60 年代用于射线激发下闪烁体的发光。从这以后,人们逐渐把它用于测量材料的荧光寿命。由于具有时间分辨能力强、灵敏度高、测量结果精确和数字化的数据输出等特点,方便人们通过计算机对数据结果进行测试、分析和处理,因此,在近代物理化学及其生物领域里被广泛应用,在研究荧光物质的发光动力学过程中更加具有特殊意义。TCSPC 技术提供了相对于测量开始(宏观时间)的绝对光子到达时间以及相对于最后激光脉冲(微时间)的到达时间。TCSPC 系统在时间标记和时间分辨模式下运行,这样每个光子相对于实验室时间和激光脉冲时间的到达时间都可以得到,使我们可以分别绘制光致发光时间轨迹和荧光寿命衰减曲线。TCSPC 测试系统是由激发样品的光源、光的传输装置以及信号的探测装置构成。

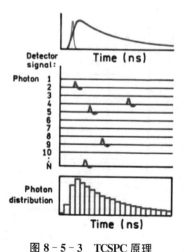

图 8-5-3 TCSPC 原理

用光脉冲激发样品,产生如图 8-5-3 中所示的波形。这是当许多荧光团被激发并且观察到许多光子时将观察到的波形。但是,对于 TCSPC 而言要调整条件,以便每个激光脉冲检测不到一个光子。实际上,检测速率通常为每100 个激发脉冲 1 个光子。测量激发脉冲和观察到的光子之间的时间,并将其存储在直方图中。其中 x 轴是时间差,y 轴是为此时间差检测到的光子数。当每个激发脉冲检测到的光子远少于 1 个时,直方图表示衰减的波形。如果计数率较高,则直方图偏向于较短的时间。这是因为TCSPC 只能观测到第一个光子。目前,当寿命在纳秒范围内时,电子设备的速度还不足以测量每个脉冲的多个光子。每个脉冲的多个光子的衰减时间可以测量到接近一

微秒或更长的时间。有专门的电子器件用于测量激发和发射之间的时间延迟。

实验从激发脉冲开始,激发样品并向电子器件发送信号。这个信号通过一个常数函数鉴别器(CFD),它可以精确地测量脉冲的到达时间。该信号被传递给时间—幅度转换器(TAC),TAC 产生电压斜坡,电压斜坡在纳秒时间尺度上随时间的变化线性增加。第二个通道检测来自单个被检测光子的脉冲。信号的到达时间是通过 CFD 精确确定的,它会发送一个信号来停止电压斜坡。TAC 现在包含一个与激发和发射信号之间的时间延迟(δ_t)成比例的电压。根据需要,电压由可编程增益放大器(PGA)放大并由模数转换器(ADC)转换为数值。为了最小化读数,信号被限制在给定的电压范围内。如果信号不在此范围内,则通过窗口鉴别器(WD)抑制事件。电压将转换为数字值,并以测量的时间延迟作为单个事件存储。通过使用脉冲光源多次重复此过程,可以测量衰减的直方图。

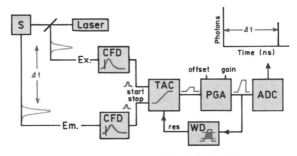

图 8 - 5 - 4　荧光寿命光路原理图

四、实验内容

第一步　打开单光子计数器和皮秒激光器,打开测试电脑,进入桌面,打开测试软件 WinSpec 和 PicoHarp。

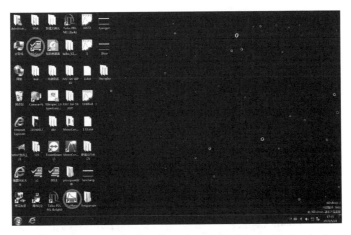

第二步　打开单光子探测器,待脉冲激光器温度警告标识消失,点击 WinSpec 测试软件里面的 Spectrograph,点击 Move,切换到 Side 模式。调节脉冲激光器的频率和功率,将 PicoHarp 软件中的 0 通道和 1 通道打开,当 0 通道显示 1E6,1 通道由 0 变到 1E2 - 1E3 时,单光子探测器的温控灯熄灭。

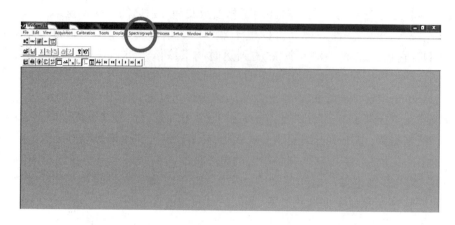

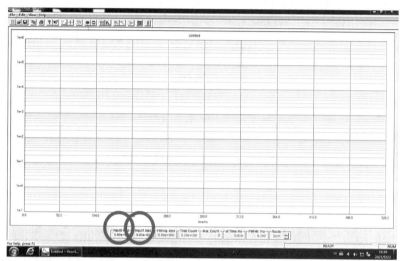

第三步　点击开始测试,出现如图所示谱线后点击 Stop 键,保存数据。

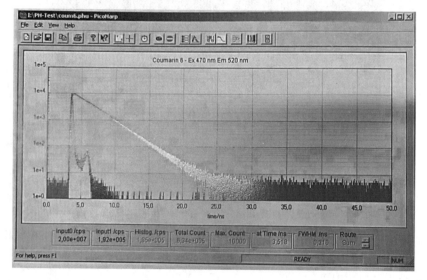

第四步　测试结束后点击 Tools,选择 Convert to ASCII,选择 choose files,选择所保存

的数据,点击确定,然后选择 Output Direction,选择保存的路径,点击 Convert to ASCII,转换完成后点击 Done,结束测试。

第五步　拷贝数据,依次关闭探测器、单光子计数器和脉冲激光器。

五、注意事项

(1) 实验操作中不要改变光学平台上的光路;

(2) 激光打开后需要 0.5 h 左右的预热;

(3) 探测器必须在暗室下打开,避免探测器因光强太大而损坏;

(4) 测试过程应接近室温,温度太低,探测器可能出现杂音;

(5) 测试样品发光较差时可以调节狭缝旋钮,增加光强输入。

六、实验报告要求

(1) 绘制时间分辨 PL 曲线,拟合激子寿命;

(2) 掌握不同的复合形式及缺陷类型对载流子寿命的影响。

8.6　半导体激子荧光特性测试实验

一、实验目的

(1) 了解光谱仪的工作原理和使用方法及用途。

(2) 掌握半导体荧光材料的发光机理及其变温光致发光测试方法。

(3) 掌握半导体激子结合能等光学参数的拟合方法。

二、实验仪器

低温恒温器;荧光光谱仪;光纤;滤光片;透镜;He-Cd 激光器。

三、实验原理

某些物质经过一定波长的光照射后,物质中的分子被激发,其中的电子吸收能量后跃迁至激发态;当其从激发态返回到基态时,所吸收的能量除部分转化为热量或用于光化学反应外,其余较大部分则以光能形式辐射出来,由于能量不能全部以光的形式辐射出来,故所辐射出的光波长大于激发光波长,这种波长长于激发光的可见光部分发光就是荧光。所谓荧光就是某些物质在一定波长光激发下,所发出的比激发波长更长的可见光。

在半导体中,如果一个电子从价带激发到导带上,则在价带内产生一个空穴,在导带内产生一个电子,从而形成一个电子-空穴对。空穴带正电,电子带负电,它们受到库仑力作用互相吸引,在一定的条件下会使它们在空间上束缚在一起,这样形成的复合体称为激子[28]。

在半导体吸收光谱中,本征的带间吸收过程是指半导体吸收一个光子后,在导带和价带同时产生一对自由的电子和空穴。激子谱线的产生是由于当固体吸收光子时,电子虽已从价带激发到导带,但仍因库仑作用而和价带中留下的空穴联系在一起,形成了激子态,自由激子作为一个整体可以在半导体中运动,这种因静电库仑作用而束缚在一起的电子空穴对是一种电中性的、非导电性的电子激发态。电子和空穴之间的库仑相互作用强弱是判断 Frenkel 激子和 Wannier-Mott 激子的依据。通常,有机半导体因光激发而产生 Frenkel 激子,这是由于其具有相对恒定的低介电常数和高有效质量,而无机半导体由于相应的高介电常数和低有效质量而偏向形成 Wannier-Mott 激子。具有高激子结合能的半导体在发光应用中更为有利,因为通过激子发生的辐射复合可以在相对较低的载流子密度(与载流子密度 n 成正比)下达到高量子产率。具有低激子结合能的半导体,由于激子容易解离或在光激发时自发产生自由载流子的优点,在光伏电池中非常适用。

荧光原理

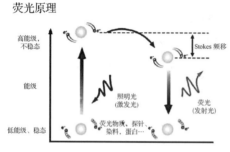

图 8-6-1 荧光原理图

通常半导体光致发光强度随着温度的升高而降低,这归因于温度激活的激子离解。通过将 PL 强度 $I(T)$ 的温度依赖性与 Arrhenius 方程拟合,实验得出激子结合能 E_B。具体公式如下[28]:

$$I(T) = \frac{I_0}{1 + A e^{\frac{-E_B}{K_B T}}} \qquad (8-6-1)$$

其中 I_0 为近似绝对温度时的 PL 强度,K_B 为玻尔兹曼常数,E_B 为激子结合能。

PL 随温度的变宽主要是由于晶体中的晶格振动,晶格振动以不同的方式扰动电子运动,这些方式定义为形变电势、压电和 Fröhlich 相互作用。与应变感应相互作用不同,Fröhlich 相互作用是库仑相互作用,它描述了电子与纵模光学(LO)声子模式产生的纵向电场的相互作用,这是由于带相反电荷的异相原子的位移引起的。这些相互作用因其对声子的依赖性而随温度而变化,因此影响荧光的半高宽 FWHM。在一阶扰动理论中,最低位置激子态 $\Gamma(T)$ 产生的荧光展宽可以通过 Segall 表达式给出三种展宽贡献的描述,并且在存在电离杂质的情况下可以在表达式中添加一个附加项公式如下[29]:

$$\Gamma(T) = \Gamma_{inh} + \varphi_{AC} T + \frac{\varphi_{LO}}{e^{(wLO/KT)} - 1} + \varphi_{imp} e^{-\langle Eb \rangle / kT} \qquad (8-6-2)$$

式(8-6-2)中第一项是由于激子-激子相互作用和晶体紊乱引起的散射而产生的非均匀扩展常数,与温度无关。第二项 φ_{AC} 表示激子-声子的声子耦合系数,主要涉及线性依赖于温度的形变电势相互作用。第三项 φ_{LO} 是激子-纵向光学声子耦合系数或 Fröhlich 耦合系数,与 LO 声子的 Bose-Einstein 分布相关。最后的杂质项中,φ_{imp} 是由于完全电离的杂质的散射而引起的线宽,该线宽由其平均结合能 E_b 决定。

半导体的带隙通常随温度变化,显示在变温 PL 光谱上为发光峰位置的红移或蓝移。由于计算整个布里渊区中所有可能的声子模式是一项艰巨的任务,因此,开发了许多模型来解释实验数据,例如单振子和双振子模型(只考虑一种或两种主要的声子模式)。通常使用双振子模型来拟合带隙与温度相关的非单调特性,这通常在低温下表现出非线性的温度依赖性,而在高温下表现出线性的温度依赖性。而一般情况与上述特性相反,这时通常考虑用单振子模型来解释,可以用以下公式进行拟合[30]:

$$E_g(T) = E_0 + A_{TE} T + A_{EP} \left(\frac{2}{\exp(hw/k_B T) - 1} + 1 \right) \qquad (8-6-3)$$

其中，E_0 为未重整化带隙，$A_{TE}T$ 表示带隙随温度线性变化区域，第三项表示单振子模型中激子-纵模光学声子之间的相互作用导致的带隙改变。

四、实验内容

1. 创造高真空变温条件

（1）开启真空装置，光学恒温腔低压状态冷头处阀门全部打开后，打开面板右上角系统控制总电源开关，按下总电源控制面板上的"机械泵开"按钮启动机械泵，这时"机械泵开"按钮显示灯亮。前级真空达到要求后（10 次方 Pa 以下），打开后侧分子泵电源，按下分子泵控制面板上的"工作"按钮，启动分子泵。待分子泵达到正常转速 704 时，打开电离规部分的"开电离"按钮，观察真空计高真空数值。此时正在对波纹管内抽真空。大约抽 1.5 小时左右腔体内真空度达到 10^{-3} 或 10^{-4} Pa 级别时，达到所需的真空度。

（2）开启制冷压缩机把面板上的黑色拨杆开关推上去，频率调到 50 Hz，打开右侧绿色开光，打开后绿灯亮，压缩机开始工作。

（3）光学恒温腔温度设置：主界面左上角是冷端温度，HEATER.V 显示的是加热功率的百分比，加热过程中，温度接近设定温度时，百分比会由接近 100% 下降到百分之几十甚至百分之几。上端中间栏 HEATER.V 是加热电压，最大为 40 V，同样地，在加热过程中，温度接近设定温度时，电压会由接近 40 伏下降到几伏。进入 Control 界面，确定 Heat(%) 以及 PID 都是自动 Auto，在 Set Point(Fixed) 设置温度。

2. 光致发光测试

第一步　打开光谱仪电源，打开测试电脑，进入桌面，打开测试软件 WinSpec。

第二步　通过 Setup 进行设置，选择 Detector Temperature，将 Target 设置为 -70，点击右边 Set Temp，待 Current Temperature 显示为 Locked 时点击 OK，开始测试。

第三步　点击开始测试，出现谱线后点击 Stop 键，保存数据，测试从 5 k 开始，到 300 k 结束，根据自身需要测量所需的值。

第四步　测试结束后点击 Tools，选择 Convert to ASCII，选择 choose files，选择所保存的数据，点击确定，然后选择 Output Direction，选择保存的路径，点击 Convert to ASCII，转换完成后点击 Done，结束测试。

第五步　点击 Setup，将 Target Temperature 设为 0，待 Current Temperature 显示为 Locked 时点击 OK，关闭软件和光谱仪。

3. 关闭真空条件

（1）实验完成后，关闭压缩机，关闭温控仪。

（2）关闭冷头处阀门，按下"关电离"，然后点"工作"停止分子泵，待分子泵停稳后停机械泵，关闭分子泵电源，关闭系统控制总电源。注意测试完成后不要立刻破真空取出样品，因为此时腔体内温度极低，要等第二天腔体内恢复室温时再打开样品腔更换或取出样品。

五、注意事项

（1）抽真空过程和降温过程很长，需要随时观察以免出现问题；

（2）实验操作中不要改变光学平台上的光路；

（3）激光打开后需要 1 h 左右的预热；

（4）测试开始降温到 $-70\ ℃$，结束恢复到 $0\ ℃$。

六、实验报告要求

（1）绘制 PL 强度—温度曲线，拟合激子结合能；

（2）绘制 PL 带隙—温度曲线，拟合热展宽系数，电子-声子耦合系数；

（3）绘制 PL 半高宽—温度曲线，拟合激子-横模声子耦合系数，激子-纵模光学声子耦合系数。

8.7 钙钛矿半导体 PN 结太阳能电池制备及测试

一、实验目的

（1）了解 PN 结和太阳能电池基本结构和工作原理。

（2）钙钛矿太阳能电池制备的流程。

（3）太阳能电池基本特性参数测试原理与方法。

（4）太阳能电池基本特性参数测试数据的分析与处理。

二、实验仪器

数字源表；太阳光模拟器；标准太阳能电池；万能表；超声波清洗机；干燥箱；臭氧清洗机；手套箱；旋涂仪；蒸镀仪；INFCON。

三、实验原理

常见的太阳能电池从结构上说是一种浅结深、大面积的 PN 结，它的工作原理的核心是光生伏特效应。当光照射到一块非均匀半导体上时，由于内建电场的作用，在半导体材料内部会产生电动势，如果构成适当的回路就会产生电流。这种电流叫作光生电流，这种内建电场引起的光电效应就是光生伏特效应。

处于热平衡态的 PN 结由 P 区、N 区和两者交界区域构成。在结区为了维持相同的费米能级，P 区内空穴向 N 区扩散，N 区内空穴向 P 区扩散。这种载流子的运动导致原来的电中性条件被破坏，P 区积累了带有负电的不可动电离受主，N 区积累了不可动电离施主。载流子扩散运动的结果导致结区附近的 P 区呈现负电性，N 区呈现正电性，因而在界面附近区域形成由 N 区指向 P 区的内建电场和相应的空间电荷区。显然，两者费米能级的不统一是导致电子空穴扩散的原因，电子空穴扩散又导致出现空间电荷区和内建电场。而内建电场的强度取决于空间电荷区的电场强度，内建电场具有阻止扩散运动进一步发生的作用。当两者具有统一费米能级后扩散运动和内建电场的作用相等，P 区和 N 区两端产生一个高度为 qV_D 的势垒。理想 PN 结模型下，处于热平衡的 PN 结空间电荷区没有载流子，也没有载流子的产生与复合作用。

当有入射光垂直入射到 PN 结，只要 PN 结的结深比较浅，入射光子会透过 PN 结区域甚至能深入半导体内部。如果光子能量满足关系 $h\nu \geqslant E_g$（E_g 为半导体材料的禁带宽度），那么这些光子会被材料本征吸收,在 PN 结中产生电子空穴对。光照条件下材料体内产生电子空穴对是典型的非平衡载流子光注入作用。光生载流子对 P 区空穴和 N 区电子这样的多数载流子的浓度影响是很小的,可以忽略不计。但是对少数载流子将产生显著影响,如 P 区电子和 N 区空穴。在均匀半导体中,光照射也会产生电子空穴对,它们很快又会通过各种复合机制复合。在 PN 结中情况有所不同,主要原因是存在内建电场。内建电场的驱动下 P 区光生少子电子向 N 区运动,N 区光生少子空穴向 P 区运动。这种作用有两方面的体现,第一是光生少子在内建电场驱动下定向运动产生电流,这就是光生电流,它由电子电流和空穴电流组成,方向都是由 N 区指向 P 区,与内建电场方向一致;第二,光生少子的定向运动与扩散运动方向相反,减弱了扩散运动的强度,PN 结势垒高度降低,甚至会完全消失。宏观的效果是在 PN 结两端产生电动势,也就是光生电动势。当光照射 PN 结时使得 PN 结势垒高度降低甚至消失,这个作用等价于在 PN 结两端施加正向电压。这种情况下的 PN 结就是一个光电池。

无光照情况下的太阳能电池等价于一个理想 PN 结,此时太阳能电池的电流电压特性叫作暗特性,其电流电压关系为肖克莱方程[31]:

$$I = I_s \left[\exp\left(\frac{eV}{k_0 T}\right) - 1 \right] \tag{8-7-1}$$

其中

$$I_s = J_s A = A\left(\frac{eD_n n_{p0}}{L_n} + \frac{eD_p p_{n0}}{L_p}\right) \tag{8-7-2}$$

为反向饱和电流。A 为结面积,D_n 为电子扩散系数,D_p 为空穴扩散系数,n_{p0} 为平衡电子浓度,p_{n0} 为平衡空穴浓度,L_n 为电子扩散长度,L_p 为空穴扩散长度,J_s 为反向饱和电流,它满足

$$J_s \approx e\left(\frac{D_n}{\tau_n}\right)^{1/2} \frac{n_i^2}{N_A} \sim T^{3+\frac{\gamma}{2}} \exp\left(-\frac{E_g}{k_0 T}\right) \tag{8-7-3}$$

光特性:在闭路情况下,光照作用下会使得有电流流过 PN 结,此时 PN 结相当于一个电源。光电流在负载上产生电压降,这个电压降可以使 PN 结正偏。正偏电压产生正偏电流,在反偏情况下,PN 结电流为

$$I = I_L - I_F = I_L - I_s\left[\exp\left(\frac{eV}{k_0 T} - 1\right)\right] \tag{8-7-4}$$

负载电阻为 0 时,负载电阻上的电压也为 0,PN 结短路,输出电流为短路电流;负载电阻无穷大时,外电路处于开路状态。负载电阻电流为零,光电流正好被正向结电流抵消,光电池两端电压 V_{OC} 为开路电压,由[32]

$$I = 0 = I_L - I_S\left[\exp\left(\frac{eV}{k_0 T} - 1\right)\right] \tag{8-7-5}$$

得到开路电路电压 V_{OC} 为

$$V_{OC} = \frac{k_0 T}{e} \ln\left(1 + \frac{I_L}{I_S}\right) \tag{8-7-6}$$

得到的填充因子的值为

$$FF = \frac{P_m}{I_{sc} \times V_{oc}} = \frac{I_m \times V_m}{I_{sc} \times V_{oc}} \tag{8-7-7}$$

太阳能电池的转换效率 η 定义为输出电能 P_m 和入射光能 P_{in} 的比值：

$$\eta = \frac{p_m}{p_{in}} \times 100\% = \frac{I_m V_m}{p_{in}} \times 100\% = \frac{FF \times I_{sc} \times V_{oc}}{p_{in}} \times 100\% \tag{8-7-8}$$

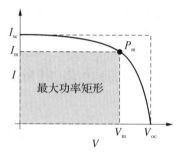

太阳能电池的输出电能 P_m 为左图的阴影部分，如图 8-7-1所示。

本 实 验 以 倒 置 结 构 ITO/PEDOT：PSS/MAPbI$_3$/PCBM/Ag 钙钛矿光伏电池为对象，研究其光生伏特效应。当太阳光透过透明导电玻璃照射到钙钛矿层上时，钙钛矿层吸收光子能量，激发产生电子-空穴对，其中一部分的电子和空穴会复合，另一部分会分别被电子传输层和空穴传输层传输和收集，最后，电子和空穴分别被收集到钙钛矿太阳能电池的两个电极上，形成电池的正负极，经过外电路连接就会产生

图 8-7-1 太阳能电池输出电能

光电流，如图 8-7-2 所示。

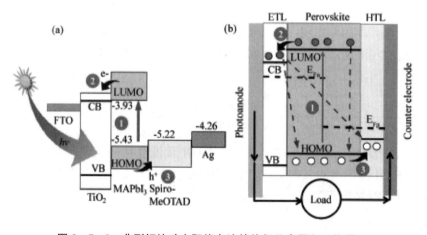

图 8-7-2 典型钙钛矿太阳能电池的能级示意图和工作原理

四、实验内容

1. 电池制备阶段

第一步 透明导电玻璃 ITO 清洗：将刻蚀好的 ITO 玻璃基底依次用洗涤剂、去离子水、丙酮和酒精在超声波清洗机中清洗 15 min，然后在 100 ℃的烘干箱中进行干燥处理，最后用臭氧箱清洗 15 min。

第二步　空穴传输层 HTL 制备:用亲水滤头将 PEDOT:PSS 过滤后滴加到 ITO 基底上,旋涂速度为 4 500 rpm,50 s,在 140 ℃加热台上退火 30 min,退火完成待冷却后将该基底移入真空手套箱中,为下一步实验做准备。

第三步　制备吸光层:将 0.223 g MAI 和 0.645 g PbI$_2$溶解在无水 DMF 和 DMSO 中,两者体积比为 4∶1,待加热搅拌至完全溶解时取 25 μL 前驱体溶液滴加到 HTL 上,转速为 6 000 rpm,时间为 20 s,在旋涂开始后的第 8 s 添加 30 μL 的 CB 反溶剂,最后将旋涂好的钙钛矿薄膜放置在 90 ℃加热台上进行退火处理,先进行间接退火 2 min,再直接退火 3 min,观察到钙钛矿薄膜由透明色转变为半透明的棕黑色,最后直接变为透亮的黑色。

第四步　电子传输层 ETL 制备:将 20 mg 的 PCBM 粉末溶解在 1 ml 的 CB 溶剂中,在 60 ℃下加热搅拌至溶解,将溶解好的 PCBM 溶液用有机滤头过滤,取 30 μL 的已过滤 PCBM 滴加在钙钛矿吸光层上面,转速为 4 000 rpm,时间为 40 s,温度为 60 ℃,退火 10 min 后电子传输层薄膜形成。

第五步　电极蒸镀:将经过以上处理的基底摆放进掩膜板后,放进热蒸镀仪里蒸镀 100 nm 厚度的银电极,具体蒸镀流程如下:

① 打开蒸镀仪和真空泵的开关,打开装有蒸镀系统组态的计算机进行控制,开启"运行";

② 打开排气阀,待气压升至大气压时,打开基片挡板和金属粒挡板,打开蒸镀仪的舱门;

③ 将掩膜板和金属银颗粒放进蒸镀仪,关闭前门锁和排气阀;

④ 抽真空:打开机械泵和粗抽阀,待气压降到 1 左右时,关闭粗抽阀,依次打开分子泵、挡板阀和前级阀,待气压降到 10^{-4}时,将左侧 S$_v$的值分别改为 4 和 80;

⑤ 打开"电源",打开蒸发,从蒸镀仪舱门窗口观察到金属银颗粒融化为金属小球时,打开金属粒挡板,当 INFCON 示数稳定在 1.2 左右时,打开基片挡板,蒸镀开始;

⑥ 维持 INFCON 示数稳定在 0.8 至 1.2 之间,保证蒸镀速率基本保持不变,直到蒸镀完成;

⑦ 关闭基片挡板,关闭金属粒挡板,关闭蒸发,关闭电源,蒸镀结束;

⑧ 关闭分子泵和挡板阀,待冷却 10 min 后,关闭前级阀和机械泵,打开排气阀,待气压升至大气压时,打开前门锁,清洁舱门窗口,取出掩膜板;

⑨ 关闭前门锁和排气阀,打开机械泵和粗抽阀,待气压低于大气压时,关闭粗抽阀和机械泵,打开前门锁,退出系统,电脑关机,关闭蒸镀仪和真空泵的开关。

第六步　所有制备流程完成后我们得到一个倒置结构的 ITO/PEDOT:PSS/ MAPbI$_3$/ PCBM/Ag 钙钛矿太阳能电池。

2. 测试阶段

第一步　打开测试电脑,进入桌面,打开测试软件 Oriel IV Test Station。

第二步　依次打开太阳光模拟器开关,数字源表开关以及高精度测试源表开关,具体操作顺序如下:

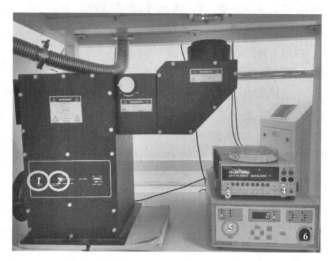

第三步　在 Oriel IV Test Station 测试软件面板的左侧编辑 Device ID 和 Operator。

　　第四步　点击 RECIPES，再点击 EDIT，根据样品的实际参数情况进行编辑，完成以后点击 DONE。

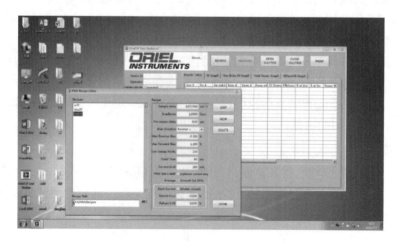

第五步 点击 SAVE,将样品与测试系统连接成闭路情况,点击 MEASURE 开始测试。

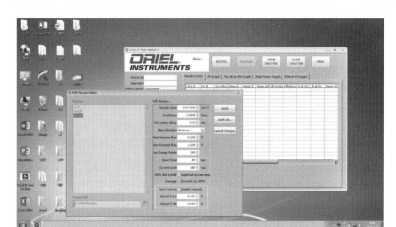

第六步 点击 Results Table,可观察得到 I—V 曲线,测试结束。

第七步 挑选高效率的样品进行保存,为后续稳定性测试做准备。

五、注意事项

(1) 编辑完样品的实际参数后,必须按 DONE 键退出界面,按 X 关闭不了;

(2) Oriel IV Test Station 测试软件的数据存储空间有限,待存储界面满了以后需及时保存,避免数据丢失;

(3) 样品与外电路的连接必须符合电路组装要求,否则可能无电流产生;

(4) 在蒸镀电极的时候必须保证机械泵最先打开,最后关闭,避免损坏真空泵。

六、实验报告要求

(1) 绘制电流电压 I—V 测试曲线;

(2) 掌握 I—V 测试曲线中获取开路电压、短路电流、填充因子以及效率的能力;

(3) 掌握不同时期对同一样品 I—V 测试数据的处理,绘制出稳定性效率曲线。

参考文献

[1] 李远勋,季甲,侯银玲,张杨. 功能材料的制备与性能表征[M].成都:西南交通大学出版社,2018.

[2] 饶益花. 大学物理实验[M].北京:人民邮电出版社,2015.

[3] 于平坤. ZnO:Al 透明导电薄膜的制备及性能研究[D].山东建筑大学,2011.

[4] 王露,叶鸣,赵小龙,贺永宁.基于微波透射法的金属薄膜方块电阻测量理论及其应用[J].物理学报,2017,66(20):276 - 284.

[5] 冯文林,杨晓占,魏强. 近代物理实验教程[M].重庆:重庆大学出版社,2015.

[6] 周志坚. 大学物理教程[M].成都:四川大学出版社,2017.

[7] 冯帅. 数字式半导体电阻率测试方法及系统研究[D].西安电子科技大学,2010.

[8] 杨帆. 一款半导体材料电阻率测量的恒流源系统设计[D].西安电子科技大学,2009.

[9] 董林鹏. 氧化镓材料特性及光电探测器研究[D].西安电子科技大学,2019.

[10] 孙伟峰. 可柔性透明导电 Ba(1 - x)LaxSnO3 薄膜的光电性能研究[D].南京航空航天大学,2019.

[11] Stenzel O. The Physics of Thin Film Optical Spectra[M]. Berlin：Springer，2015.

[12] Chapin D M, Fuller C S, Pearson G L. A New Silicon p-n Junction Photocell for Converting Solar Radiation into Electrical Power[J]. Journal of Applied Physics，1954，25(5)：676-677.

[13] Radziemska E, Klugmann E. Thermally Affected Parameters of the Current-voltage Characteristics of Silicon Photocell[J]. Energy Conversion and Management，2002，43(14)：1889-1900.

[14] 魏芳波,王安福,朱喜仲,胡成香.硅光电池与电荷耦合器件测量光强性能比较[J].郧阳师范高等专科学校学报,2006(06):36-38.

[15] 林琳. 染料敏化太阳能电池中 TiO_2 薄膜电极的制备及应用[D].华侨大学,2008.

[16] 王振宇,成立,孟翔飞,唐平,姜岩,陈勇,汪洋,秦云. 模拟电子技术基础[M].南京:东南大学出版社, 2019.

[17] Kardynał B E, Yuan Z L, Shields A J. An Avalanche-photodiode-based Photon-number-resolving Detector [J]. Nature Photonics, 2008, 2(7)：425-428.

[18] 朱绪丹,张荣君,郑玉祥,王松有,陈良尧.椭圆偏振光谱测量技术及其在薄膜材料研究中的应用[J].中国光学,2019,12(06):1195-1234.

[19] Akhmanov S A, Nikitin S Y. Physical Optics[M]. Clarendon Press, 1997.

[20] Umul Y Z. Modified Theory of Physical Optics[J]. Optics Express, 2004, 12(20)：4959-4972.

[21] 章毅. 矢量涡旋光束角动量的转换与调控研究[D].西北工业大学,2018.

[22] Janicki V, Sancho-Parramon J, Stenzel O, et al. Optical Characterization of Hybrid Antireflective Coatings Using Spectrophotometric and Ellipsometric Measurements[J]. Applied Optics, 2007, 46(24)：6084-6091.

[23] Park H S, Klein P A, Wagner G J. A Surface Cauchy-Born Model for Nanoscale Materials[J]. International Journal for Numerical Methods in Engineering, 2006, 68(10)：1072-1095.

[24] Oughstun K E, Cartwright N A. On the Lorentz-Lorenz Formula and the Lorentz Model of Dielectric Dispersion[J]. Optics Express, 2003, 11(13)：1541-1546.

[25] Li H Y, Zhou S M, Li J, et al. Analysis of the Drude Model in Metallic Films[J]. Applied Optics, 2001, 40(34)：6307-6311.

[26] Zhang D, Cherkaev E, Lamoureux M P. Stieltjes Representation of the 3D Bruggeman Effective Medium and Padé Approximation[J]. Applied Mathematics and Computation, 2011, 217(17)：7092-7107.

[27] 顾少轩,雷丽文,祝振奇,郭丽玲. 材料的化学合成、制备与表征[M].武汉:武汉理工大学出版社, 2016.

[28] Seeger K. Semiconductor Physics[M]. Springer Science & Business Media, 2013.

[29] 胡先志,刘一. 光纤通信概论[M].北京:人民邮电出版社,2012.

[30] 廖蕾. 金属氧化物半导体纳米线的物性研究及器件研制[M].武汉:武汉理工大学出版社,2017.

[31] Kong Q, Lee W, Lai M, et al. Phase-transition-induced pn Junction in Single Halide Perovskite Nanowire[J]. Proceedings of the National Academy of Sciences, 2018, 115(36)：8889-8894.

[32] 时素铭. 光伏组件输出特性测试仪[D].北京交通大学,2016.